Seizing the Commanding Heights of

SCIENCE AND TECHNOLOGY

and Chinese Path to Modernization

抢占科技制高点与中国式现代化

梁昊光　薛海丽　张　钦 ◎著

北京大学出版社
PEKING UNIVERSITY PRESS

图书在版编目（CIP）数据

抢占科技制高点与中国式现代化 / 梁昊光，薛海丽，张钦著. -- 北京：北京大学出版社，2024. 10.（中国式现代化研究）. -- ISBN 978-7-301-35710-1

Ⅰ. N12

中国国家版本馆CIP数据核字第2024A085X5号

书　　名	抢占科技制高点与中国式现代化 QIANGZHAN KEJI ZHIGAODIAN YU ZHONGGUOSHI XIANDAIHUA
著作责任者	梁昊光　薛海丽　张　钦　著
责任编辑	刘　洋
标准书号	ISBN 978-7-301-35710-1
出版发行	北京大学出版社
地　　址	北京市海淀区成府路205 号　100871
网　　址	http://www.pup.cn　　新浪微博：@北京大学出版社
电子邮箱	编辑部 lk2@pup.cn　　总编室 zpup@pup.cn
电　　话	邮购部 010-62752015　发行部 010-62750672 编辑部 010-62764976
印 刷 者	河北博文科技印务有限公司
经 销 者	新华书店 889毫米×1194毫米　16开本　15.75印张　354千字 2024年10月第1版　2024年10月第1次印刷
定　　价	95.00元

前　言

科技制高点与中国式现代化建设

中国共产党第二十次全国代表大会擘画了以中国式现代化全面推进中华民族伟大复兴的宏伟蓝图，提出到 2035 年“实现高水平科技自立自强，进入创新型国家前列”。2023 年 12 月召开的中央经济工作会议提出“必须把推进中国式现代化作为最大的政治”，中国式现代化建设的关键是实现高水平科技自立自强，这是以习近平同志为核心的党中央在综合研判国际国内形势发展的新变化、新趋势，深刻洞察中国式现代化建设基本规律的基础上提出的新的重要论断。

从世界发展历程来看，现代化过程就是科技发展并扩散应用到经济社会各个领域的过程。在科学革命和技术革命的引领带动下，全球现代化进程呈现出多轮“科学革命—技术革命—产业革命—社会变革”的叠加。科技制高点的重大突破往往能够带动一系列相关领域的创新发展。蒸汽机、电力、内燃机和电子计算机等重大发明以及它们的广泛应用成就了人类三次工业革命，极大地提高了人类认识自然、利用自然的能力和社会生产力水平。英美等国家抓住科技革命的机遇，实现了经济实力、科技实力、国防实力迅速增强，综合国力快速提升，进入现代化国家行列。因此，一个国家一旦在某个科技领域领先或落后，就可能发生竞争位势的根本性变化。

近代以来，我国曾由全球经济规模最大的国家沦为落后挨打的对象，其中一个很重要的原因就是与历次科技革命失之交臂，错失了发展良机，教训极其深刻。新中国成立 70 余年来，我国科技事业在跟踪模仿中艰难起步，在引进消化吸收中发展壮大，在自主创新中加快追赶世界先进水平。当前，我们将迎来第六次科技革命，以人工智能为代表的新一轮科技革命和产业变革加速演进，开拓性科学发现和颠覆性技术创新不断涌现，人类社会进入新的创新活跃期和产业变革期。面对复杂激烈的国际竞争，我国迫切需要在前沿性、战略性领域抢占未来竞争的制高点，加快实现高水平科技自立自强。

抢占科技制高点支撑世界科技强国建设。抢占科技制高点是指在全球科技竞争和科学技术发展的前沿，通过创新和突破，掌握关键核心技术，取得领先地位的战略行动。抢占科技制高点不仅是技术竞赛，更是综合国力、国际合作、战略布局、资源配置、伦理考量等多方面能力的体现。从国际环境看，当今世界百年未有之大变局加速演进，国际环境错综复杂，科技创新成为国际战略博弈的主要战场，围绕科技制高点的竞争空前激烈。面对日益激烈的国际竞争所带来的新形势新挑战，必须发挥科技创新的支撑引领作用，加快从要素驱动为主向创新驱动为主的转变，开辟发展新领域新赛道、塑造发展新动能新优势，瞄准世界科技前沿，引领科技发展方向，抢占先机，迎难而上，建设世界科技强国。

科技现代化是中国共产党领导的现代化。从建党之初到新时代以来，中国共产党始终将领导中国人民进行科技现代化作为自身的奋斗目标。以毛泽东同志为核心的党的第一代领导集体，旗帜鲜明地将马克思主义科技思想与中国具体实际相结合，发出了向科学进军的时代口号，造就了马克思主义科技思想中国化的滥觞。以邓小平同志为核心的党的第二代领导集体，掷地有声地提出了“科学技术是第一生产力”的重大论断，打开了中国科技发展的新篇章。以江泽民同志为核心的党的第三代领导集体，与时俱进，创造性地提出了科教兴国战略。以胡锦涛同志为总书记的党中央，高度重视自主创新能力，积极建设创新型国家，高瞻远瞩地提出了人才强国战略。以习近平同志为核心的党中央，立足新发展阶段，贯彻新发展理念，构建新发展格局，推动高质量发展，审时度势地提出了创新是引领发展的第一动力。

抢占科技制高点引领经济高质量发展。科技制高点已经成为推动经济高质量发展的关键因素，坚持以高质量发展为指导，为推动中国式现代化提供了根本方向。科技创新是提升社会生产力和综合国力的战略支柱，而科技制高点象征着最前沿的技术创新和研发实力。科技制高点的形成激发创新活力，关键性和颠覆性技术突破带来更强的创新驱动力，促进创新链、产业链、资金链和人才链的深度融合，为经济发展提供更强劲、更充足和更持久的动能，使其具备鲜明的高质量发展特征。通过持续投入和研发，抢占科技制高点在人工智能、大数据、云计算和生物科技等领域取得突破，从而推动产业升级和结构调整。科技制高点还能够带动传统产业的数字化转型，提升生产效率和质量，催生新兴产业和业态，形成新的经济增长点。

科技制高点助力实现全体人民共同富裕。共同富裕是社会主义的本质要求，是中国式现代化的重要特征。进入全面建设社会主义现代化国家新征程，以习近平同志为核心的党中央把逐步实现全体人民的共同富裕摆在更加重要的位置。抢占科技制高点最终会指向共同富裕的实现，科技制高点的突破，不仅有利于促进物质财富的丰盈，而且有利于推动人的生活质量的提高与生活形态阶段的提升，将使全体人民朝着共同富裕的目标迈进。具体而言，科技产品在实践中的不断落地应用，将最终统一于以人民为中心的发展，落脚于民生福祉提高和共同富裕的实现。同时，在科技创新的赋能下，生产力会向更深层次拓展，并会推动社会生产指数式发展，促进经济快速增长，为实现共同富裕奠定雄厚的物质基础。

科技制高点赋能文化现代化。在新时代建设社会主义现代化强国的发展要求下，数字化的兴起与广泛投入成为文化现代化和文化强国建设的重要推动力。当前，科技创新赋能文化建设体现在利用数字化发掘、储存和传播等技术上，夯实中国式现代化数字文化强国的数据资源基础，以利用科技创新推进文化产业创新，巩固中国式现代化数字文化强国的经济基础。科技创新推动文化产业发展，互联网、智能化、数字化等高新技术能够催生一批新的文化形态和文化业态；科技创新提升文化教育质量，党的二十大报告中明确指出，教育、科技、人才是全面建设社会主义现代化国家的基础性、战略性支撑，对完善科技创新体系，加快实施创新驱动发展战略，深入实施人才强国战略作出专门部署；科技创新促进文化传承与创新，在科技赋能下，相关主体可以从优秀传统文化传承保护载体创新、展现形式变革、产业链条延长等角度入手，充分发挥科技助力作用，进而为优秀传统文化注入时代活力。

科技制高点促进人与自然和谐共生。以数字技术赋能绿色智慧的生态文明是建设人与自然和谐共生美丽中国的必然要求。在“十四五”美丽中国建设时期，利用数字技术赋能生态环境治理，在解决污染治理中难啃的“硬骨头”的同时提升环保产业竞争力，并在应对气候变化等全球共同挑战中提出中国方案是发展绿色数字生态文明的核心需求。2023 年 2 月，中共中央、国务院印发了《数字中国建设整体布局规划》，对数字中国建设的战略目标和整体布局作出了系统谋划和科学部署，提出“建立绿色智慧的数字生态文明”。“绿色”与“智慧”相互依存，双向赋能。在生产实际中，“智慧”能够促进“绿色”的转化，使单位生产量的能耗、物耗大幅度下降，开拓新的能源和材料，降低生态治理成本，实现低投入、高产出的理想发展模式。同样，“绿色”也能够助推“智慧”往更有利于人类发展和人与自然共荣共生的方向升级迭代。

科技制高点推动构建人类命运共同体。人工智能、区块链等新科技的快速发展是世界进入新的动荡变革期的重要推手，是推动构建人类命运共同体的坚实支撑力量。科技发展作为国家决策和国际形势增加的新变量，加速了国际关系结构的更新及实质的变迁，使其更具全球维度，为全球治理注入崭新活力，加速推动着全球治理体系与国际秩序的变革。在人类第四次工业革命、数字时代、数字革命的科技背景下，科技的发展能够推动解决全球经济复苏乏力、气候变化形势严峻、数字转型工作复杂等全球性问题，成为惠及所有国家经济以及社会进步的变局者。构建人类命运共同体是人类未来社会发展的更高愿景，超越了世界各国之间的差异分歧，是凝聚发展共识、破解治理困境的思想指引。在新时期新形势下，应加强统筹谋划，以开放、团结、包容、非歧视的姿态开展合作，构建人才、技术、项目、平台等全方位、深层次的国际合作格局，为促进全球科技创新发展贡献中国智慧。

胸怀“国之大者”，勇担时代重任。中国实现现代化，将是人类历史上前所未有的大变革，意味着比现在所有发达国家人口总和还要多的中国人民将进入现代化行列，抢占科技制高点则是实现这一现代化目标的重要手段和关键支撑。科学技术从来没有像今天这样深刻影响国家的前途和命运，只有全力抢占新一轮科技革命和产业变革中的制高点，把关键核心技术掌握在自己手中，加快实现科技现代化，才能牢牢把握创新和发展的主动权，实现安全和发展的有机统一，为全面建设社会主义现代化国家、全面推进中华民族伟大复兴作出更大的贡献。

目　录

第一章

以抢占科技制高点支撑和引领世界科技强国建设

当前，新一轮科技革命和产业变革正在重构世界格局，科技创新日益成为国家竞争的焦点问题。习近平总书记指出："中国式现代化要靠科技现代化作支撑，实现高质量发展要靠科技创新培育新动能"①，科技现代化成为我国推进现代化建设的重要内容。从世界现代化历程看，美国、英国等发达国家抓住科技革命的机遇，实现了科技实力、经济实力、国防实力迅速增强，进入现代化国家行列。从我国现代化建设看，高质量发展是全面建设社会主义现代化国家的首要任务，加快实现高水平科技自立自强是推动高质量发展的必由之路。从国际环境看，当今世界百年未有之大变局加速演进，国际环境错综复杂，科技创新成为国际战略博弈的主要战场，围绕科技制高点的竞争空前激烈。面对日益激烈的国际竞争所带来的新形势新挑战，必须发挥科技创新的支撑引领作用，加快从要素驱动为主向创新驱动为主的转变，开辟发展新领域新赛道、塑造发展新动能新优势，最大限度解放和激发科技作为第一生产力所蕴藏的巨大潜能。

一、科技创新的内涵及其在现代化国家建设中的战略地位

科技创新是人类社会发展的重要引擎，是应对全球性挑战的有力武器，也是中国构建新发展格局、实现高质量发展的必由之路。把科技创新摆在更加重要的位置，加快抢占科技制高点，实现动力变革和动能转换，是推动高质量发展、实现中国式现代化的必然选择。党的二十届三中全会通过的《中共中央关于进一步全面深化改革、推进中国式现代化的决定》对深化科技体制改革作出系统部署，提出将优化重大科技创新组织机制，

① 习近平. 在全国科技大会、国家科学技术奖励大会、两院院士大会上的讲话[EB/OL].（2024-06-24）[2024-08-24]. https://www.gov.cn/gongbao/2024/issue_11466/202407/content_6963180.html

统筹强化关键核心技术攻关，加强国家战略科技力量建设，以科技现代化支撑引领中国式现代化。

（一）科技创新的内涵、影响要素及其作用机制

1. 科技创新的内涵

科技创新的含义来源于约瑟夫·熊彼特（Joseph Schumpeter）对创新内涵的解释，主要包括新产品、新方法、新发明、新原料、新组织 5 个方面[①]，是指在科学知识、技术手段和商业模式等方面进行变革和突破，从而创造出新的产品、服务或生产方式的过程，包括原始创新、吸收创新和协同创新等内容，实质上是从量的积累迈向质的飞跃的系统工程。从创新层次来看，微观层面的科技创新是创新要素之间相互匹配、促进技术创新的创新行为，创新主体内部以及创新主体之间交叉合作，推动要素优化配置和质量提升；中观层面的科技创新是产业之间的创新协作与资源优化配置，在创新环境的支撑下，创新主体之间的互动协同，催生出高质量的创新成果；宏观层面的科技创新是区域间创新主体的协同、创新政策的联动等，与区域高质量发展相匹配。[②]

随着新一轮科技革命和产业变革深入发展，科技创新被赋予了新的内涵。党中央认识到自主科技创新对突破“卡脖子”关键核心技术的重要性，围绕解决原始创新的“卡脖子”问题提出了一系列新思想、新论断、新要求，形成了具有中国特色的系统完整的科技创新理念。具体包含以下 3 个方面：

国家发展全局的核心。科技创新是提高社会生产力、提升国际竞争力、增强综合国力、保障国家安全的战略支撑，必须摆在国家发展全局的核心位置。因此，必须充分认识到科技创新的战略意义，牵住科技创新这个“牛鼻子”，努力在新一轮科技革命和产业变革浪潮中抢占制高点，在世界舞台竞赛中占领先机，赢得优势，加快世界科技强国建设。

新质生产力的核心要素。科技是第一生产力、创新是第一动力，要加快形成新质生产力。归根结底，科技创新是培育和发展新质生产力的核心要素、最强动力和重要特征。要依靠科技创新转换发展动力，以科技创新推动产业创新，并扎实推动科技创新和产业创新深度融合，助力发展新质生产力，推动高质量发展、保障高水平安全。

服务人民的本质要求和价值取向。人民是科技创新的实践主体与认识主体，也是科技创新的价值立场、价值旨归。科技创新要坚持以人民为中心的发展思想，坚持面向人民生命健康，不断提升人民生活品质。习近平总书记强调：“要把满足人民对美好生活的向往作为科

---

① Schumpeter J. The Theory of Economic Development[M]. Cambridge: Harvard University Press，2017: 934.

② 郭瑞东. 把科技创新摆在更加重要位置[EB/OL].（2024-01-19）[2024-07-24]. https://www.workercn.cn/c/2024-01-19/8120209.shtml

技创新的落脚点，把惠民、利民、富民、改善民生作为科技创新的重要方向。”[①]

2. 科技创新的影响要素

科技创新是一个复杂的系统工程，其影响要素包括社会文化和价值观念、科学基础和研发投入、技术水平和基础设施、制度引导、人才培养、市场主体的实践创新能力、知识产权保护和法律环境以及国际合作和竞争环境等，这些要素共同作用，推动科技创新的发展。

社会文化和价值观念。新思想、新技术的发明和创造需要一个理性、宽容、自由的社会环境。鼓励创新、尊重知识和科学精神的社会文化有利于创新的发展，同时社会价值观念变化和社会文化氛围的营造也会影响科技创新的方向和趋势。

科学基础和研发投入。科学基础的积累为技术创新提供了重要支持，基础科学研究的成果为技术创新提供了理论基础和方法论指导。同时，大量的研发投入，包括资金、人力、时间等资源的投入，对推动创新活动至关重要。

技术水平和基础设施。先进的技术水平和良好的基础设施可以提高创新的效率和成功率。科技发达的地区往往能够吸引更多的创新活动和投资，形成创新的热点区域。

制度引导。科技创新需要制度的保驾护航，美国、日本等科技强国很早就运用法律和制度保障科技创新及创新企业的利益，激发科研机构和科研人员积极性。一个国家的崛起，离不开坚定科技发展的决心和长远战略规划的支撑。

人才培养。科技创新的主体在于人才，尤其是创新型人才，必须把人才资源开发放在最优先位置，在科技创新实践中谁拥有拔尖人才，谁就拥有强大、持续不断的创新能力，谁就会在日趋激烈的未来竞争中立于不败之地。[②]

市场主体的实践创新能力。市场主体对研发创新的重视和实践，直接导致越来越多的重要创新由企业研发机构来完成，研发活动变得更有针对性和计划性，科技成果的转化速度和转化率也在日益提高。

知识产权保护和法律环境。良好的知识产权保护和法律环境可以鼓励创新活动，并保护创新成果的合法权益，促进技术的转移和商业化。同时，政府的政策和支持对科技创新也具有重要影响。

国际合作和竞争环境。开放的国际合作可以促进知识的交流和创新的跨国合作，同时也面临来自其他国家的竞争压力。因此，国际合作和竞争环境对科技创新的影响不容忽视。

3. 科技创新的作用机制

科技创新通过优化资源配置、推动产业升级和转型、强化市场导向机制以及加强国际合作与统筹协同等多方面的作用机制，支撑引领中国式现代化建设。一是以优化资源配置提高

---

① 习近平. 习近平谈治国理政：第三卷［M］. 北京：外文出版社，2020：246.

② 秦书生，于明蕊. 习近平关于科技创新重要论述的精髓要义［J］. 思想政治教育研究，2020，36（6）：1-5.

生产效率。科技创新是发展新质生产力的核心要素、关键支撑，通过优化资源配置，提高生产效率，推动产业升级，进而催生新产业、新模式、新动能，促进新质生产力形成和发展。[①]二是科技创新推动产业升级和转型。随着新一轮科技革命和产业变革的深入发展，一批原创性、颠覆性科技创新成果持续涌现，科技创新引领产业数字化、智能化、绿色化转型，丰富了劳动资料和劳动对象的内容和类型，为新质生产力发展，以及塑造与之相适应的新型生产关系提供条件。[②]三是强化市场导向机制。在当前的知识经济背景下，要实施科技创新驱动发展，必须破除制约科技创新的过时的体制机制，实现科技和经济的紧密结合，这就需要健全技术创新的市场导向机制，发挥市场对技术研发方向、路线选择、要素价格、各类创新要素配置的导向作用。[③]四是科技创新促进国际合作和统筹协同。在全球科技竞合的背景下，应加强科技宏观统筹，消除制约科技创新的体制机制障碍，实现科技发展的质量变革、效率变革和动力变革，推进科技创新资源的高效配置利用。五是发挥科技主体作用。围绕增强核心功能、提高核心竞争力，深入实施国有企业改革深化提升行动，着力提高中央企业创新能力和价值创造能力，更好发挥科技创新、产业控制、安全支撑作用。中央企业要充分发挥科技创新主体作用，在关键核心技术突破、科技创新体系构建、国家科技创新力量重塑等方面勇挑大梁，促进高水平科技自立自强，为全面建设社会主义现代化国家作出新的贡献。

（二）科技创新在国家现代化进程中的作用

科技创新在国家进程中发挥着至关重要的作用，是推动国家发展和社会进步的核心动力，为国家经济发展、产业创新、社会进步、环境改善和国家安全提供了强大的支撑和动力。党的二十大报告中指出，要“坚持创新在我国现代化建设全局中的核心地位”“中国式现代化要靠科技现代化作支撑，实现高质量发展要靠科技创新培育新动能”[④]。我国现代化在不同历史时期有着不同的内涵。20 世纪 80 年代，我国就提出实现“四个现代化”的战略目标，那时的现代化是指从农业经济向工业经济、农业社会向工业社会、农业文明向工业文明的转变，即第一次现代化。新时代背景下的现代化以数字化、智能化和知识化为主要特征，指从工业经济向知识经济、工业社会向知识社会、工业文明向知识文明的转变，即第二次现代化。最初提出“四个现代化”到现在提出全面建成社会主义现代化强国，科学技术现

① 彭建强. 科技创新是发展新质生产力的核心要素［N］. 河北日报，2024-03-29（7）.

② 杨丹辉. 怎样发挥科技创新的“核心要素”作用［N］. 经济日报，2024-07-16（10）.

③ 侯强. 把握新时代科技创新关键要素［EB/OL］.（2023-05-09）［2024-07-24］. https://www.cssn.cn/skgz/202305/t20230509_5627834.shtml.

④ 习近平. 高举中国特色社会主义伟大旗帜 为全面建设社会主义现代化国家而团结奋斗：在中国共产党第二十次全国代表大会上的报告［M］. 北京：人民出版社，2022.

代化是重要内容。从历史进程和现实实践看，科技创新是现代化进程的发动机，谁站在科技创新前沿和制高点，谁就走在现代化发展前列。

科技创新推动经济现代化，引领我国经济社会高质量发展。创新和科技是社会经济发展的重要组成部分，涉及经济发展各个层面、各个领域，是优化要素结构、转换生产方式、催化新产业和新生态的内生动力。历史证明，经济的发展与科技的创新成果有着直接密切的关系。科技在生产实践中发源，受生产的推动而发展，同时又促进生产增长，成为经济发展的主要力量。只有不断推进科技创新，不断解放和发展社会生产力，不断提高劳动生产率，才能实现经济社会持续健康发展。[①]当前，我国正处于社会发展动能新旧转换的关键时期，特别是随着我国经济进入新常态，经济发展模式、发展动能、社会供求关系等都已经发生明显变化，如何在新的时代环境下进一步发挥科技对社会发展的支撑作用，成为关乎国家现代化事业成败的重大问题。要将科技创新发展和突破产业瓶颈放在能不能生存和发展的高度加以认识，把创新作为推动社会高质量发展的根本动力。

科技创新支撑产业现代化，助推产业高效创新。科技实力和水平是一个国家兴旺发达的重要标志，也是现代国际竞争的焦点。在世界百年未有之大变局加速演进、国际格局和治理秩序发生深刻变革、新一轮科技革命和产业变革迅猛发展等叠加的时代大背景下，科技在国际竞争中的地位和作用愈发增强。从产业发展看，国际分工和分配的天平总是向科技生产水平更高的一方倾斜，掌握核心科技的国家占据着全球供应链和产业链的头部位置。中国自改革开放以来，依靠科技创新不断推动经济转型升级。通过加大对科技创新的投入，中国逐渐从以劳动密集型产业为主的经济结构转变为注重技术密集型和知识密集型产业发展的现代化经济体系。中国正在从制造业大国向制造业强国迈进，科技创新是推动这一转变的关键因素。通过技术创新，中国的企业不断提升产品质量、技术含量和附加值。

科技创新提升政治现代化，成为国家间政治斗争的有力手段。科学技术是政治制度变革的动力。政治现代化作为一种民主化和法治化程度越来越高的政治形态，其形成与发展一定程度上得益于科学技术的创新与进步。特别是近年来，以美国为代表的西方发达国家依托自身在信息技术领域的传统优势，采取技术封锁、供应链限制等手段对我国高新技术行业进行"围堵"，试图用科技制裁手段打断我国发展进程。正是基于对这些情况的深刻把握，习近平总书记坚持问题导向的求实精神，立足时代潮流敏锐洞察，辩证审视我国科技发展的"危"与"机"，强调"中国要强盛、要复兴，就一定要大力发展科学技术，努力成为世界主要科学中心和创新高地"[②]"必须坚持科技是第一生产力、人才是第一资源、创新是第一动

① 中共中央文献研究室. 习近平关于科技创新论述摘编［M］. 北京：中央文献出版社，2016.

② 习近平. 在中国科学院第十九次院士大会、中国工程院第十四次院士大会上的讲话［N］. 人民日报，2018-05-29（2）.

力”[①]，把建设科技强国作为国家发展的重要战略任务，开辟发展新领域新赛道，不断塑造发展新动能新优势，为我国的发展赢得主动、赢得优势、赢得未来。

科技现代化激发文化现代化，塑造文化新业态。科技是第一生产力，始终是推动文化创新发展的重要驱动力。科技的发展为文化增添了新的内容、丰富了表现手段、增强了表现力，而文化的蓬勃发展，也能为科技创新营造更好的氛围和环境。科技创新在不断提高人类认识自然和改造自然能力的同时，也在不断创新人类的思维方式、丰富人类的精神世界，能给予文化发展思想创意、内容资源和技术手段的支持，不断丰富文化发展的内容和形式，提高文化传播力和影响力，而且能影响人们的思维方式和生活方式，从而提升文化的活力和生命力。可见，科技创新不仅有利于提升整个民族的思想境界和行为规范，对于营造良好文化环境、促进文化产业繁荣兴盛也具有重要意义。

科技创新支撑社会现代化，有助于社会长期稳定发展。历史上每一次社会形态的转变，科技都发挥了重要的推动作用。中国式现代化旨在消除人类现代化过程中产生的内外对抗性和冲突性，维护社会结构的相对和谐稳定，使整个社会以促进人的自由全面发展为最终目标、以人与自然和社会以及其他社会成员友好相处为根本指向。而社会现代化作为一种以改善民生和创新社会治理为重要内容的实践样态，内在地要求我们既要在社会发展需求中找准科技创新的主攻方向，又要把科技创新成果应用于社会并转化为现实生产力。一方面，科技创新面向民生需求，为促进社会和谐发展发挥重要作用，民生科技是涉及民生改善的科学技术，是科技服务大局的切入点和重要抓手，已成为让科技创新成果惠及广大人民群众、促进社会和谐发展的重要手段；另一方面，科技创新为加强和推进社会管理工作提供了新方式。社会现代化进程始终伴随着难以克服的社会矛盾和持续不断的社会冲突，不仅影响社会的繁荣与稳定，也使得其他方面的现代化失去有利的社会环境。[②]

科技现代化助力生态现代化，实现人与自然和谐相处。实现生态现代化离不开科技创新，科技创新是生态文明发展的建设性力量，是生态现代化的战略选项和根本引擎，生态现代化并不是单向征服自然的现代化，而是将生态文明建设融入中国发展全过程的现代化，是事关中华民族永续发展的重要保障。中国式现代化是人与自然和谐共生的现代化，必须牢固树立和践行绿水青山就是金山银山的理念，站在人与自然和谐共生的高度谋划发展。习近平总书记指出，突破自身发展瓶颈，“解决深层次矛盾和问题，根本出路就在于创新，关键要靠科技力量”[③]，并指出要“坚持把科技创新摆在国家发展全局的核心位置，全面谋划科技

---

① 习近平. 高举中国特色社会主义伟大旗帜 为全面建设社会主义现代化国家而团结奋斗——在中国共产党第二十次全国代表大会上的报告[M]. 北京：人民出版社，2022：3.

② 郭清. 中国式现代化进程中的科技创新——实践探索与路径选择[J]. 技术经济与管理研究，2023（6）：1-6.

③ 中共中央文献研究室. 习近平关于科技创新论述摘编[M]. 北京：中央文献出版社，2016：3.

创新工作”[①]。建设资源节约型、环境友好型社会离不开科技创新和绿色科技，科技创新能有效缓解人类活动对生态环境带来的破坏，有效节约资源，提升人类治理环境的能力；同时绿色科技是绿色产业发展的核心，具有广阔的市场，可以形成绿色产业发展的新经济增长点。

（三）全球科技竞争格局下的科技创新态势

趋势一：国际创新格局正在重塑，世界创新重心逐步向东转移

全球科技竞争格局逐渐明朗，创新中心逐步向东转移。随着中国、印度等新兴经济体对研发投入的大幅度增加，目前，世界科技创新格局呈现美、亚、欧三分天下的局面。亚洲已经从世界科技革命的跟跑者，转变成新一轮科技革命的并跑者。其中，中国在全球创新版图中的地位和作用显著提升，既是国际前沿创新的重要参与者，也是共同解决全球性问题的重要贡献者。

美欧科技创新稳中求变，整体缺乏强劲变革活力。美国强调整合创新与商业模式，长期以来一直是全球科技创新的领导者，拥有硅谷等全球著名的科技创新中心，强调快速将科技成果转化为市场产品。美国在人工智能、生物科技、航空航天等领域保持领先，同时，其创新生态系统强调风险投资的重要性，促进了大量科技创业公司的兴起和发展。欧洲深耕可持续发展与开放合作，在科技创新方面注重可持续发展和社会责任，强调创新对环境保护、能源效率和社会福祉的贡献。欧盟推动的“地平线 2020”计划便是一个例证，旨在支持研究和创新项目，解决社会挑战，推动智能、可持续和包容性增长。此外，欧洲倡导开放的科技合作，通过国际合作项目和跨国研究团队促进知识共享和创新。

亚洲国家在新一轮科技革命和产业变革中各具比较优势，以中国和印度等新兴经济体为代表。中国科技创新近年来在国家战略推动下快速发展，取得显著成就，特别是在 5G、人工智能、量子计算等领域。中国的科技创新趋势还体现在强调产学研结合，以及在“一带一路”倡议中推动科技合作和交流。印度的科技创新趋势体现在活跃的创新创业和数字经济的发展上。印度在软件和信息技术服务领域有显著优势，同时，其活跃的创业生态系统正孕育出众多创新型科技企业。日本的科技创新强调精细化管理和持续改进，这在其制造业中显得尤为突出。日本在电子、汽车、机器人等领域保持强势，注重产品质量和技术改进。同时，日本政府积极推动科技与社会问题的结合，如超级智能社会“Society 5.0”的构想，旨在通过科技创新解决人口老龄化、能源、环境等社会问题。

① 习近平. 在中国科学院第二十次院士大会、中国工程院第十五次院士大会、中国科协第十次全国代表大会上的讲话［M］. 北京：人民出版社，2021：2.

趋势二：开放创新深入发展，创新生态系统全球交织

数字技术的进步促进了一个更加互联的世界，增强了创新资源的流动和可用性，进而促进开放创新的发展。开放创新涉及各种合作模式，包括但不限于众包、众创空间、企业与学术界的合作，以及跨行业联盟。这些合作模式允许知识、技术和资源在更广泛的网络中流动，促进创新的深入发展。全球性的创新网络也正在成为现实，企业、科研机构、政府和非政府组织都在通过跨国界的合作促进新技术和理论的发展。任何一个国家都难以单独推动科学技术的发展，开放创新可以视为科技发展中的必经一环，目前开放创新仍呈现出从全球科技创新中心向外辐射的趋势。全球开放创新的发展表明，合作、共享和网络化成为当代创新的关键特征，各方利益相关者都在积极寻求通过开放和协作的方式来加速技术和知识的发展。

全球合作与竞争的加剧促进了创新生态系统的形成。创新生态系统是指一组相互依赖的参与者，包括企业、政府机构、科研机构、非政府组织和用户等，它们通过各种形式的交互和合作，共同创造、发展和维持新的技术、产品、服务和业务模式。国际合作项目、跨国企业的研发活动，以及全球性的创新挑战和竞赛都在促进全球创新资源的共享与交流。全球范围内的科技园区、创业孵化器在创新系统中承担载体作用，这些机构通过建立伙伴关系网络、吸引国际创业团队和资本，以及组织国际创新活动等方式，促进了创新生态系统的全球化。跨国企业在推动创新生态系统全球化方面也扮演着重要角色。它们不仅在多个国家和地区进行研发活动，而且还通过投资创业公司、建立研发中心、与当地高校和科研机构合作等方式，积极参与到全球创新网络中。

开放创新与创新生态系统的发展相互促进。一方面，开放创新的实践不断深化，有助于创新生态系统成员之间建立更紧密的合作网络和更高效的资源配置机制；另一方面，一个不断发展和完善的创新生态系统提供了更多元化的合作机会和更广阔的创新空间，从而促进开放创新策略的实施和发展。总的来说，开放创新与创新生态系统之间存在着密切且正面的相互作用，它们共同构成了现代创新活动的核心。通过在这两个方面的协调发展，可以有效地促进知识的流动、技术的融合和新产品的创造，最终推动经济的增长和社会的进步。

趋势三：关键技术领域多元化发展，引发技术治理挑战

关键技术快速发展但治理政策滞后。大数据、云计算、人工智能、物联网、区块链等技术越来越多地与经济和社会各个领域融合，重塑组织和社会结构。技术创新的速度远远超过了政策制定和监管体系的更新速度，导致新兴技术的发展和应用往往在缺乏充分监管的环境中进行，引发伦理、安全和隐私等方面的担忧，包括人工智能决策的透明度、生物技术的伦理界限、技术性失业问题等。如何在推动科技进步的同时，妥善处理这些伦理和社会问题，是全球技术治理必须面对的挑战。

跨境数据流与数据主权问题亟待解决。数据是现代科技创新的核心资源之一。随着全球数据流量的增加，如何平衡跨境数据流动的便利性与各国对数据主权的需求，成为技术治理的一大挑战。并且随着科技的发展，网络安全问题日益突出，技术的滥用，如网络攻击、虚假信息传播等，对国家安全和社会稳定构成威胁。如何加强全球性的网络安全合作，防止技术滥用，也将成为全球技术创新中的难题。

国际合作与竞争的双重性引发多重标准争议。尽管全球科技治理需要国家间的合作，但国家之间在科技领域的竞争也非常激烈。这种双重性使得在知识产权保护、技术转移、标准制定等方面的国际合作变得复杂化。主要经济体之间的长期技术竞争，在一些关键领域出现了形成多元化技术和标准体系的趋势。受各国政治战略因素影响，某些关键数字技术领域内出现了单独的技术标准，存在技术垄断趋势。新兴经济体需要遵守已有的国际技术规则，使得本就存在的技术鸿沟难以逾越。在全球技术治理中，如何确保包容性和公平性，帮助发展中国家缩小技术差距，参与全球创新网络，是全球科技创新竞争背景下的结构性问题。

二、新时代中国抢占科技制高点的内涵与意义

在全球化的今天，科技已成为推动经济社会发展的关键力量，同时也是国际竞争的重要领域。各国都在积极布局未来科技发展的战略高地，希望通过抢占科技制高点来获得经济发展和国际影响力的双重提升。对于一个国家来说，抢占科技制高点不仅意味着技术创新的能力，而且代表了在全球科技治理、经济转型升级、社会发展模式等方面的引领地位。

（一）新时代中国科技发展战略

1. 中国科技发展现状与趋势

新中国成立以来，科技发展经历了从“追赶”到“跟踪”再到“自主创新”的战略转变，从“以国防建设为中心”向“面向、依靠”再到“支撑、引领”的方向转变。从“向科学进军”到“科学技术是第一生产力”，从“科教兴国”到“建设创新型国家”，我国独立自主建立起现代科学技术体系，初步走出了一条中国特色的科技发展道路。新时代背景下，中国科技发展的国家战略定位体现在全面深化科技体制改革、加快建设创新型国家的核心目标上，致力于实现从科技大国向科技强国的转变。这些都体现在一系列重要的政策文件中，这些政策文件不仅概述了科技发展的总体目标和方向，还明确了实施路径和重点任务，表 1-1 是一些关键政策内容及其发布时间。通过梳理相关政策，可以看出我国科技发展政策呈现出以下趋势：

第一，创新驱动发展战略深化。中国政府持续深化创新驱动发展战略，将科技创新作为国家发展的核心驱动力，政策更加强调提升科技创新能力，加大基础研究和应用研究的投入，支持原始创新和集成创新。第二，加快国家创新体系建设。中国着力优化国家创新体系，推动科研机构、高等学校、企业和其他创新主体之间的有效协同，构建全方位、多层次、高效能的创新生态系统。第三，重视新兴技术的发展。新兴技术如数字经济、人工智能、量子信息科学、生物技术、绿色低碳技术等成为政策重点支持的对象，政策促进这些领域的快速发展和产业化应用。

表 1-1　国家科技发展相关政策梳理

政策名称	发布时间	内　容
《国家中长期科学和技术发展规划纲要（2006—2020 年）》	2006 年	中国第一个中长期国家科学技术发展规划，提出了面向 2020 年的科技发展战略目标和重点任务，强调建设创新型国家，推进国家创新体系建设
《国家创新驱动发展战略纲要》	2016 年	强调创新是引领发展的第一动力，提出深化科技体制改革、完善国家创新体系的具体措施，旨在通过创新驱动，实现经济结构的优化升级和增长方式的根本转变
《“十三五”国家科技创新规划》	2016 年	明确“十三五”期间科技创新的指导思想、基本原则、发展目标和重点任务，加强原始创新能力，推动科技与经济深度融合
《新一代人工智能发展规划》	2017 年	聚焦新一代人工智能，明确了到 2030 年建设世界主要人工智能创新中心的目标，推动人工智能与经济社会发展的深度融合
《“十四五”国家科技创新规划》	2021 年	侧重于加强国家战略科技力量，明确了“十四五”时期科技创新的主要目标、重点任务和保障措施，强调要在关键核心技术上实现突破

2. 科技发展的目标与任务

新时代以来，以习近平同志为核心的党中央始终高度重视科技发展事业，坚持把科技创新摆在国家发展全局的核心位置。自十八大以来，深入推动实施创新驱动发展战略，提出加快建设创新型国家的战略任务，确立了 2035 年建成科技强国的奋斗目标，并确立了“三步走”：到 2020 年进入创新型国家行列，到 2030 年跻身创新型国家前列，到 2050 年建成世界科技创新强国，成为世界主要科学中心和创新高地。我国科技发展以建设科技强国为目标，坚持“四个面向”的战略导向，面向世界科技前沿、面向经济主战场、面向国家重大需求、面向人民生命健康，加强科技创新全链条部署、全领域布局，全面增强科技实力和创新能力。为实现科技强国，核心目标和任务如下：

第一，拥有强大的基础研究和原始创新能力，持续产出重大原创性、颠覆性科技成果。基础研究是科技创新的源头活水，它探索自然规律，揭示科学原理，为技术创新提供理论支撑和知识储备。原始创新是指在前人研究基础上，通过独立思考和创造性劳动，产生的具有首创性、突破性、带动性的科技成果。在建设科技强国的宏伟蓝图中，必须拥有强大的基础研究和原始创新能力，持续产出重大原创性、颠覆性科技成果。基础研究和原始创新能力被置于核心位置，不仅是科技强国建设的基石，而且是实现高质量发展、提升国际竞争力的关键。

第二，拥有强大的关键核心技术攻关能力，有力支撑高质量发展和高水平安全。关键核心技术是国家竞争力的重要组成部分，是保障国家安全、提升产业竞争力的关键所在。一方面，关键核心技术的突破将推动我国新质生产力发展、产业升级和转型升级，提升我国在全球产业链中的地位和影响力；另一方面，关键核心技术的自主可控将确保国家安全和经济社会发展的稳定。同时，关键核心技术的攻关过程也将培养出一批具有国际竞争力的企业和品牌，为我国经济社会发展注入新的活力。到 2035 年，我国应构建起一套完善的关键核心技术攻关体系，形成自主可控的技术创新链和产业链。

第三，拥有强大的国际影响力和引领力，成为世界重要科学中心和创新高地。这是建设科技强国宏伟蓝图中的重要一环，也是实现中华民族伟大复兴中国梦的关键支撑。在科技强国建设中，强大的国际影响力和引领力是衡量一个国家科技实力和国际地位的重要标志，具体包括科技创新影响力、科技合作与交流影响力、科技规则制定影响力，以及科技文化传播影响力等多个方面。这一目标不仅要求在科技创新上取得突破性进展，而且需要在全球科技治理中发挥引领作用，为世界科技进步贡献中国智慧和中国方案，并且需要在科技创新、人才培养、成果转化、全球科技治理等多个方面取得突破性进展。

第四，拥有强大的高水平科技人才培养和集聚能力，不断壮大国际顶尖科技人才队伍和国家战略科技力量。强大的高水平科技人才培养和集聚能力，是科技强国建设的重要支撑，涉及人才培养能力、人才吸引与集聚能力、人才使用与评价能力以及人才环境与激励机制等多个方面。需要加强科研基础设施建设，提高科研设备的水平和使用效率；加强科研团队建设，促进学科交叉和团队协作；加强科研伦理和科研诚信建设，营造风清气正的科研氛围。同时，还应建立健全激励机制，包括物质激励和精神激励等，以激发科技人才的创新动力和工作积极性。

第五，拥有强大的科技治理体系和治理能力，形成世界一流的创新生态和科研环境。强大的科技治理体系是科技强国建设的基石，涉及科技创新的规划、组织、协调、监督等多个方面，是确保科技创新活动有序、高效进行的重要保障。提升科技治理能力是实现科技强国目标的关键，具体包括科技创新的预见能力、决策能力、执行能力以及评估能力等。为实现强大的科技治理体系和治理能力的目标，应建立健全科技治理体系、提升科技治理能力、培育创新文化、加强科技创新基础设施建设，并加强国际合作与交流。具体措施包括加强基础研究能力，构建国际科技中心与创新高地；关键核心技术自主可控，提升产业链现代化与韧性；组建高水平科技人才队伍，建设一流创新生态；实现科技创新与经济社会发展深度融合；以开放合作与共赢发展理念开展全球科技合作。

（二）抢占科技制高点的内涵、特征与要求

1. 科技制高点的内涵

科技制高点通常是指前沿领域的制高点、创新链条上的关键点、创新体系中的控制点。[①]抢占科技制高点是指在全球科技竞争和发展的前沿，通过创新和突破，掌握关键核心技术，取得领先地位的战略行动。这一概念涵盖了科技领域的竞争与合作、创新体系的建设、人才的培养与引进，以及科技成果转化等多个方面，其核心目的是确保国家在关键技术领域的自主控制权和话语权，增强国家的科技实力和国际竞争力。

2. 科技制高点的特征

近代以来，世界各国现代化进程充分演绎了从科技强到经济强、国家强的基本路径，每一次科技革命都改写了世界经济版图和政治格局。世界经济中心几度转移，其中一条清晰脉络就是科技一直是支撑经济中心地位的强大力量。抢占科技制高点为科技强国建设提供战略支撑，领先科技出现在哪里，尖端人才流向哪里，发展的制高点和经济的竞争力就转向哪里。[②]一般而言，科技制高点具有以下几个特征：一是引领带动性强，处于科技体系中的关键位置，一旦取得突破，对相关学科领域发展乃至对经济社会发展都将产生引领、带动或辐射作用。二是攻坚难度大，往往需要攻克最前沿、最底层的科学原理问题，突破很多“卡点”“控制点”技术，很多制高点属于“无人区”，要走前人没走过的路。三是任务目标聚焦，制高点不是宽泛的学科领域，而是目标任务非常明确具体的定向性科学和技术难题，需要汇聚最优秀人才、集聚最优势力量进行攻坚。[③]这些特征体现了抢占科技制高点不仅是技术竞赛，而且是综合国力、国际合作、战略布局、资源配置、伦理考量等多方面能力的体现。

3. 抢占科技制高点的要求

习近平总书记在全国科技大会、国家科学技术奖励大会和中国科学院第二十一次院士大会、中国工程院第十七次院士大会上指出“必须进一步增强紧迫感，进一步加大科技创新力度，抢占科技竞争和未来发展制高点”[④]。2013 年 7 月 17 日，习近平总书记对中国科学院提出“四个率先”目标，要求积极抢占科技竞争和未来发展制高点。2019 年 11 月 1 日，在

---

① 侯建国. 努力抢占科技制高点 加快实现高水平科技自立自强［N］. 人民日报，2023-07-17（9）.

② 王志刚. 新时代建设科技强国的战略路径［J］. 中国科学院院刊，2019，34（10）：1112-1116.

③ 侯建国. 努力抢占科技制高点 加快实现高水平科技自立自强［N］. 人民日报，2023-07-17（9）.

④ 习近平. 在全国科技大会、国家科学技术奖励大会、两院院士大会上的讲话［EB/OL］.（2024-06-24）［2024-07-21］. https://www.rmzxb.com.cn/c/2024-06-24/3568878.shtml

致中国科学院建院 70 周年贺信中，习近平总书记进一步要求加快打造原始创新策源地，加快突破关键核心技术，努力抢占科技制高点。

要打造原始创新策源地、突破关键核心技术，为高水平科技自立自强提供着力点。我国建设世界科技强国的内在要求，是要有强大的科技策源能力和技术发展自主权。降低对外部技术和资源的依赖程度，是高水平科技自立自强的本质要求。因此，科技自立自强应以高水平的自主创新能力为核心特征，以提升关键技术自主可控能力和抢占科技制高点为重要着力点。[①]抢占科技制高点要着力于基础研究和应用研究，实现在人工智能、量子信息、生物科学、新能源、新材料等关键领域的技术突破，确保在这些未来科技领域具有先发优势。要以国家战略需求为导向，坚持面向世界科学技术前沿，从国家与人民的迫切需求出发确定科学研究方向，聚焦芯片技术、生物信息技术、人工智能等关键领域，坚决打破西方国家对部分技术领域的垄断。

要明确主攻方向和战略重点，塑造新动能、新优势。综合考虑当前和今后一个时期国际竞争格局和环境变化以及我国经济社会发展对科技创新的重大战略需求，可以从支撑发展力、保障生存力、增强引领力 3 个方面来选择一批科技制高点问题，着力专项攻关。支撑发展力，就是要围绕事关国家发展全局的重点领域科技需求，着力解决相关技术“行不行”的问题，以关键点上的突破带动创新能力的系统性提升，增强科技支撑经济社会高质量、可持续发展的能力。保障生存力，就是要针对粮食安全、能源安全、基础原材料安全、国家安全等面临的挑战，重点解决相关能力“有没有”的问题，有效保障国家在重要基础领域的安全自主可控。增强引领力，就是要围绕世界科技前沿和未来产业发展，重点解决面向未来“强不强”的问题，开辟发展新领域、新赛道，不断塑造发展新动能、新优势。[②]

要推动科技创新和产业创新深度融合，带动新质生产力系统性形成。习近平总书记强调，要推动科技创新和产业创新深度融合，助力发展新质生产力。聚焦现代化产业体系建设的重点领域和薄弱环节，增加高质量科技供给，培育发展新兴产业和未来产业，积极运用新技术改造提升传统产业。而新质生产力是立足于新时代新征程国内经济发展形势和国际复杂环境的现实，实现中国式现代化的先进生产力水平要求，构建符合新发展理念的先进生产力质态而提出的。加快抢占科技制高点有助于以点的突破带动新质生产力的系统性形成。当前世界格局发生剧烈变动，仅靠学习模仿已无法取得前沿的核心技术，我国生产安全面临严峻威胁，只有核心技术掌握在自己手中，才能在新一轮产业革命中实现产业附加值的攀升，克服“卡脖子”难题等，从根本上保证国家经济稳定发展。[③]

---

① 王书华，石敏杰，刘仁厚. 高水平科技自立自强的内涵和实现举措 [J]. 科技中国，2024（6）：6-10.

② 侯建国. 努力抢占科技制高点 加快实现高水平科技自立自强 [N]. 人民日报，2023-07-17（9）.

③ 梁昊光，黄伟. 科技创新驱动新质生产力及其全球效应 [J]. 财贸经济，2024，45（8）：22-32.

要创新科技体系，深化科技资源配置改革。科技制高点体现在建立高效的国家创新体系上，包括完善的创新政策环境、充足的研发投入、高效的科技成果转化机制以及开放包容的国际合作平台等，形成集知识创造、技术开发、成果转化、人才培养为一体的全面创新生态。为抢占科技制高点，要着力改变科技资源平均配置、惯性配置的倾向，推动科技资源向抢占科技制高点任务集聚，向承担国家重大科技任务的机构和团队集聚，向挑战最前沿科学问题和攻克最关键核心技术的科学家集聚。围绕抢占科技制高点攻坚任务，加大人员编制、人才计划、重大科技基础设施、科研仪器平台等各类资源的统筹调配和动态调整力度，强化对抢占科技制高点攻坚任务的支持和保障。①

（三）抢占科技制高点对中国式现代化建设的战略意义

中国式现代化是中国共产党领导的社会主义现代化。既有各国现代化的共同特征，更有基于自己国情的中国特色。中国式现代化是人口规模巨大的现代化，是全体人民共同富裕的现代化，是物质文明和精神文明相协调的现代化，是人与自然和谐共生的现代化，是走和平发展道路的现代化。中国式现代化的总体目标是全面建成社会主义现代化强国，实现中华民族伟大复兴。而抢占科技制高点则是实现这一现代化目标的重要手段和关键支撑，尤其是在全球化和信息化背景下，科技创新成为推动经济社会发展的核心动力。

抢占科技制高点是实现自立自强的中国式现代化的前提保障。中国式现代化关键在科技现代化，建成社会主义现代化强国关键看科技自立自强。“两个关键”表明，高水平科技自立自强和自力更生、自主创新、创新驱动一脉相承，是推进强国建设、民族复兴的战略支撑，是构建新发展格局、推动高质量发展的必由之路。党的二十大报告提出，到2035年实现高水平科技自立自强，进入创新型国家前列。这就要求我们牢固树立创新自信，加快抢占科技制高点，力争在世界科技竞争和发展的前沿占据优势。

抢占科技制高点是实现高质量发展的中国式现代化的内在要求。高质量发展是中国式现代化的根本，而实现高质量发展必须依靠新质生产力。从外部来看，新一轮科技革命和产业变革正在重构全球创新版图、重塑全球经济结构。西方发达国家加速推进产业链的“去中国化”，企图使中国经济与世界经济体系脱钩，在一些关键技术和重要产品领域将中国排除在外。从内部来看，工业化的传统发展模式导致高资源消耗和高碳排放，对生态环境造成了不可逆的破坏，不具有可持续性。过去中国依靠资源投入为主的产业体系发展模式已经难以为高质量发展提供增长新动力。中国正处于战略机遇和风险挑战并存的关键期，亟须创新增长方式，为中国经济高质量发展注入新动力。②

---

① 侯建国. 努力抢占科技制高点 加快实现高水平科技自立自强［N］. 人民日报，2023-07-17（9）.

② 周文，何雨晴. 新质生产力：中国式现代化的新动能与新路径［J］. 财经问题研究，2024（4）：3-15.

抢占科技制高点是实现社会治理现代化的必然选择。科技创新能够推动社会治理体系和治理能力现代化。利用大数据、云计算、人工智能等现代信息技术，可以提高社会治理的精准性和效率，更好地解决人口老龄化、城乡差距、公共安全等社会问题，提升公共服务水平，增强人民群众的获得感、幸福感、安全感。例如，智慧城市建设通过集成物联网、大数据等技术，实现对城市交通、公共安全、环境保护等多个方面的实时监控和管理，提高了城市治理的整体效率。同时，科技创新提高了社会治理体系对突发公共事件的响应能力和灵活性。面对自然灾害、公共卫生事件等突发情况，科技手段能够提供快速的信息收集、分析和传播能力，帮助政府及时作出反应，有效组织救援和应对措施。

抢占科技制高点是实现民族振兴的中国式现代化的重要手段。新时期，中国越来越多的科技创新领域从“跟跑”迈向“并跑”和“领跑”。与此同时，科技创新愈来愈成为大国战略博弈的主战场，围绕科技制高点的竞争空前激烈。抢占科技制高点能够显著提升中国在全球科技创新体系中的地位，增强国家的国际竞争力和影响力，为中国在国际事务中发挥更大作用提供科技支撑。习近平总书记就此深刻指出：“新一轮科技革命带来的是更加激烈的科技竞争，如果科技创新搞不上去，发展动力就不可能实现转换，我们在全球经济竞争中就会处于下风。”①只有全面增强科技创新能力，力争在重要科技领域实现跨越发展，才能在新一轮全球竞争中赢得战略主动。同时，应在网络安全、空间技术、量子通信等关键领域抢占制高点，有效提升国防实力和信息安全防护能力，保障国家的主权和安全。

抢占科技制高点是实现人民至上的中国式现代化的有效路径。中国式现代化是人口规模巨大的现代化，党的二十大报告指出，我国 14 亿多人口整体迈进现代化社会，规模超过现有发达国家人口的总和，艰巨性和复杂性前所未有。这一重要论述是对中国式现代化重要特征的清晰把握，实现人口规模巨大的现代化，需要依靠科技创新推动高质量发展，增强解决现实问题、抵御风险挑战的能力。这就意味着 14 亿多人口要整体迈进现代化社会，不仅需要尖端技术，而且需要其他各种各样的科技供给。我国既要解决“卡脖子”技术，也要扩大比例、拓展渠道、创新机制，更好地满足人民日益增长的美好生活需要。抢占科技制高点能够助力解决巨大的人口规模带来的资源和环境约束问题。

三、中国抢占科技制高点面临的关键问题与挑战

（一）核心技术受制于人

1. 半导体与集成电路

芯片制造是一个复杂的产业链，从设计、制造、封装到测试，每一个环节都需要高度的

① 习近平. 习近平谈治国理政：第二卷［M］. 北京：外文出版社，2017：198.

技术和资金支持。我国用于芯片生产的软件技术受制于发达国家。在芯片设计环节，电子设计自动化（electronic design automation，EDA）是进行芯片设计最重要的软件工具，EDA可以极大地缩短研发周期、降低成本，是芯片设计的基础，芯片的设计和研发离不开EDA的使用。[①]但全球的EDA主要被美国的三大企业垄断，分别是新思科技（Synopsys）、明导科技（Mentor）和铿腾电子公司（Cadence），这些企业占据全球EDA市场份额的57%，且占据中国市场70%以上的份额，中国芯片企业的EDA主要由这些企业提供。近年来，虽然中国拥有芯禾科技和华大九天等研发EDA的优秀企业，但是这些企业只是在某些应用方面有所突破，其在工艺水平、技术和资金等方面仍有不足，尚未形成能够系统解决芯片设计的方案，与世界先进水平还存在很大的差距。总的来说，国内的芯片企业难以离开国外的EDA企业，一旦这些企业停止提供对中国EDA的供给，中国的芯片设计业将面临很大的挑战。

制造芯片的关键材料和仪器设备仍依赖进口。原材料、专用设备和仪器是芯片产业制造的基础。芯片产业制造所需设备与材料众多，中国在部分材料和设备方面已经实现突破，能够自给自足，但在一些关键材料和设备上还要依赖进口。比如，晶圆生产所需的硅片，全球市场呈现寡头垄断，大部分由日本三菱住友（Sumco）、日本信越化学（Shin-Etsu）、中国台湾环球晶圆等公司垄断，其中日本两家公司垄断了全球市场一半以上的份额。光刻机是芯片制造中对技术含量密集度和复杂度要求最高的设备。中国目前光刻机最先进的水平是90 nm，而世界先进水平已经达到7 nm，而且5 nm已经准备进入量产阶段。可见，中国国产光刻机水平远远落后于世界先进水平，中国想要生产高端芯片，只能依靠进口光刻机。但在《瓦森纳协定》的封锁下，国际高端的光刻机禁止对中国出售，仅有部分落后的光刻机可以出售给中国，等国内企业订到光刻机后还需要进行生产线和工艺调试，导致我国芯片制造工艺水平至少落后于世界先进水平两代以上，时间上落后发达国家3年以上，如果情况没有改观，这种落后情况会愈演愈烈，最终形成恶性循环。

我国芯片产业链存在“断点”，芯片制造工艺落后于世界先进水平。中国芯片制造最先进的企业是中芯国际，其工艺水平是14 nm，而国际先进水平已经达到7 nm，由此可见，中国芯片制造环节还远远落后于世界先进水平。华为海思设计出的高端芯片麒麟9000，因为大陆的代工厂没有相匹配的制造能力，只能委托台湾的台积电进行代加工，由于台积电使用的技术和设备大部分来自美国，所以最终在美国的禁令下，麒麟9000芯片成了“绝版”。从纳米工艺上来讲，中国已经能够设计出3 nm的芯片，也能够封装3 nm的芯片，但是制造还停留在14 nm这个水平，工艺差距与世界先进水平相差了6年以上，严重制约着中国芯片产业的发展。短时间内，芯片最高水平的发展取决于最不发达的制造环节，如果这个短板无法

① 俞忠钰. 提升创新能力，开创我国集成电路产业发展新局面[J]. 中国集成电路，2007，16（7）：13-18.

填补，芯片的产业链就会面临瓶颈，最终导致发展的滞后。

此外，国际外部环境对华限制。发达国家对中国的技术出口管制一直存在，在中国芯片产业发展的早期，巴黎统筹委员会对中国芯片产业发展所需的先进设备、技术和材料进行管制和封锁，使得中国的芯片产业在当时就远落后于发达国家。在巴黎统筹委员会解散后，《瓦森纳协定》的出台进一步加强了对中国高新技术和设备的禁运，协定规定只有落后两代以上或者淘汰的设备和技术才可以被中国引进。[①]除了对中国出口先进的设备和技术进行出口管制外，美国还多次在进出口贸易中对中国进行“301调查”和“337调查”，掣肘中国芯片产业的发展，同时还禁止中国收购和投资并购国外的高技术企业。2018年，华为和美国贝恩资本联合收购美国电信网络设备供应商3Com，美国以维护国家安全为由抵制华为对3Com的并购，最终这项并购以惠普并购3Com而终止。[②]

在美国实施严格出口管制的情况下，中国斥巨资引进的是国外落后的设备和淘汰的技术，因此一直处于落后状态，无法接近世界先进水平，而投资和并购作为引入一国先进技术和技术创新的重要手段也被国外的各种管制扼杀，以遏制中国芯片产业的技术创新，使中国芯片产业难以在国际市场上处于领先地位。同时，由于外部环境的改变，包括台积电、三星等晶圆代工机构无法自由出货，加之一些国家对半导体制造设备出口的限制，国内芯片代工行业受到技术突破的困扰。另外，东京电子是日本第一大半导体企业，其产品几乎覆盖了半导体制造流程中的所有工序。受到美日荷协议影响，该企业与中国市场的业务往来也受到了较大影响。

2. 信息技术

中国基础软件几乎被国外企业所垄断。相对于美国市场，中国的基础软件市场在信息技术开支中的占比较小。2020年，在全球基础软件（含桌面、数据库、云操作系统、工具软件等）领域，美国业务收入为8100亿美元，占据全球该领域业务收入的4/5（中国在该领域的业务收入为360亿美元，仅为美国的约4%）。操作系统领域有微软的Windows、谷歌的Android、苹果的iOS；数据库领域有甲骨文的Oracle、微软的SQL Server、IBM（国际商业机器）的Db2。在全球桌面操作系统市场，Windows市场占有率高达88.14%；在移动操作系统市场，Android市场占有率高达75.44%，第二名iOS市场占有率为22.49%。可见，我国基础软件份额少，国内市场也被海外厂商（美国）垄断。[③]

---

① 《瓦森纳协定》全称为《关于常规武器与两用产品和技术出口控制的瓦森纳协定》，主要包括限制出口技术、限制进口技术、限制过境技术和限制技术投资，通过这些限制措施，该协议旨在控制成员国之间的技术转移，防止用于非和平目的。

② 陈中姝. 中国在全球芯片产业贸易网络的地位及困境研究［D］. 吉林：吉林大学，2022.

③ 倪雨晴. 华为布局软件领域突围巨头垄断 用友金蝶大可不慌［EB/OL］.（2023-03-20）［2024-07-24］. https://www.21jingji.com/article/20230320/herald/bdb45e814fb8eb2f49f06f64b71b2b18.html

数据库和办公软件等基础软件领域严重依赖进口。国外的 Oracle、MySQL 等数据库产品在国内企业级市场占据主导地位，国产数据库产品在性能、稳定性和安全性等方面与国外产品相比还有一定差距，市场份额较小。据统计，在国内大型企业的核心业务数据库系统中，超过 80% 采用的是国外数据库产品。根据《2023 年中国基础软件开源产业研究白皮书》，我国在操作系统、数据库、中间件、AI（artificial intelligence，人工智能）框架等基础软件领域的开源软件使用和发展相对滞后。这些基础软件的开源规范和共享协作是实现技术进步和产业发展的关键因素。然而，国内在开源软件的规范使用和开发者参与度方面存在不足。虽然国内有九成以上的开发者使用开源软件，但在开源规范的意识和企业开源战略的参与度上仍有待提高。①

3. 高端制造装备

中国是世界上最主要的机床生产和消费国。2022 年，中国机床产值占全球市场的 32%，消费占全球的 34%。然而，在高端市场和核心技术方面与发达国家还存在一定差距。例如，高端数控机床的国产化率不足 10%。中国的金属切削机床数控化率为 45.5%，而日本金属切削机床数控化率基本维持在 80% 以上，美国和德国的这一数控化率也超过了 70%。②中国机床行业主要以中低端产品为主，高端领域国产化水平较低。2022 年，中国机床行业存量市场中高档机床数量占比仅为 10% ~ 15%。此外，中国机床行业在核心部件方面，如数控系统、减速器、丝杠、导轨方面，仍然依赖进口。③

航空发动机的关键技术仍有待突破。航空发动机是一种高度复杂和精密的热力机械，被誉为“工业之花”。它直接影响飞机的性能、可靠性和经济性，是一个国家科技、工业和国防实力的重要体现。全球只有少数国家能够独立研制高性能航空发动机。④无论是军用飞机还是民用飞机，高性能涡扇发动机的技术大多掌握在美国通用电气（GE）、英国罗尔斯–罗伊斯（Rolls-Royce）等西方企业手中。2021 年全球总共交付的 1812 台商用航空发动机中，绝大多数被通用电气、罗尔斯–罗伊斯、CFM 国际和普拉特 · 惠特尼（Pratt & Whitney）占据。⑤虽然中国在军用航空发动机方向已经取得显著进展，自主研发的太行系列发动机已逐

① 艾瑞咨询. 2023 年中国基础软件开源产业研究白皮书 [EB/OL].（2023-12-29）[2024-07-24]. https://www.idigital.com.cn/nfs/reports/9a8f11333be8f7186834/3bb981fbd84b06927752.pdf

② 览富财经. 又一利好落地！“两张清单”对齐匹配，机床行业腾飞在即 [EB/OL].（2024-07-30）[2024-08-04]. https://finance.sina.com.cn/tech/roll/2024-07-30/doc-incfxeue0037012.shtml

③ 东吴证券. 2023 年机床行业深度报告：从整机出海和零部件国产化视角看国产机床未来发展 [EB/OL].（2023-11-03）[2024-07-24]. https://www.vzkoo.com/read/202311032ad71d072f364a5f6055f7c3.html

④ 千际投行. 2024 年中国航空发动机行业研究报告 [EB/OL].（2024-05-29）[2024-07-24]. https://m.21jingji.com/article/20240529/herald/cf6e083b4a0dfb5107b76294572dea17.html

⑤ 前瞻产业研究院. 洞察 2023：中国航空发动机行业竞争格局及市场份额 [EB/OL].（2023-11-22）[2024-07-24]. https://new.qq.com/rain/a/20231122A01G9Q00

步批量化生产并摆脱进口依赖。在民用航空发动机方向，配套 C919 的长江发动机 CJ-1000A 也已进入试制阶段。但是，我国航空发动机的一些关键技术，如高温合金材料、涡轮叶片制造技术等，仍依赖进口或技术引进。高温合金材料在现代航空发动机中的用量占到发动机总重量的 40% ～ 60%，这一比例在先进发动机中基本超过 50%，是航空航天领域中不可或缺的材料。[①]

生物制药自主创新性不足。中国在生物制药产业的发展速度和市场规模方面取得了显著成就。根据生命科学技术服务提供商思拓凡（Cytiva）发布的《2023 年全球生物制药弹性指数》，2010—2020 年间，中国成立了 140 余家新的生物技术公司，成为非专利药和活性药物成分的全球生产中心。中国的生物制药市场是全球第二大市场，新型疗法布局非常丰富，仅次于美国。然而，在 2023 年全球生物制药弹性指数调研中，中国的表现较两年前有所下降，主要归因于产业研发生态系统、专业人才储备、平均药物审批速度等方面的发展速度不及预期。[②]中国工程院院士陈志南指出，中国在生物医药研究方面具有临床样本较多、科研人员动手机会多等优势，但缺乏创新意识，科技实践中所需的部分设备、软件仍存在依赖进口的情况。如磁共振成像（MRI）设备、计算机断层扫描（CT）仪等高端医疗影像设备，中国市场上的主流产品大多来自西门子、飞利浦、通用电气等国际公司。

（二）技术创新生态不完善

1. 基础研发投入不足，科技成果转化率低

尽管中国在科技研发投入上逐年增加，但与发达国家相比，研发投入强度仍有一定差距。例如，数据显示，美国的研发投入占 GDP 的比例长期保持在 2.5% 以上。2022 年，美国的研发经费约为 8856 亿美元，较 2021 年增长了 12%。这一增长主要得益于私营部门的投入，其中商业部门的研发经费占美国总研发经费的 78%。[③]相比之下，中国的研发投入也在稳步增长，但占 GDP 的比例约为 2.2% 左右。2023 年，中国的科发总投入上升到 4680 亿美元。[④]

尽管中国的研发投入总体上升，但中国的科技成果转化率却较低。《中国科技成果转化年度报告》（2023 和 2024）显示，中国高等学校和科研机构的科技成果转化金额总体呈现上

---

① 刘孟峦、冯思宇. 高温合金产业深度报告：行业生态健康，需求多点开花 [EB/OL].（2021-01-13）[2024-07-24]. https://new.qq.com/rain/a/20210113A03H9R00

② 季媛媛. 供应链和制造优势全球领先 中国生物医药产业如何补齐创新短板？[EB/OL].（2023-11-08）[2024-07-24]. https://www.21jingji.com/article/20231108/9c17f6b867d48e7d2bb0bef71058a246.html

③ 全球技术地图. 美国国家科学基金会发布：《美国研发趋势与国际对比分析》[EB/OL].（2024-08-08）[2024-08-24]. https://new.qq.com/rain/a/20240808A06X7F00

④ 吴伦比. 全球对外直接投资的动因、影响及对我国对外直接投资发展的思考与建议 [J]. 西南金融，2023（12）：17-28.

升趋势。科技成果转化的总合同金额从 2019 年的 1085.9 亿元增长到 2023 年的 2054.4 亿元。同时，高等学校实施的转化项目数量也在较快增长。[①]然而，数据显示，中国的科技成果转化率仅为 30% 左右，而发达国家的这一指标为 60% ～ 70%。[②]德国的科技成果转化率排在世界前列，一直维持在 80% 以上。[③]此外，2023 年我国国际论文数量虽然保持世界第一，但科技产出的论文和专利的经济价值、社会价值、文化价值难以直接用货币度量，且科技投入与产出的周期不一致，导致科技投入的绝大部分在当年并没有产出。[④]

2. 产学研合作机制不健全

科技是第一生产力、人才是第一资源、创新是第一动力，在实际中，三者之间还有一个如何转化的问题。只有将人才这一“第一资源”的能力有效地转化为创新这一“第一动力”，科技作为“第一生产力”的作用才能真正发挥出来。虽然产学研结合创新已提升到国家战略层面，但学研界与产业界之间仍存在体制差异，由此造成资源分散、重复和阻隔，难以形成合力聚焦产业持续创新。目前，我国产学研合作主要停留在技术转让、合作开发和委托开发等较低层次，而共建研发机构、技术联盟、共建科工贸一体化的经济实体等高层次的合作较少。这主要是因为企业技术力量薄弱，与科研方技术水平差距大，因此往往要求科研方提供能直接用于生产线的技术成果。同时，产学研三方各自有不同的政府主管部门，这些部门在推进产学研合作时，往往存在条块分割，缺乏统一协调，进而导致合作脱节。此外，科技中介和服务机构在促进学研界与产业界间知识流动方面发挥重要作用，但目前这些机构的发展还不足，企业和研究机构之间的合作创新缺乏足够的资金支持。[⑤]

3. 知识产权保护制度不完善

中国的知识产权保护法律体系不断完善，但在与国际标准完全对接和全球知识产权治理方面仍有不足，这可能导致在国际科技合作中，外国企业和科研机构对中国知识产权保护的信心不足，从而影响合作意愿。特别是在知识产权的商业化运用、交易运营和转移转化等方面，需要进一步提高效率和效益。2023 年，中国企业在海外，特别是在美国，面临的知识产权诉讼数量显著增加，其中知识产权诉讼新立案达到 1227 起，其中专利诉讼 447 起，商

---

① 江庆龄. 中国科技成果转化年度报告 2023 和 2024 发布 [EB/OL].（2024-09-09）[2024-09-21]. https://news.sciencenet.cn/htmlnews/2024/9/529565.shtm

② 孙颖妮. 中国科技成果转化率仅 30%，到底难在哪里？ [EB/OL].（2022-06-17）[2024-07-24]. https://new.qq.com/rain/a/20220617A0A0LI00

③ 谢秋伊. 长三角科技成果转化向德国学什么？ [EB/OL].（2023-11-30）[2024-07-24]. https://baijiahao.baidu.com/s?id=1783961900858524331&wfr=spider&for=pc

④ 郭铁成. 从科技投入产出看 2022—2023 年中国创新发展 [J]. 国家治理，2024（5）：46-52.

⑤ 杨帆. 基于高校视角的产学研合作创新机制调研报告 [EB/OL].（2023-08-17）[2024-07-24]. https://difang.gmw.cn/hn/2023-08/17/content_36771413.htm

标诉讼 757 起，商业秘密诉讼 23 起。这些诉讼涉及的中国企业数量和领域都非常广泛，但主要集中在制造、批发和零售行业。在跨境电商领域，中国企业作为被告的案件占比高达 94.6%，涉及的专利和商标诉讼案件数量分别为 197 起和 931 起。[①]

（三）人才短缺与流失并存

人才是创新之核、发展之要、强国之基，科技人才是全面建设社会主义现代化国家的重要资源。当今世界，新一轮科技革命和产业变革深入发展，全球科技创新呈现新发展态势。与前三次科技革命均起源于欧美国家不同，涉及人工智能、大数据、通信技术、生物技术和新材料等领域的第四次科技革命几乎同时在世界主要大国中展开。在全球化深入发展的背景下，国际人才已成为发达国家和地区创新创业的重要力量。

1. 新型科技人才储备不足

由于国家实施人才战略和科教兴国战略，我国劳动年龄人口的受教育程度和知识技能水平不断提升，知识型、技能型、创新型等劳动者大军持续增加。但由于资源禀赋、产业前提以及教育和技术的不平衡，高新产业发展所需的人才缺口大，特定领域人才的获取难度高、培育周期长等已成为经济升级换代的瓶颈。我国制造类产业集群的发展在较长时间内比重都较大，处于上游顶层发明设计、瓶颈制造环节、高端技术、跨学科复合型等创新经济所需要的人才规模过小，且以散点方式分布在数百个城市，集聚性偏差大，各地人才资源状况两极分化严重。在特定产业，如人工智能领域，这种现象更为明显。中国劳动和社会保障科学研究院发布的《中国人工智能人才发展报告（2022）》显示，人工智能领域产业人才存量约为 94.88 万人，其中拥有本科学位的占 68.2%，拥有硕士学位的占 9.3%，拥有博士学位的仅占 0.1%。随着我国新产业规模进一步扩大，对人才储备的需求将更为迫切，短期内仍存在较大的人才供需缺口。此外，人力资源和社会保障部的数据显示，在中国制造业中，高级技工占技工总数的比例仅为 5% 左右，而在德国、日本等制造业强国，这一比例通常为 30%～40%。在一些高端制造业领域，如精密数控机床操作、高端模具制造等岗位，熟练技术工人的缺口较大，这对企业的生产效率和产品质量提升形成了一定的制约。

2. 科技人才的国际影响力不足

《中国科技人才发展报告（2022）》显示，中国的研发人员全时当量从 2012 年的 324.7 万人增加到 2022 年的 635.4 万人，稳居世界首位。中国顶尖科技人才的国际学术影响力也在持

① 中国知识产权研究会，国家海外知识产权纠纷应对指导中心. 2024 中国企业海外知识产权纠纷调查［EB/OL］.（2024-09-22）［2024-10-03］. https://mp.weixin.qq.com/s?__biz=MzUzMzAwMzI0NQ==&mid=2247551006&idx=2&sn=f48ee5585fac17a4c36af54a4a27c285&chksm=fbf01990ba34a76208b5141c76d9a68a96dce6d0398e72ca85b9edec8fb6ec3708920cb2dff0&scene=27

续提升，《2024 年中国科技论文统计报告》显示，中国科技人员发表的国际论文平均被引用次数为 16.2 次，首次超过世界平均水平（15.76 次）。其中，材料科学、工程技术、化学、环境与生态学、计算机科学、农业科学和数学 7 个学科的论文被引次数排名世界第 1 位。①

在国际学术组织中担任重要职务（如主席、副主席、编委等）的中国科技人才数量相对较少，反映出我国科技人才在国际学术事务决策过程中的参与度有限，难以将中国的科研理念、研究方向等在国际上进行广泛推广，从而限制了我国科技的国际影响力。在国际技术标准制定方面，我国科技人才的参与度和主导权也较为有限。技术标准是科技成果转化为全球影响力的重要体现，掌握技术标准制定权意味着可以规范行业发展方向、促进本国技术在全球的推广应用。例如，在通信技术领域，虽然中国的 5G 技术处于世界领先水平，但在国际通信技术标准制定中，与传统的通信技术强国相比，我国科技人才在早期阶段的话语权较弱，这也影响了我国科技人才的国际影响力。2021 年 10 月，美国著名智库大西洋理事会发布报告，系统梳理了中美两国在 39 个重要国际标准制定机构（SDO）中的参与情况，报告显示，美国在关键标准制定机构中占有重要地位，在 11 个标准制定机构中拥有至少 50% 的选票，其他 8 个国家（中国、德国、日本、法国、意大利、韩国、英国和加拿大）没有任何一国能在任何标准制定机构中获得 50% 的选票。越是成熟的标准制定机构，美国对其的影响力越大。例如，对于电气电子工程师学会（IEEE），最终批准 IEEE 标准的标准委员会成员中，有 67% 是美国人。此外，56% 的国际互联网工程任务组（IETF）工作组主席和 45% 的国际标准化组织 / 国际电工委员会下设第一联合技术委员会（ISO/IEC JTC 1）相关小组委员会秘书处承担机构来自美国。换言之，美国在领先的标准制定机构中拥有极大的话语权，这赋予了美国影响国际标准的巨大潜力。在大多数国际标准制定机构中，中国的参与度明显低于美国。39 个标准制定机构中，有 2 个没有中国代表，中国也没有承担 ISO/IEC JTC 1 分委员会秘书处。②

3. 吸引高端科技人才的政策不足

在全球科技竞争日益激烈的今天，科技人才成为各国竞相争夺的战略资源。世界各国的创新技术和人才的遴选机制向战略化和系统化时代迈进，创新人才的发掘、培育与引进的模式逐渐系统化，进而使科技的转化利用效率得到提升。通过人才市场的开放，吸引世界各地走在前端的技术与人才的入驻；推行高薪低税等优惠条件，面向全球招聘顶尖人才与项目；通过增加投入，设立培养创新课题与顶尖人才的项目；营造科学精英环境，建立相对富裕的

① 于忠宁. 我国国际论文篇均被引次数超世界平均水平［EB/OL］.（2024-09-24）［2024-10-04］. https://baijiahao.baidu.com/s?id=1811123941280595707&wfr=spider&for=pc

② 浙江省机械工业联合会. 用数据说话：中美国际标准化参与度对比［EB/OL］.（2022-03-11）［2024-07-24］. https://www.zjmif.com/qualitymana/detail/id/19241.html

科学系统和网络，为顶尖人才提供更多交流机会。目前，中国在吸引科技人才，尤其是顶尖科技人才方面，仍落后于美国等发达国家。美国的人才政策直接上升到了制度层面，在稳定人的发展预期方面发挥了重要作用。美国众议院和参议院近年来先后推出《美国竞争法案》和《美国创新与竞争法案》，前者旨在加强美国在科学、技术、工程和数学（STEM）教育、基础研究和创新方面的竞争力，后者旨在通过大规模投资科技研发、制造和教育来增强美国在全球科技领域的竞争力。这两份法案帮助美国构建了有全球竞争力的法治环境。

根据欧洲商学院最新全球人才竞争力指数（GTCI），按照过去 5 年的平均值来计算，中国的排名从 2013—2018 年的第 49 位上升到了 2019—2023 年的第 40 位，但仍然远远落后于美国和瑞士等发达国家。其中，在人才吸引力和人才留存两个分指标上，中国的表现尤为不佳，排名分别为第 91 位和第 74 位。美国政策研究机构安全与新兴技术中心（CSET）发布的报告带来了更直观的数字：那些在美国博士毕业的 STEM 留学生中，有 77% 选择留下。中国留美 STEM 专业博士毕业后留在美国的比例更是高达 90%！除此之外，在非华裔人才的吸引力方面，中国也仍有很大的提升空间。上海交通大学国际与公共事务学院副教授史冬波提到他们曾做过统计，结果显示在中国高校中，外籍教职人员的比例不足 5‰，远低于美国部分高校 25% 以上的比例。①

（四）国际合作受阻与竞争加剧

21 世纪以来，全球科技创新得到空前发展，关键技术和颠覆性技术正不断改变人们的生活，重塑产业生态，重构经济格局。我国始终高度重视国际科技创新合作。我国科技推动经济社会发展的历史，同时也是一部开放合作史。改革开放以来，我国逐渐形成了全方位、多层次、宽领域的国际科技创新合作格局，尤其是党的十八大以来，在以习近平同志为核心的党中央坚强领导下，面对世界百年未有之大变局，我国更主动融入全球创新网络，在开放合作中提升自身科技创新能力。然而，逆全球化、单边主义、保护主义思潮暗流涌动，科技创新的广度、速度、深度、精度前所未有，我国推动科技创新的能力、坚持开放合作和融入全球创新网络的目标也面临诸多新挑战。

1. 科技合作泛安全化

部分发达国家开始出现逆全球化的趋势，并以“保护国家安全”或“保护知识产权”等借口为名，极力限制高新技术的出口，以遏制新兴工业化国家的崛起，进而在相当程度上妨碍国际科技合作的深入推进。自 2018 年以来，美国联手欧盟、日本等盟友在情报、执

---

① 闫桂花. 专家建言：中国应如何提高对顶级科技人才的吸引力？[EB/OL].（2024-07-12）[2024-07-24]. https://www.163.com/dy/article/J6SUII110534A4SC.html

法、出口管制、投资审查和风险防范等方面逐步推行遏华制华一致化，以期达成“小院相通、高墙相连”的目标。为更加有效地应对来自中国的科技“挑战”，美国发起了“中国行动计划”，对美国科学家与中国的合作产生了明显的“寒蝉效应”。[①]据《自然》（*Nature*）杂志的一篇报道，对爱思唯尔 Scopus 科技论文数据库的分析显示，在 2018 年一年至少发表一篇中美合著论文的作者超过 15 000 人，2021 年这一数字已下降至不足 12 500 人；对 Web of Science 科技论文数据库的分析也显示，中美合著论文在世界出版物中的份额正在下降，同期中欧合著论文数量却在上升。2018—2021 年间，同时署名中美两国机构的科研人员的研究论文数下降了 20% 以上。[②]此外，美国企图推动构建“科技 10 国”“科技 12 国”等机制，借此打造“民主科技联盟”，其主要成员包括但不限于加拿大、澳大利亚、英国、法国、德国、荷兰、意大利、日本、韩国等美国传统盟友，以及印度等新兴经济体。

2. 技术封锁和出口限制

美国长期以来在高科技领域保持领先地位，近年来对中国实施了一系列技术出口限制和封锁措施，包括限制对中国的某些企业出口高科技产品、限制中国公司在美国的投资以及限制中美科技交流等。美国商务部下属的工业安全局（Bureau of Industry and Security，BIS）还将某些公司、组织或个人列入实体清单，限制美国公司与这些实体进行商业往来。被列入实体清单的中国公司包括华为、中兴通讯、海康威视等。美国通过外国投资委员会（Committee on Foreign Investment in the United States，CFIUS）审查并限制中国企业在美投资，尤其针对涉及国家安全的关键领域。2023 年 6 月，欧盟委员会出台了《欧洲经济安全战略》。这一战略包括 11 项新行动计划，核心内容是建立欧盟高新尖技术清单和风险评估、发展欧盟技术主权和欧盟价值链韧性、评估欧盟外国直接投资审查机制等。这表明欧盟在对华政策上更加注重减少在关键领域对中国的战略性依赖，并在适当的情况下采取“去风险”措施。日本经济产业省于 2023 年 7 月 23 日开始，对 23 种半导体制造设备实施对华出口管制措施，涉及清洗、成膜、热处理、曝光、蚀刻、检查等多个领域，并全面禁止了包括 45 nm 和更高端芯片及生产设备的出口。

3. 全球科技竞争加剧

全球科技竞争正在加剧，各国政府和私营企业都在加大对科研和技术开发的投入，以保持在关键领域的竞争力。美国和中国在全球科技竞争中处于领先地位，而欧盟和日本也在努力保持其科技强国的地位。根据统计数据，2023 年美国的科研经费总投入达到 6075 亿美元，位居全球第一，占全球总投入的 35.6%。中国的科研经费总投入为 4680 亿美元，占全球总投入的 27.5%。中美两国的科研经费总投入已超过全球的一半，达到 62.7%。欧盟作为

---

① 何光喜. 我国国际科技合作的形势、挑战与展望 [J]. 科技中国，2022（9）：7-11.

② Richard Van Noorden. Number of dual US—China academic affiliations falls [J]. Nature，2022，606：235-236.

一个区域性组织，其科研经费总投入为 3780 亿美元，位居全球第三，但仍然远远落后于美国和中国。日本的科研经费总投入为 1264 亿美元，位居全球第四。[①]2023 年，全球研发投入 2500 强企业的研发投入总额达到 12 497 亿欧元，同比增长 12.8%。在这份榜单中，美国有 827 家企业上榜，总研发投入高达 5265 亿欧元；中国有 679 家公司进入榜单，总研发投入达 2220 亿欧元；日本有 229 家公司进入榜单，总研发投入为 1162 亿欧元。[②]

各国在高科技领域规则制定方面的竞争相当激烈，以自动驾驶为例。自动驾驶技术作为一项颠覆性技术，其发展水平直接关系到各国汽车产业的国际竞争力和全球产业分工格局。各国都在努力制定和推广自己的标准，以获得市场主导权。在这场竞争中，不仅技术的先进性至关重要，而且政策和法规的制定同样扮演着关键角色。美国、中国、日本、德国等制造大国高度重视自动驾驶技术的发展，并发布了自动驾驶路线图和发展目标。这些国家在交通法规、监管政策等方面积极探索，推出了一系列支持自动驾驶的产业政策。[③]

四、抢占科技制高点的战略路径

（一）加强基础研究

1. 提升投入强度

增加财政直接投入，优化财政预算结构。政府在编制财政预算时，应明确提高基础研究在科研预算中的占比。例如，对基础研究的拨款增速要高于科研总预算的增速，将更多的财政资金直接分配到基础研究项目上。美国国家科学基金会（NSF）每年从联邦政府获得大量资金，专门用于支持基础研究项目。设立专门的基础研究基金，专款专用，确保资金稳定且充足地投入基础研究领域中。同时，政府要作出长期稳定的投入承诺，为基础研究机构和科研人员提供可预期的资金支持，如制定基础研究投入的长期规划，在 5～10 年甚至更长时间内保证投入资金的逐年递增。这有助于科研机构进行长远规划，吸引优秀科研人才投身基础研究。

引导社会资本投入，对企业和社会组织投入基础研究给予税收优惠。例如，企业用于基础研究的捐赠支出可以在企业所得税前加倍扣除；对投资基础研究的企业给予一定比例的税收减免，或者按照其投入基础研究资金的规模给予相应的税收抵免额度。这样可以提高企业和社会组织参与基础研究投入的积极性。同时，应设立以基础研究成果转化为导向的产业

① 吴伦比. 全球对外直接投资的动因、影响及对我国对外直接投资发展的思考与建议 [J]. 西南金融，2023（12）：17-28.

② 欧盟执委会. 2023 年欧盟工业研发投资记分牌 [EB/OL].（2023-12-20）[2024-07-24]. https://www.199it.com/archives/1667333.html

③ 李晓华. 自动驾驶的发展现状、挑战与应对 [J]. 人民论坛，2023（18）：68-72.

引导基金。这些基金可以通过与企业、科研机构合作的方式，对具有潜在应用价值的基础研究项目进行早期投资。例如，政府可以联合风险投资机构、企业共同出资成立基金，对人工智能基础算法、新材料等领域的基础研究项目进行投资，当研究成果转化为实际产品或技术时，基金可按照约定获得相应收益，从而吸引更多社会资本参与投资基础研究。此外，可在基础研究领域推广公私合作模式。例如，在大型科研基础设施建设方面，政府可与企业合作，政府提供部分资金并负责项目规划、监管等职能，企业则提供技术、设备或额外的资金投入。欧洲核子研究组织（CERN）在建造大型强子对撞机等项目时，就采用了这种公私合作的模式，企业的参与不仅提供了资金，而且带来了工程技术等方面的支持。

整合与优化现有投入资源。整合不同政府部门在基础研究方面的投入资源，避免重复投入和资源分散。例如，在生命科学领域，科学技术部、卫生部、教育部等部门可能都有涉及基础研究的项目资助，应建立统一的协调机制，将各部门在该领域的基础研究资金统筹规划，集中力量支持重点基础研究方向。同时，对现有的基础研究项目进行梳理和整合。取消一些分散、低效的小型项目，将资金集中到一些具有重大科学意义和长远战略价值的大型基础研究项目上。例如，对于一些同领域但目标相近的基础研究项目，可以进行合并，提高资金使用效率，集中攻关重大科学问题。

2. 优化投入结构

加大对关键核心学科的投入。聚焦国家重大战略需求和科学前沿，确定一批对国家发展具有重要支撑作用的关键核心学科，如量子科学、人工智能基础理论、生命科学前沿领域等，加大投入力度，集中资源突破关键科学问题，提升我国在这些领域的国际竞争力。例如，美国在量子计算领域投入巨大，旨在抢占未来科技制高点，我国也应类似地向关键核心学科倾斜投入。

均衡支持基础学科与新兴交叉学科。既要保障传统基础学科，如数学、物理、化学等的稳定投入，以夯实科学研究的基础，又要大幅增加对新兴交叉学科的投入。新兴交叉学科往往能孕育重大创新，如生物信息学、纳米材料科学等，它们融合了多个学科的知识和方法，对推动科技进步具有重要作用。国家可设立专门的新兴交叉学科研究基金，鼓励跨学科研究团队的组建和研究项目的开展。

对基础研究早期阶段进行投入。在基础研究的探索阶段，往往需要大量的资金用于人才培养、前沿技术探索和初步实验验证等。国家应设立早期基础研究专项基金，支持科研人员开展创新性的探索工作，避免因短期绩效压力而忽视早期基础研究。比如，对青年科研人员的早期项目给予重点资助，鼓励他们大胆尝试新的研究方向。

稳定支持基础研究中晚期阶段的项目。对于已经取得一定进展、进入中晚期阶段的基础研究项目，如重大科学装置建设、长期观测研究等，需要持续稳定的资金支持。这些项目往往需要多年的积累和投入才能取得重大成果，国家应将其纳入长期规划，确保资金的连续性，避免因资金中断而导致项目停滞。

向基础研究薄弱地区倾斜投入。考虑到我国不同地区基础研究发展水平的差异，国家应加大对基础研究薄弱地区的投入力度，促进区域基础研究均衡发展。例如，向中西部地区的高校和科研机构提供专项经费，改善研究条件，吸引优秀科研人才，提升这些地区的基础研究实力。通过区域均衡投入，缩小地区间基础研究差距，实现全国基础研究的协调发展。

鼓励区域特色基础研究发展。结合各地的资源优势和产业特点，鼓励各地区开展具有地方特色的基础研究。比如，沿海地区可以重点支持海洋科学基础研究，东北地区可以加强寒区科学基础研究，西部地区可以开展生态环境相关的基础研究等。通过区域特色基础研究的发展，既可以发挥各地的优势，又能促进基础研究与地方经济社会发展的紧密结合。

提高基础研究公共平台建设投入。加强对大型科学仪器设备、数据中心等基础研究公共平台的建设投入，实现资源共享，避免重复建设和浪费。公共平台为众多科研人员提供了必要的研究条件，提高投入可以提升平台的服务能力和水平，促进基础研究的协同创新。例如，国家重大科技基础设施的建设投入，为跨学科、跨领域的基础研究提供了强大的支撑。

促进基础研究国际合作的投入。加大对基础研究国际合作项目的投入，鼓励科研人员参与国际合作研究计划，开展高水平的国际学术交流与合作。通过国际合作，引进国外先进的研究理念和技术，提升我国基础研究的国际化水平。同时，也可以让我国的基础研究成果在国际上得到更广泛的传播和应用。例如，设立国际合作研究专项基金，支持科研人员赴国外合作研究机构开展短期访问和合作项目。

3. 培养和吸引人才

改革基础教育课程设置。提高数学、物理、化学等基础学科的占比，注重培养学生的批判性思维、创新能力和实践动手能力。例如，在中小学阶段增加科学实验课程的比例，鼓励学生自主探索和实践，为后续从事基础研究打下坚实的基础。

推动高等教育创新人才培养模式更新。高校应优化基础学科专业设置，加强基础课程教学，如增加数学、物理等基础课程的深度和难度。同时，推行导师制，让学生在本科阶段就能够参与导师的科研项目，培养科研兴趣和能力。此外，应开展创新创业教育，鼓励学生跨学科学习和研究，培养具有创新精神和实践能力的基础研究人才。例如，一些高校设立了跨学科的研究中心和实验班，为学生提供了更多的创新机会。

加强研究生教育质量。提高研究生招生质量，注重选拔具有创新潜力和研究兴趣的学生。加强研究生导师队伍建设，提高导师的指导水平和科研能力。优化研究生培养方案，增加学术前沿课程和科研实践环节，延长研究生培养年限，确保研究生有足够的时间和精力进行深入的基础研究。例如，实行研究生中期考核和学位论文答辩前的预答辩制度，加强对研究生培养过程的质量监控。

设立基础研究人才专项奖励。国家应设立专门的基础研究人才奖励基金，对在基础研究领域作出杰出贡献的科研人员进行奖励，如设立“国家基础研究杰出人才奖”等，提高基础研究人才的社会地位和声誉。奖励可以包括奖金、荣誉称号等，激励更多的人才投身于基础研究。

完善科研人员薪酬待遇体系。建立与基础研究工作特点相适应的薪酬制度，提高基础研究人员的薪酬水平，确保他们的收入与贡献相匹配。同时，设立绩效工资和津贴，对在基础研究中取得重大成果的人员给予奖励。目前，已有一些高校和科研机构为从事基础研究的人员设立了岗位津贴和科研绩效奖励，以激发他们的工作积极性。

提供职业发展空间和机会。为基础研究人才提供广阔的职业发展空间，鼓励他们在基础研究领域长期深耕。建立健全人才晋升机制，打破职称评审中的学历、资历等限制，注重科研成果和实际能力。同时，为基础研究人才提供出国交流、参加国际学术会议等的机会，拓宽他们的国际视野，提升他们的学术影响力。

建设优质的科研基础设施。加大对科研基础设施的投入，建设一批高水平的实验室、研究中心等科研平台，为基础研究人才提供良好的工作条件。提供先进的实验设备、充足的科研经费和优质的科研服务，满足基础研究人才的科研需求。例如，国家重点实验室的建设就为基础研究提供了重要的平台支持。

营造自由开放的科研氛围。减少科研管理中的行政干预，给予科研人员更多的学术自由和决策自主权。鼓励不同学科背景的科研人员之间进行交流与合作，营造开放、包容的科研环境。例如，设立科研特区或创新团队，给予他们更大的科研自主权和经费使用权限，促进跨学科合作和创新。

加强基础研究人才服务保障。简化科研项目申报和审批流程，提高办事效率，为基础研究人才节省时间和精力。解决基础研究人才的住房、医疗、子女教育等问题，让他们能够全身心地投入科研工作中。例如，一些地方为引进的基础研究人才提供人才公寓、医疗保障等优惠政策。

（二）突破关键核心技术

1. 明确重点领域

围绕国家战略需求明确重点领域。首先，关乎国家安全和主权的领域，是重点突破的领域，如国防军工领域，包括先进的武器装备研发、军事通信技术、航天航空关键技术等。其次，保障国家能源安全至关重要，像高端煤炭清洁利用技术、先进核电技术、可再生能源高效转化与存储技术等。例如，高效太阳能电池技术的突破能极大提升可再生能源的利用比例，减少对传统化石能源的依赖。最后，涉及人民生命健康的重大疾病诊断与治疗技术、生物医药关键技术等。例如，癌症的早期精准诊断技术、新型药物研发技术等，能提升医疗水平，改善人民生活质量。

结合产业发展方向明确重点领域。首先，高端制造业是国家经济实力的重要体现，突破这些关键技术能够提升我国制造业的国际竞争力，包括高端数控机床技术、精密仪器仪表技术、先进汽车制造核心技术（如电池技术、自动驾驶技术等）。其次，信息技术产业是当今经济发展的关键驱动力，而这些关键技术的突破将带动整个产业的升级换代，包括集成电路设计和制造工艺等芯片技术、人工智能核心算法技术、大数据处理与分析技术等。最后，新材料的研发应用能为各个领域的技术创新提供基础支撑。例如，航空航天领域对高性能材料的需求极高，包括高性能合金材料、新型半导体材料、先进复合材料等。

依据科技发展趋势明确重点领域。首先，量子计算有望在密码学、药物研发等领域带来革命性的变化。量子计算、量子通信等技术是未来科技的前沿方向，具有巨大的应用潜力和战略价值，应明确为重点领域进行突破。其次，基因编辑技术、合成生物学技术等在农业、医药等领域有着广泛的应用前景，能够为解决粮食安全、疾病治疗等重大问题提供新的途径。最后，随着全球环境问题的日益突出，节能环保技术，如高效节能技术、环境污染治理技术、资源回收利用技术等对于实现可持续发展至关重要，是需要重点关注和突破的领域。

2. 建立协同创新机制

加强政府引导。制定相关政策和规划，明确协同创新的目标、重点领域和任务，为协同创新提供政策支持和引导。设立专项基金，支持关键核心技术的协同创新项目，鼓励企业、高校、科研机构等各方参与。建立协调机制，协调各方利益，解决协同创新过程中出现的问题。

促进产学研合作。搭建产学研合作平台，促进企业、高校和科研机构之间的信息交流与合作。例如，建立产业技术创新联盟、产学研合作示范基地等。鼓励企业与高校、科研机构开展联合研发，共同攻克关键核心技术难题。企业可以提供资金和市场需求，高校和科研机构可以提供科研力量和技术支持。推动科技成果转化，加强知识产权保护，提高产学研合作的积极性和成效。

加强企业间合作。鼓励企业之间开展合作创新，共同投资研发关键核心技术，实现资源共享、优势互补。建立企业技术创新中心，促进企业之间的技术交流与合作，提高企业的技术创新能力。引导上下游企业之间加强合作，形成完整的产业链协同创新体系，提高整个产业的竞争力。

推动跨区域合作。加强区域之间的科技合作与交流，打破地区壁垒，实现资源的优化配置。建立跨区域的协同创新中心，整合各地的优势资源，共同开展关键核心技术研发。鼓励发达地区与欠发达地区开展对口支援和合作，促进区域协调发展。

加强国际合作。积极参与国际科技合作项目，引进国外先进技术和人才，提高我国在关键核心技术领域的研发水平。鼓励企业和科研机构开展国际合作研发，共同攻克全球性的技术难题。加强与国际知名科研机构和企业的合作交流，建立长期稳定的合作关系。

完善人才培养与流动机制。加强高校和科研机构的人才培养，培养具有创新能力和实践能力的高素质人才，为协同创新提供人才支持。建立人才流动机制，鼓励人才在企业、高校和科研机构之间合理流动，促进知识和技术的传播与共享。加强对创新人才的激励机制，提高人才的创新积极性和创造性。

（三）推动科技成果转化

1. 完善转化机制

制定专项政策。政府应出台专门针对科技成果转化的政策文件，明确转化的目标、任务、激励措施等。例如，制定科技成果转化奖励办法，对促成重大科技成果转化的单位和个人给予高额奖励；设立科技成果转化引导基金，为转化项目提供前期资金支持。

完善法律法规。修订和完善知识产权保护、技术转移等相关法律法规，加大对侵权行为的惩处力度，保障科技成果转化各方的合法权益。明确技术转移过程中的权责划分、规范技术合同的签订与执行等，为科技成果转化提供坚实的法律基础。

加强政策协调。打破部门之间的壁垒，建立跨部门的协调机制，确保各项政策在科技成果转化过程中能够有效衔接、协同发力。例如，科技部门、财政部门、税务部门等应加强沟通与协作，共同推动科技成果转化工作。

2. 搭建转化平台

（1）建立线上平台

开发专业科技成果转化网站平台。整合全国各类高校、科研机构的科技成果信息，以及企业的技术需求信息，搭建一个集中展示和对接的线上平台。通过详细的成果描述、技术指标等内容，让供需双方能够快速准确地了解相关信息。例如，一些地方政府打造的“科技成果转化云平台”，实现了科技成果与企业需求的高效匹配。

利用大数据和人工智能技术。利用大数据分析技术对海量的科技成果和企业需求数据进行挖掘和分析，精准推送符合企业需求的科技成果，提高转化效率。同时，借助人工智能技术提供智能咨询服务，解答双方在转化过程中遇到的问题。例如，通过智能算法为企业推荐最适合其发展需求的科技成果，并提供相关的转化建议。

设立移动应用程序（APP）。开发专门的科技成果转化APP，方便用户随时随地查看和发布科技成果及需求信息，实现移动化办公和交易。用户可以通过APP进行在线沟通、预约洽谈等操作，提高转化的便捷性。例如，一些高校推出的科技成果转化APP，就受到了科研人员和企业的欢迎。

（2）打造线下平台

建设科技成果转化展厅。在高校、科研机构或科技园区内建设专门的科技成果转化展厅，将优秀的科技成果以实物、模型、演示等形式展示出来，让企业直观地了解科技成果的实际应用价值。展厅可以定期举办成果展示活动，吸引企业前来参观洽谈。目前，一些科技园区的成果转化展厅，就成了企业获取科技成果的重要场所。

设立科技成果转化服务中心。在科技园区或产业集聚区设立科技成果转化服务中心，为科技成果转化提供一站式服务。服务中心配备专业的技术评估、法律咨询、投融资等服务团队，帮助双方解决转化过程中遇到的各种问题。例如，可提供技术评估报告、协助签订技术合同、为转化项目提供融资对接等服务。

举办科技成果转化展会。定期举办大型的科技成果转化展会，邀请高校、科研机构、企业等各方参与。展会设置成果展示区、项目洽谈区、专家咨询区等功能区域，为科技成果转化提供一个集中交流、合作的平台。一些国际性的科技展会，如中国国际高新技术成果交易会，就对推动科技成果转化起到了重要作用。

（3）促进多平台协同互动

实现线上线下平台融合。将线上平台和线下平台进行有机融合，形成互补优势。线上平台提供广泛的信息资源和便捷的交互功能，线下平台则提供面对面的交流和实地考察的机会，让供需双方能够更加深入地了解对方。例如，线上平台推送的科技成果可以引导企业到线下展厅进行实地考察，进一步增强企业的信心。

加强与各类创新平台的合作。与科技企业孵化器、众创空间、产业技术创新战略联盟等各类创新平台加强合作，共同推动科技成果转化。通过整合各方资源，形成协同创新的合力，为科技成果转化提供更全面的支持。例如，科技企业孵化器可以为科技成果转化提供场地、孵化服务等支持，产业技术创新战略联盟则可以促进产学研合作，加速科技成果的产业化。

推动区域间转化平台联动。加强不同地区之间转化平台的交流与合作，实现区域间的资源共享和协同发展。例如，建立区域间科技成果转化信息共享机制，促进优质科技成果在不同地区之间的流动；开展跨区域的科技成果转化对接活动，加强区域间的合作与交流。

3. 培育转化主体

（1）企业主体培育

引导企业建立内部转化机制。督促企业设立专门的科技成果转化部门或岗位，负责科技成果的筛选、评估、转化及后续跟踪等工作。同时，制定相关的内部管理制度，规范转化流程，提高转化效率。目前，一些大型企业已经成立了专门的技术转移中心，并配备了专业的技术转移人员，负责与高校、科研机构进行对接和合作。

促进企业间的合作与并购。支持企业通过合作研发、共建创新平台等方式，加强企业间的技术交流与合作，实现优势互补。鼓励企业通过并购等方式获取外部的科技成果和创新资源，加速自身的技术升级和转化。例如，一些汽车企业通过并购国外的汽车零部件企业，获得了先进的技术和生产工艺，提升了自身的竞争力。

（2）高校和科研机构主体培育

推动高校和科研机构的体制机制改革。鼓励高校和科研机构建立以成果转化为导向的绩效考核制度，将科技成果转化情况纳入科研人员的绩效考核指标体系，提高科研人员的转化积极性。例如，设定一定比例的转化绩效奖励，对成功转化科技成果的科研人员进行专项奖励。

加强高校和科研机构与企业的合作。促进高校和科研机构的科研人员与企业开展产学研合作项目，共同开展技术研发和成果转化。建立高校、科研机构与企业之间的人员互聘制度，让科研人员深入企业了解实际需求，提高成果转化的针对性。例如，一些高校教师可到企业挂职锻炼，将企业的实际问题带回学校进行研究，然后再将研究成果反馈给企业。

设立高校和科研机构的成果转化基金。政府或社会资本可设立专门的成果转化基金，为高校和科研机构的科技成果转化提供资金支持。基金可以通过股权投资、债权投资等方式，参与科技成果转化项目，降低成果转化的风险。目前，一些地方政府设立的高校科技成果转化基金，已取得一定效果，为高校的科技成果转化项目提供了重要的资金保障。

（3）中介服务机构主体培育

规范和发展科技中介服务机构。制定相关的政策法规，加强对科技中介服务机构的管理和监督，规范其服务行为，提高服务质量。鼓励和支持各类专业服务机构的发展，如技术转移机构、知识产权代理机构、科技咨询机构等，为科技成果转化提供全方位的服务。例如，可对符合条件的科技中介服务机构给予财政补贴或税收优惠。

加强科技中介服务机构的能力建设。通过培训、交流等方式，提高科技中介服务机构从业人员的专业素质和业务能力。鼓励科技中介服务机构与高校、科研机构及企业建立合作关系，共同开展技术评估、市场调研等工作，提升服务水平。具体而言，可组织科技中介服务机构从业人员参加专业培训课程，学习最新的政策法规和技术知识。

培育一批具有品牌影响力的科技中介服务机构。通过评选、认定等方式，培育一批在科技成果转化领域具有较高知名度和影响力的中介服务机构。这些机构可以发挥示范引领作用，带动整个科技中介服务行业的发展。例如，每年评选一批“优秀科技中介服务机构”，并在行业内进行宣传推广。

（四）营造良好创新生态

1. 加强知识产权保护

（1）立法与执法层面

完善知识产权法律法规。及时修订和完善知识产权相关法律法规，使其更加符合时代发展需求和创新实践的特点。例如，针对新兴的互联网技术、生物技术等领域，制定专门的知识产权保护法规，明确侵权认定标准和处罚措施。同时，加强法律法规的协调性和统一性，避免出现法律漏洞和冲突。

强化知识产权执法力度。建立高效的知识产权执法体系，加强知识产权执法队伍建设，提高执法人员的专业素质和执法能力。加大对知识产权侵权行为的打击力度，严厉查处假冒伪劣、盗版等侵权行为，提高侵权成本，形成威慑力。例如，成立专门的知识产权法庭，快速审理知识产权案件；加强与公安、市场监管等部门的协作，形成执法合力。

推进知识产权综合行政执法改革。整合知识产权执法资源，建立统一的知识产权行政执法机构，实现知识产权执法的规范化和专业化。加强跨部门、跨区域的执法协作，提高执法效率，避免多头执法和执法空白。例如，一些地方实行知识产权“三合一”执法模式，将专利、商标、版权等执法职能整合到一个部门，提升了执法效率。

（2）宣传与教育层面

加强知识产权宣传教育。利用多种媒体渠道，广泛开展知识产权宣传活动，提高全社会的知识产权意识。例如，通过电视、广播、报纸、网络等媒体，宣传知识产权法律法规、典型案例和创新成果，营造尊重知识产权的社会氛围。同时，将知识产权教育纳入国民教育体系，从中小学开始普及知识产权知识，培养公民的知识产权意识和创新精神。

开展知识产权培训与指导。针对企业、高校、科研机构等不同主体，开展有针对性的知识产权培训与指导活动。帮助企业建立完善的知识产权管理制度，提高企业的知识产权创造、运用、保护和管理能力；指导高校和科研机构加强知识产权保护工作，规范科研人员的行为，防止知识产权流失。例如，举办知识产权培训班、专题讲座等，为企业和科研人员提供专业的培训服务。

鼓励知识产权行业自律。推动知识产权行业协会等社会组织的发展，加强行业自律建设。行业协会可以制定行业规范和标准，引导会员企业遵守知识产权法律法规，加强行业内部的监督和管理。同时，行业协会可以开展知识产权纠纷调解等工作，为会员企业提供便捷的纠纷解决途径。

（3）国际合作层面

积极参与国际知识产权治理。加强与各知识产权组织的合作，参与国际知识产权规则的制定和修改，提升我国在国际知识产权治理中的话语权和影响力。例如，积极参与世界知识产权组织的各项活动，提出我国的意见和建议，推动国际知识产权体系的公平、合理发展。

加强知识产权国际合作与交流。与其他国家和地区开展知识产权执法、司法协助等方面的合作，共同打击跨境知识产权侵权行为。加强与国外知识产权服务机构的合作，引进国外先进的知识产权管理经验和技术，提升我国的知识产权保护水平。具体而言，可与一些国家签订知识产权合作协议，建立双边或多边的知识产权合作机制。

加强海外知识产权维权。鼓励企业积极进行海外专利布局，提高企业的海外知识产权保护意识。建立海外知识产权维权援助机制，为企业在海外遇到的知识产权纠纷提供及时有效的帮助和支持。例如，设立海外知识产权维权基金，为企业的海外维权行动提供资金保障。

2. 培育创新文化

（1）在教育体系中渗透

改革基础教育课程。增加科学、技术、工程、数学等相关课程的比重，培养学生的创新思维和实践能力。例如，在中小学开设编程、机器人等课程，让学生接触前沿科技，激发他们的创新兴趣；鼓励学校开展创新实践活动，如科技创新大赛、发明创造展览等，为学生提供展示和锻炼的平台。

高等教育注重创新培养。高校应优化课程设置，加强创新创业教育课程的建设，如开设创新方法、商业模式设计等课程。鼓励教师采用启发式、探究式教学方法，引导学生独立思考、勇于质疑。此外，高校可设立创新创业学院或基地，为学生提供创新创业实践的场地、资金和指导等支持。目前，一些高校已经设立了大学生创新创业训练计划，让学生参与实际的创新创业项目，提升创新能力，取得了良好效果。

（2）在企业环境中营造

树立创新导向的企业文化。企业高层应将创新作为企业发展的核心价值观，鼓励员工提出新想法、新方案，营造开放、包容的创新氛围。例如，设立创新奖励制度，对有突出创新贡献的员工给予物质和精神奖励；建立创新交流平台，如创新论坛、技术沙龙等，促进员工之间的思想碰撞和经验分享。

鼓励企业内部创新团队建设。支持企业成立专门的创新团队或研发部门，给予他们足够的资源和自主权，让他们能够专注于创新项目。例如，一些企业设立了独立的创新实验室，配备先进的实验设备和专业的研发人员，为创新团队提供良好的工作环境。同时，鼓励企业与高校、科研机构合作，共同开展创新研究，充分利用外部创新资源。

将创新绩效纳入企业考核。建立完善的创新绩效考核体系，将创新成果与员工的薪酬、晋升等挂钩，激励员工积极参与创新活动。例如，设定创新指标，如专利申请数量、新产品开发数量等，对员工的创新表现进行量化考核，并根据考核结果给予相应的奖励和激励。

（3）在社会氛围中引导

媒体发挥积极引导作用。媒体应加大对创新人物、创新企业、创新成果的宣传报道力度，树立创新榜样，传递创新价值。例如，开设创新专题栏目，报道国内外的创新动态和创新故事；举办创新颁奖典礼，表彰在各个领域作出突出贡献的创新者。通过媒体的宣传，提高社会对创新的关注度和认可度，营造崇尚创新的社会氛围。

社会组织提供支持平台。各类社会组织如科技协会、行业协会等可以举办创新活动、研讨会等，为创新者提供交流合作的平台。例如，科技协会可以组织科技成果展示会，让创新者有机会展示自己的成果，获取反馈和合作机会；行业协会可以举办行业创新论坛，促进同行业企业之间的创新交流与合作。

公众参与激发创新活力。鼓励公众积极参与创新活动，如参与众创空间、创新孵化器等项目，为创新提供多元化的力量。同时，通过开展科普活动，提高公众的科学素养和创新意识，让创新成为全社会的共同追求。例如，举办科普展览、科学讲座等活动，让公众了解最新的科技前沿和创新成果，激发公众的创新热情。

（五）加强国际科技合作

1. 参与国际大科学计划

（1）政府层面

制定参与国际大科学计划的战略规划。政府应综合考量国家科技发展战略、产业需求及国际科技前沿等因素，制定明确的参与国际大科学计划的长远规划和近期目标。明确各领域重点参与的计划及投入的资源和精力，确保参与行动的系统性和连贯性。例如，根据国家在能源、生命科学等领域的发展重点，有针对性地选择参与相关的国际大科学计划。

搭建国际科技合作平台与机制。政府牵头搭建国际科技合作的平台和机制，促进国内科研机构与国际同行的交流与对接。例如，设立国际科技合作专项基金，为国内科研团队参与国际大科学计划提供资金支持；建立国际科技合作信息共享平台，及时发布国际大科学计划的相关信息，便于国内科研机构了解和申请参与。

加强与国际科技组织的沟通与协作。积极与世界知名的国际科技组织建立紧密联系，参与这些组织的决策过程，争取在国际科技规则制定中拥有更多话语权。同时，借助国际科技组织的平台，推动国内科研机构与其他国家的科研机构建立合作关系，为参与国际大科学计划创造有利条件。

（2）科研机构层面

提升自身科研实力与竞争力。科研机构要加大在基础研究领域的投入，培养一批具有国际视野和创新能力的科研人才，提升自身的科研实力和水平。只有具备了强大的科研能力，才能在国际大科学计划中占据一席之地。例如，加强实验室建设，引进先进的科研设备，为科研人员提供良好的研究条件。

积极主动寻求参与机会。科研机构应密切关注国际大科学计划的动态，主动与国际同行联系和沟通，积极寻求参与机会。可以通过参加国际科技会议、与国外科研机构建立合作关系等方式，了解国际大科学计划的需求和进展，及时提交参与申请。例如，组织科研人员参加国际大型科技研讨会，与其他国家的科研人员建立合作意向，为后续参与国际大科学计划打下基础。

加强团队建设与国际合作能力。组建跨学科、跨领域的国际合作团队，融合不同国家和地区科研人员的优势，提高团队在国际大科学计划中的竞争力。同时，加强科研人员的国际合作能力培训，提高他们与国际同行合作的能力和水平。例如，邀请国际知名专家来国内讲学和指导，选派科研人员到国外科研机构进行长期或短期的合作研究。

（3）企业层面

加大对国际科技合作的投入。企业应认识到参与国际大科学计划对提升企业技术创新能力和国际竞争力的重要性，加大在国际科技合作方面的资金投入。可以设立专门的国际科技合作项目基金，支持企业参与国际大科学计划相关的研发活动。例如，一些大型企业已经设立了海外研发中心，与国际科研机构合作开展前沿技术研究。

推动产学研深度融合。企业与高校、科研机构应加强合作，将企业的市场需求与国际大科学计划的科研成果相结合，实现产学研的深度融合。通过共同承担国际大科学计划项目，企业可以获取先进的技术和理念，提升自身的技术创新能力，同时也为国际大科学计划的顺利实施提供了有力的支持。例如，一些企业与高校合作开展新能源汽车领域的国际大科学计划项目，共同攻克关键技术难题。

利用国际大科学计划拓展国际市场。参与国际大科学计划不仅可以提升企业的技术水平，而且可以为企业拓展国际市场提供机会。企业可以通过在国际大科学计划中展示自身的技术实力和创新成果，吸引国际合作伙伴和客户，扩大企业的国际影响力和市场份额。例如，一些参与国际航空航天领域大科学计划的企业，借助大科学计划的影响力，成功进入国际航空航天市场，实现了企业的国际化发展。

2. 开展双边和多边科技合作

（1）双边科技合作

政府间科技合作协定。与其他国家签订政府间科技合作协定，明确双方在科技领域的合作目标、重点领域、合作方式等，为双边科技合作提供法律框架和政策保障。例如，协定中可以规定双方共同开展科研项目、互派科研人员访问、共享科研数据等方面的具体细则。

科技联委会机制。建立双边科技联委会机制，定期召开会议，商讨和协调双边科技合作的具体事宜。联委会成员应包括双方政府部门代表、科研机构负责人等，通过沟通交流，及时解决合作中出现的问题，推动合作项目的顺利实施。

科研人员交流项目。组织开展科研人员交流项目，如短期访问、联合培养博士生等。通过让本国科研人员到对方国家的科研机构进行短期工作或学习，并邀请对方科研人员到本国交流访问等，促进双方科研人员之间的相互了解和学术交流，为合作研究奠定基础。例如，中国与"一带一路"合作国家开展的青年科学家交流计划，为两国青年科研人员提供了广阔的交流平台。

联合科研项目。共同发起和实施联合科研项目，整合双方的科研资源和优势，攻克共同面临的科技难题。联合科研项目可以涵盖多个领域，如能源、环境、生物医药等。在项目实施过程中，双方科研人员共同设计实验、分析数据、撰写论文，实现互利共赢。例如，中美在气候变化领域开展的联合科研项目，为应对全球气候变化作出了贡献。

（2）多边科技合作

参与国际科技组织。积极参与国际上重要的科技组织，如联合国教科文组织、世界卫生组织、国际科学理事会等。通过在这些组织中发挥作用，参与制定国际科技政策和标准，推动全球科技合作与发展。例如，中国积极参与世界卫生组织的工作，在全球公共卫生领域发挥了重要作用。

多边科技合作倡议。发起或参与多边科技合作倡议，如"一带一路"科技创新合作倡议等。这些倡议旨在加强相关国家之间的科技合作，促进科技资源的共享和优势互补。通过举办科技论坛、开展科技合作项目等方式，推动多边科技合作的深入发展。例如，"一带一路"科技创新合作行动计划中提出了多项科技合作项目，涵盖了多个领域和国家。

多边科技合作平台。利用现有的多边科技合作平台，如世界博览会、国际科技博览会等，开展科技交流与合作活动。这些平台为各国科研机构、企业等提供了展示科技成果、洽谈合作项目的机会，促进了多边科技合作的开展。在一些国际性的科技展览会上，各国展示了最新的科技成果，推动了科技的交流与合作。

多边科技人才培养。开展多边科技人才培养合作，如联合举办国际科技培训班、研究生培养项目等。通过培养具有国际视野和跨文化交流能力的科技人才，为多边科技合作提供人才支撑。例如，一些国际组织或国家间合作开展的全球气候变化研究培训项目，培养了一批从事气候变化研究的专业人才。

3. 吸引国际科技人才

（1）政策支持方面

签证与移民政策。设立专门的科技人才签证类别，简化签证申请流程，如减少不必要的文件要求，缩短签证审批时间等。像美国的 O-1 签证（针对在科学、艺术、教育、商业或体育领域具有非凡能力的人才），就为科技人才提供了较为便捷的入境途径。对于高端科技人才，应提供移民绿色通道。例如，一些国家推出的杰出人才移民计划，只要科技人才符合一定的科研成果或专业能力标准，就可以快速获得永久居留权甚至国籍。

税收与福利政策。给予国际科技人才税收减免政策。例如，对他们在本国取得的科研成果转化收入、工资薪金等在一定期限内减免所得税。新加坡就对引进的科技人才在一定时期内给予了较低的个人所得税率，以提高人才的实际收入水平。同时，应提供优厚的福利保障，包括完善的医疗、养老、子女教育等福利。例如，一些欧洲国家就为国际科技人才及其家属提供了与本国公民同等的免费医疗和优质的子女教育资源，解决了他们的后顾之忧。

（2）人才发展机遇方面

科研项目与资金支持。设立大量面向国际科技人才的科研项目。政府专项科研基金中应专门划出一部分用于国际合作项目，吸引国际科技人才牵头或参与项目研究，如欧盟的“地平线 2020”计划中的许多项目都欢迎国际科技人才参与。给予国际科技人才充足的科研资金支持。对于他们提出的有潜力的科研项目，提供足够的启动资金和后续经费，确保项目能够顺利开展。

建立公平的职业晋升体系。在科研机构和企业中，为国际科技人才建立与本国人才公平竞争的职业晋升通道。应以科研成果、创新能力等为主要衡量标准，不论国籍，只要有能力就可以晋升高级科研岗位或管理岗位。同时，提供多样化的职业发展路径选择。除了传统的科研路径外，还可为国际科技人才提供技术转移、科技创业等方面的发展机会，让他们能够根据自己的兴趣和特长选择适合自己的职业发展道路。

第二章

中国共产党领导的科技现代化

一、马克思主义科技观及其在新时代的创新发展

（一）马克思主义科技观的理论内涵与时代创新

马克思主义科技观是马克思、恩格斯及其后继者，在辩证唯物主义和历史唯物主义原理的指导下，对自然科学和生产技术的特征、本质和发展规律的深刻认识和高度概括。马克思、恩格斯成功地将辩证法运用到唯物主义的自然观和历史观当中，通过剖析自然界和人类社会的发展规律，构建了马克思主义科技观的理论基础。在马克思、恩格斯的基础上，列宁通过总结苏维埃俄国革命和建设的历史经验，丰富完善了马克思主义科技观。以毛泽东同志为代表的中国共产党人，在马克思主义科技观的基础上，结合中国实际发展状况，创造性地提出了中国化的马克思主义科技思想。

1. 科学技术是生产力是马克思主义科技观的基本立场

马克思主义科技观认为科学技术是生产力。在《共产党宣言》中，马克思和恩格斯指出，资产阶级在其不到一百年的阶级统治中所创造的生产力，比过去一切世代创造的全部生产力还要多，还要大。“自然力的征服，机器的采用，化学在工业和农业中的应用，轮船的行驶，铁路的通行，电报的使用……过去哪一个世纪料想到在社会劳动里蕴藏有这样的生产力呢？”[①]在总结苏维埃俄国经济建设的经验时，列宁指出，苏维埃俄国的人民群众已经充分认识到“贫困、饥饿、挨冻和一切苦难都是由生产力不足造成的”[②]。而为了提高生产力，必须在各地更多地采用机器和机器技术。

---

① 马克思恩格斯文集：第二卷［M］. 北京：人民出版社，2009：36.

② 列宁选集：第四卷［M］. 北京：人民出版社，2012：350.

马克思主义科技观认为科学技术是引领经济变革的重要力量。恩格斯认为英国工业革命在人类编年史中具有无与伦比的地位，在短短半个世纪之间，便使得一个狭小封闭的农业国家成为举世瞩目的工业强国。恩格斯指出：“六十年至八十年以前，英国和其他任何国家一样，城市很小，只有很少而且简单的工业，人口稀疏而且多半是农业人口。现在它和其他任何国家都不一样了：有居民达250万人的首都，有巨大的工业城市，有向全世界供给产品而且几乎全都是用极复杂的机器生产的工业，有勤劳智慧的稠密的人口，这些人口有三分之二从事工业，……工业革命对英国的意义，就像政治革命对法国，哲学革命对德国一样。”[①]

马克思主义科技观认为科学技术是人类社会向前发展的强大推力。马克思、恩格斯指出大工业带来的生产力是资产阶级战胜封建地主阶级和宗教压迫势力的经济基础，是资产阶级迅速建立起全球统治体系的重要工具。“资产阶级，由于一切生产工具的迅速改进，由于交通的极其便利，把一切民族甚至最野蛮的民族都卷到文明中来了……它按照自己的面貌为自己创造出一个世界。”[②] 列宁敏锐地捕捉到了科学技术对维护无产阶级政权和实现共产主义的重要性。他强调：“共产主义就是苏维埃政权加全国电气化。不然我国仍然是一个小农国家，这一点我们必须清楚地认识到……只有当国家实现了电气化，为工业、农业和运输业打下了现代大工业的技术基础的时候，我们才能得到最后的胜利。”[③]

2. 科学技术异化思想是马克思主义科技观的独特贡献

马克思主义科技观认为对人类社会带来巨大进步和变革的科学技术，在资本主义私有制下会异化成对劳动者进行剥削和摧残的工具。马克思、恩格斯和列宁并不否定科学技术本身所具有的进步属性，而是强调是资本主义私有制扭曲了这种进步属性。马克思指出：“因为机器就其本身来说缩短劳动时间，而它的资本主义应用延长工作日；因为机器本身减轻劳动，而它的资本主义应用提高劳动强度；因为机器本身是人对自然力的胜利，而它的资本主义应用使人受自然力奴役；因为机器本身增加生产者的财富，而它的资本主义应用使生产者变成需要救济的贫民。”[④] 马克思、恩格斯无情地揭露了资本家利用科学技术对劳动者进行摧残和剥削的事实。

第一，大工业机器替代了肌肉力在劳动生产中发挥的作用，为资本家压低生产成本攫取利润，大量利用妇女儿童替代男劳动力提供了机会，由此导致了资本对妇女儿童的摧残。马克思认为资本家对妇女儿童既有短期直接剥削，又有长期间接摧残。在《资本论》中，马克思指出资本家通过降低工资、提高工时、提供恶劣的工作环境等建立起对妇女儿童的直接剥

① 马克思恩格斯文集：第一卷［M］. 北京：人民出版社，2009：402.

② 马克思恩格斯文集：第二卷［M］. 北京：人民出版社，2009：35-36.

③ 列宁选集：第四卷［M］. 北京：人民出版社，2012：364.

④ 马克思. 资本论：第一卷［M］. 北京：人民出版社，2004：508.

削。“机器起初使儿童、少年像工人妻子一样在以机器为基础而产生的工厂内直接地受资本的剥削，后来使他们在所有其他工业部门内间接地受资本的剥削，而使他们的身体受到摧残。”[①] 在分析长期间接摧残时，马克思指出资本对妇女的控制导致了母亲对子女的忽视，继而造成了工人阶级子女极高的死亡率。“造成这样高的死亡率的原因……主要是由于母亲外出就业，以及由此引起的对子女的照顾不周和虐待……”[②] 资本对儿童的控制严重影响了儿童的教育，造成了终身的负面影响。“把未成年人变成单纯制造剩余价值的机器，就人为地造成了智力的荒废。”[③]

第二，资本家用妇女儿童替代男劳动力造成了大量的失业，工人阶级为了获取工作而不得不进行自相残杀式的竞争，最终导致工人阶级的工作时间越来越长，但是工资却越来越低。在《雇佣与劳动》中，马克思指出：“机器用不熟练的工人代替熟练工人，用女工代替男工，用童工代替成年工……而在机器日益完善、改进或为生产效率更高的机器所替换的地方，机器又把一批一批的工人排挤出去。”[④] “生产资本越增加，分工和采用机器的范围就越扩大。分工和采用机器的范围越扩大，工人之间的竞争就越激烈，他们的工资就越减少。”[⑤]

第三，在极其低廉的工资和不断延长的工作时间的双重剥削下，工人阶级过着极其悲惨的生活。在《英国工人阶级状况》中，恩格斯指出：“给他们住的是潮湿的房屋，不是下面冒水的地下室，就是上面漏雨的阁楼。为他们建造的房子不能使恶浊的空气流通出去。给他们穿的衣服是坏的、破烂的或不结实的。给他们吃的食物是劣质的、掺假的和难以消化的。……在这种情况下，这个最贫穷的阶级怎么能够健康和长寿呢？在这种情况下，除了过高的死亡率，除了不断发生的流行病，除了工人的体质注定越来越衰弱，还能指望些什么呢？”[⑥]

列宁认为资本控制下的科学技术不会为工农阶级带来利益，反而会成为资本家奴役和压迫工农阶级的工具。在《论法国共产党的土地问题提纲》中，列宁指出，只要存在资本主义和生产资料私有制，俄国和其他国家的电气化既不可能有效地实行，也不可能给工人和农民带来好处，只会成为金融寡头盘剥工农阶级的工具。在领导工人运动时，列宁明确指出，工人阶级的斗争目标包括将科技用于改善人民生活而不是用于阶级剥削。“全世界的工人正在为使劳动摆脱雇佣的奴役、摆脱贫穷和困苦而斗争……他们要把劳动的果实归劳动者自己享

---

① 马克思. 资本论：第一卷［M］. 北京：人民出版社，2004：457.
② 马克思. 资本论：第一卷［M］. 北京：人民出版社，2004：458.
③ 马克思. 资本论：第一卷［M］. 北京：人民出版社，2004：460.
④ 马克思恩格斯文集：第一卷［M］. 北京：人民出版社，2009：740.
⑤ 马克思恩格斯文集：第一卷［M］. 北京：人民出版社，2009：741.
⑥ 马克思恩格斯文集：第一卷［M］. 北京：人民出版社，2009：411.

受，他们要将人类智慧的一切成就和工作中的一切改进都用来改善劳动者的生活，而不是充当压迫者的工具。”①

3. 无产阶级政权领导下的科技发展是马克思主义科技观的宏伟愿景

马克思主义科技观认为资本主义私有制不但会异化科学技术，使之成为剥削工人阶级的工具。更严重的是，资本主义私有制还会阻碍科技的进一步发展。马克思和恩格斯在《德意志意识形态》中指出："生产力在其发展的过程中达到这样的阶段，在这个阶段上产生出来的生产力和交往手段在现存关系下只能造成灾难，这种生产力已经不是生产的力量，而是破坏的力量（机器和货币）。"②"对于这些生产力来说，私有制成了它们发展的桎梏……在私有制的统治下，这些生产力只获得了片面的发展，对大多数人来说成了破坏的力量，而许多这样的生产力在私有制下根本得不到利用。"③

因此，要想阻止科技异化，将生产力完全地从资本主义私有制的桎梏下解放出来，只有建立无产阶级自己的政权才有可能实现。在《反杜林论》中，恩格斯科学地探讨了在无产阶级政权的领导下，生产力得到充分发展的可能性。他指出："要消灭这种新的恶性循环，要消灭这个不断重新产生的现代工业的矛盾，又只有消灭现代工业的资本主义性质才有可能。只有按照一个统一的大的计划协调地配置自己的生产力的社会，才能使工业在全国分布得最适合于它自身的发展和其他生产要素的保持或发展。"④

在领导苏维埃俄国革命时，列宁为将科学技术从资本主义的桎梏中解放出来指明了方向："只有社会主义才能使科学摆脱资产阶级的桎梏，摆脱资本的奴役，摆脱做卑污的资本主义私利的奴隶的地位。只有社会主义才可能根据科学的见解来广泛推行和真正支配产品的社会生产和分配，也就是如何使全体劳动者过最美好、最幸福的生活。"⑤

综上所述，马克思主义科技观既客观地指出了科学技术对人类社会带来的巨大变革和进步，又深刻地剖析了资本主义私有制下科学技术异化带来的严重后果，最终论证了无产阶级政权领导下科技充分发展的可能性。其为无产阶级革命奠定了理论基础，为人类科技发展的未来指明了方向，具有永恒的价值。

（二）科技现代化在中国共产党理论体系中的历史沿革

科技现代化既是中国式现代化的重要支撑，又是推动中国式现代化的强大动力。从建党之初到新时代以来，中国共产党始终将领导中国人民进行科技现代化作为自身的奋斗目标，

① 列宁关于政治经济学基本原理的论述［M］. 北京：中共中央党校出版社，1985：103.

② 马克思恩格斯文集：第一卷［M］. 北京：人民出版社，2009：542.

③ 马克思恩格斯文集：第一卷［M］. 北京：人民出版社，2009：566.

④ 马克思恩格斯全集：第二十六卷［M］. 北京：人民出版社，2014：313.

⑤ 列宁关于政治经济学基本原理的论述［M］. 北京：中共中央党校出版社，1985：104.

马克思主义科技思想中国化一直是党的理论的重要组成部分。

1. 以毛泽东同志为核心的党的第一代领导集体，旗帜鲜明地将马克思主义科技思想与中国具体实际相结合，发出了向科学进军的时代口号，造就了马克思主义科技思想中国化的滥觞

新中国成立初期，面对一穷二白的经济状况，毛泽东同志对如何加快国家建设进行了深思。他认为新时期是科技时期，为了巩固新生的人民政权，加快经济社会建设，尽早确立社会主义制度，全党必须将技术革命作为重点奋斗目标，并以技术革命引领经济社会革命。毛泽东同志强调："我们进入了这样一个时期，就是我们现在所从事的、所思考的、所钻研的，是钻社会主义工业化，钻社会主义改造，钻现代化的国防，并且开始要钻原子能这样的历史的新时期。"[①] "中国只有在社会经济制度方面彻底地完成社会主义改造，又在技术方面，在一切能够使用机器操作的部门和地方，统统使用机器操作，才能使社会经济面貌全部改观。"[②]

在以毛泽东同志为核心的党的第一代领导集体的坚强领导下，社会主义工业化和三大改造提前完成，标志着中国共产党领导中国人民在社会主义探索时期取得了初步成果。在此背景下，党中央召开了关于知识分子问题的会议，周恩来同志在会议报告中指出，科学是关系国防、经济和文化各方面的有决定性的因素，我们必须急起直追，赶上世界先进的科学水平。周恩来同志强调："只有掌握了最先进的科学，我们才能有巩固的国防，才能有强大的先进的经济力量，才能有充分的条件同苏联和其他人民民主国家在一起，无论在和平的竞赛或者在敌人所发动的侵略战争中，战胜帝国主义国家。"[③] 毛泽东同志在这次会议上号召全党努力学习科学技术知识，同党内外知识分子团结一致，为迅速赶上世界科学先进水平而奋斗。随后我们党在会议上制定了《1956—1967年科学技术发展远景规划纲要》。[④] 此次会议之后，中国共产党领导中国人民取得了举世瞩目的科技成就。但是由于党对中国社会主义建设的艰巨性和复杂性估计不足，出现了反右扩大化、"文化大革命"等有违科技发展的错误运动，导致中国的科技发展一度陷入低迷。

2. 以邓小平同志为核心的党的第二代领导集体，解放思想，实事求是，掷地有声地提出了"科学技术是第一生产力"的重大论断，打开了中国科技发展的新篇章

在整顿"文化大革命"乱局，恢复国家秩序，总结失败教训的过程中，以邓小平同志为核心的党的第二代领导集体，重新强调了科技在国民生产中的积极作用，重新确立了知识分子的劳动者地位，并在改革实践中逐渐形成了以中国特色社会主义思想为基础的中国化的马

① 毛泽东文集：第六卷［M］. 北京：人民出版社，1999：395.

② 毛泽东文集：第六卷［M］. 北京：人民出版社，1999：438.

③ 周恩来选集：下［M］. 北京：人民出版社，1984：182.

④ 新中国60年党的执政成就与经验［M］. 北京：党建读物出版社，2011：190.

克思主义科技观。邓小平同志强调:“我们要实现现代化，关键是科学技术要能上去。发展科学技术，不抓教育不行。”[①]“一定要在党内造成一种空气：尊重知识，尊重人才。要反对不尊重知识分子的错误思想。不论脑力劳动，体力劳动，都是劳动。从事脑力劳动的人也是劳动者。”[②]

1978年3月，邓小平同志在全国科学大会上重申了“科学技术是生产力”这一马克思主义科技观的基本原则，并指出，“四个现代化，关键是科学技术的现代化”[③]。邓小平同志强调:“四人帮肆意摧残科学事业、迫害知识分子的那种情景，一去不复返了。科学技术受到了全党和全国人民前所未有的重视和关怀……一个向科学技术现代化进军的热潮正在全国迅猛兴起。在我们面前展现了光明灿烂的美景。”[④]在此次会议的号召下，中国的科技发展迎来了春天。被错误批判的知识分子陆续得到了平反，纷纷以饱满的热情投入社会主义建设当中，为改革开放作出了巨大贡献。

3. 以江泽民同志为核心的党的第三代领导集体，全面贯彻落实“科学技术是第一生产力”的指导思想，与时俱进，创造性地提出了科教兴国战略

20世纪90年代以来，人类社会进入了信息化时代，世界各国之间进行着极为激烈的科技竞赛。在此严峻形势下，以江泽民同志为核心的党的第三代领导集体，创造性地提出了将社会主义制度的优越性、社会主义市场经济体制对生产力发展的推动作用，与科学技术有机结合起来，以达到实现社会主义建设的目标。江泽民同志强调:“和平与发展是当今世界的主流。世界科技革命正在形成新的高潮，又一个科技和经济大发展的新时代正在来临……党中央，国务院决定在全国实施科教兴国战略，是总结历史经验和根据我国现实情况作出的重大部署。没有强大的科技实力，就没有社会主义现代化。”[⑤]

4. 以胡锦涛同志为总书记的党中央，高度重视自主创新能力，积极建设创新型国家，高瞻远瞩地提出了人才强国战略

改革开放三十年取得了极其辉煌的成就，伴随着经济社会的高速发展，党和国家对人才的需求也日益迫切。以胡锦涛同志为总书记的党中央，在日益激烈的国际科技竞赛中，敏锐地捕捉到了综合国力竞争的实质就是人才竞争，谁能培养出更多的高科技人才，谁就能在国际竞争中取得优势。在全国人才工作会议上，胡锦涛同志强调:“全党同志必须从全局和战略的高度，充分认识实施人才强国战略的重要性和紧迫性，自觉增强大局意识和忧患意识，

---

① 邓小平文选：第二卷［M］. 北京：人民出版社，1994：40.
② 邓小平文选：第二卷［M］. 北京：人民出版社，1994：41.
③ 邓小平文选：第二卷［M］. 北京：人民出版社，1994：86.
④ 邓小平文选：第二卷［M］. 北京：人民出版社，1994：85.
⑤ 江泽民文选：第一卷［M］. 北京：人民出版社，2006：427-428.

以高度的政治责任感和历史使命感，把实施人才强国战略作为党和国家一项重大而紧迫的任务抓紧抓好。”[①]

5. 以习近平同志为核心的党中央，立足新发展阶段，贯彻新发展理念，构建新发展格局，推动高质量发展，审时度势地提出了创新是引领发展的第一动力这一重大论断，并在科教兴国战略、人才强国战略的基础上提纲挈领地提出了创新驱动发展战略

为加快推进全面建成小康社会，实现中华民族伟大复兴，党的十八大明确指出科技创新是提高社会生产力和综合国力的战略支撑，必须摆在国家发展全局的核心位置。

2014 年 6 月，习近平总书记在出席两院院士大会时指出，我国的经济规模大而不强，旧的生产方式无法推动十几亿人口大国的持续发展，只有闯出一条新的发展道路，才能真正实现人口规模巨大的现代化。这条新路，“就在科技创新上，就在加快从要素驱动、投资规模驱动发展为主向以创新驱动发展为主的转变上”[②]。在此次会议上，习近平总书记深刻地阐述了创新驱动发展战略的具体内涵：“实施创新驱动发展战略，最根本的是要增强自主创新能力，最紧迫的是要破除机制体制障碍，最大限度解放和激发科技作为第一生产力所蕴藏的巨大潜能。面向未来，增强自主创新能力，最重要的就是要坚定不移走中国特色自主创新道路，坚持自主创新、重点跨越、支撑发展、引领未来的方针，加快创新型国家建设步伐。”[③]

在以习近平同志为核心的党中央的坚强领导下，中国人民顽强拼搏，艰苦奋斗，顺利打赢了脱贫攻坚战，实现了全面小康。在此伟大时刻，习近平总书记审时度势，一针见血地指出，要想在全面小康的基础上实现中华民族伟大复兴，就必须将我国建设成为世界主要科学中心和创新高地。[④]

2021 年 5 月，在出席两院院士和中国科协的大会上，习近平总书记再次重申了十九大确立的到 2035 年跻身创新型国家前列的目标和十九届五中全会提出的坚持创新在我国现代化建设全局中的核心地位，把科技自立自强作为国家发展的战略支撑。[⑤]在此次会议上，习近平总书记发出了“科技立则民族立，科技强则国家强”的时代号召。

2022 年 10 月，党的二十大报告将科教兴国、人才建设单独作为一章，将科技现代化在党的理论体系内推到了史无前例的高度。在二十大报告中，习近平总书记强调：“教育、科技、人才是全面建设社会主义现代化国家的基础性、战略性支撑。必须坚持科技是第一生产力、人才是第一资源、创新是第一动力，深入实施科教兴国战略、人才强国战略、创新驱动发展战略，开辟发展新领域新赛道，不断塑造发展新动能新优势。”

---

① 胡锦涛文选：第二卷［M］. 北京：人民出版社，2016：124.

② 习近平. 习近平谈治国理政：第一卷［M］. 北京：外文出版社，2018：120.

③ 习近平. 习近平谈治国理政：第一卷［M］. 北京：外文出版社，2018：121.

④ 习近平. 习近平谈治国理政：第三卷［M］. 北京：外文出版社，2020：246.

⑤ 习近平. 习近平谈治国理政：第四卷［M］. 北京：外文出版社，2022：197.

综上所述，百年征程，科技现代化始终在党的理论体系中占据重要地位。自党的十八大以来，在以习近平同志为核心的党中央的坚强领导下，中国共产党更加自觉主动地将领导中国人民实现科技现代化作为自己的奋斗使命。历史和实践证明，只有中国共产党才能领导中国人民实现科技现代化，只有中国共产党才能使科技现代化真正有益于全体人民。

二、中国共产党领导的科技现代化的特点与优势

（一）党的集中统一领导与科技现代化推进

中国共产党是领导中国科技现代化的核心力量，党的集中统一领导是中国实现科技现代化的根本保障。中国共产党领导核心的地位不是自封的，而是由党的先进性质决定的，是历史和人民的选择。实践证明，中国人民和中华民族取得的一切伟大科技成就都离不开党的集中统一领导，党的集中统一领导是中国科技现代化最大的优势。

1. 党的集中统一领导充分发挥了社会主义集中力量办大事的优势

集中力量办大事是中国特色社会主义制度的重要特征和显著优势，中国共产党的集中统一领导是发挥社会主义集中力量办大事的根本保证。从新中国成立之初到新时代以来，中国人民和中华民族在中国共产党的坚强领导下，充分发挥社会主义集中力量办大事的优势。全国上下一盘棋，集中力量搞建设，实现了从站起来、富起来到强起来的历史跨越。

新中国成立之初，我国国内物质条件匮乏，工业基础薄弱，国民生产力水平低下；对外又面临着帝国主义的严密封锁，新生的人民政权面临着前所未有的风险和挑战。毛泽东同志指出："现在我们能造什么？能造桌子椅子，能造茶碗茶壶，能种粮食，还能磨成面粉，还能造纸，但是，一辆汽车、一架飞机、一辆坦克、一辆拖拉机都不能造。"① 为了改变一穷二白的经济社会状况，成功过渡到社会主义，以毛泽东同志为核心的党的第一代领导集体结合中国实际发展状况制订了"一五"计划。"一五"计划集中力量全力推进以 156 个建设项目为中心、由 694 个大中型建设项目组成的工业建设。通过调动全国人民积极性，集中一切可以利用的资源，发扬艰苦奋斗、顽强拼搏的精神，社会主义工业化最终取得了伟大胜利。"一五"计划期间，中国共产党领导中国人民制造出了以歼 -5 喷气式战斗机、解放牌卡车为代表的军民用交通工具；修建了以宝成铁路、武汉长江大桥为代表的基础设施；逐步建立起了社会主义的工业基础，成功保卫了新生的人民政权。

社会主义建设时期，国际形势波诡云谲，中苏关系持续恶化，美苏争霸日益加剧。以毛泽东同志为核心的党的第一代领导集体带领中国人民发挥社会主义集中力量办大事的优势，顺利打破了帝国主义的封锁，在极其艰苦的条件下，举全国之力成功研制出了"两弹

① 毛泽东文集：第六卷［M］. 北京：人民出版社，1999：329.

一星”、顺利开掘了大庆油田，极大地震慑了妄图颠覆人民政权的帝国主义，捍卫了国家主权和尊严。

改革开放以来，全球化程度日益加深，科技在国际竞争中的地位越来越重要。面对世界各国纷纷展开科技竞赛的严峻形势，党中央当机立断，对科技发展作出了一系列重大部署，先后提出了“国家高技术研究发展计划”（863 计划），“国家重点基础研究发展计划”（973 计划）等重大科技战略。在党的集中统一领导下，中国人民集中力量突破一系列重大科技难关，实现了以载人航天、探月工程、三峡大坝、青藏铁路等为代表的辉煌科技成就。

自党的十八大以来，在以习近平同志为核心的党中央的坚强领导下，集中力量办大事的社会主义制度优势在科技现代化中依旧发挥着无可比拟的作用。北斗卫星、“复兴号”动车、“中国天眼”望远镜等重大科研项目不断突破，在人类科技史上谱写了一篇壮丽的史诗。历史和实践证明，只有坚持党对科技现代化的集中统一领导，才能充分发挥社会主义集中力量办大事的优势；才能攻坚克难，推动中国科技不断勇攀高峰；才能完成社会主义现代化强国的建设目标，实现中华民族伟大复兴。

2. 党对教育和人才的全面领导为科技现代化提供基础保障

中国共产党历来重视教育，尊重人才。早在抗战时期，毛泽东同志就指出：“共产党从诞生之日起，就是同青年学生、知识分子结合在一起的；同样，青年学生，知识分子也只有跟共产党在一起，才能走上正确的道路。知识分子不跟工人、农民结合，就不会有巨大的力量，是干不成大事业的；同样，在革命队伍里要是没有知识分子，那也是干不成大事业的。”①

新中国成立之后，中国共产党立即取缔国民党反动派的旧式教育，着手建立民族的、科学的、大众的社会主义教育体系。1957 年，毛泽东同志在《关于正确处理人民内部矛盾的问题》中强调：“我们的教育方针，应该使受教育者在德育、智育、体育几方面都得到发展，成为有社会主义觉悟的有文化的劳动者。”② 在此方针指导下，中国共产党领导中国教育事业取得了极为可观的成绩，为社会主义建设培养了大量人才，在国防建设和经济建设中取得了以“两弹一星”、大庆油田等为代表的辉煌成就。

改革开放前夕，邓小平同志解放思想，实事求是，重新确立了党重视教育、尊重人才的历史传统。在领导教育阵线的拨乱反正时，邓小平同志强调：“要加强学校的教师队伍，科研系统有的人可以调出来搞教育，支援教育。搞教育是很光荣的，要鼓励大家热心教育事业……教育要狠狠地抓一下，一直抓它十年八年。我是要一直抓下去的。”③ 在 1978 年 3 月

① 毛泽东文集：第二卷［M］. 北京：人民出版社，1993：256.

② 毛泽东文集：第七卷［M］. 北京：人民出版社，1999：226.

③ 邓小平文选：第二卷［M］. 北京：人民出版社，1994：70.

的全国科学大会开幕式上，邓小平同志再次强调了教育在科技现代化中的基础性作用。中国要想实现科技现代化，就必须有一支属于工人阶级的科学技术大军，要有一批世界一流的科学家和工程技术专家，而“科学技术人才的培养，基础在教育”[①]。

在成功领导教育战线的拨乱反正，推动中国教育事业走上正轨之后，邓小平同志又掷地有声地提出了“两个尊重”这一重大方针。1984 年，邓小平同志在主持中央顾问委员会第三次全体会议时强调，“这个文件一共十条，最重要的是第九条……概括地说就是‘尊重知识，尊重人才’八个字”。[②]

21 世纪以来，党对人才的需求日益迫切，对教育的重视日益加深。江泽民同志和胡锦涛同志都曾反复强调人才资源是第一资源，事关民族复兴和国家强盛。“对人才培养的投入，是受益最大的投入。人才资源的浪费，是最大的浪费。”[③]“国以才立，政以才治，业以才兴。”[④]而教育是培养人才的基础，必须放在现代化建设的全局性战略性的重要位置上。立足中国实际状况和国内外形势，江泽民同志提出了要不断推进教育创新，为中国特色社会主义事业提供大批合格的高素质人才。胡锦涛同志强调人才工作首先要树立科学的人才观，要看到人人皆可成才，要以人为本，必须“把促进人才健康成长和充分发挥人才的作用放在首要位置”[⑤]。在继承邓小平同志“两个尊重”的基础上，江泽民同志完整地提出了“四个尊重”，即“尊重劳动、尊重知识、尊重人才、尊重创造”，并在党的十六大上将“四个尊重”作为一项重大方针在全社会贯彻落实，为社会主义科技现代化营造了良好的社会氛围。

新时代以来，以习近平同志为核心的党中央对教育和人才的重视达到了前所未有的高度。习近平总书记在党的十九大报告中强调：“建设教育强国是中华民族伟大复兴的基础工程，必须把教育事业放在优先位置，深化教育改革，加快教育现代化，办好人民满意的教育。”2021 年 9 月，习近平总书记在中央人才会议上对党的人才政策做了全新部署，提出了一系列新理念新战略新举措。习近平总书记阐明了新时代党对人才工作的全面领导就是，“党要领导实施人才强国战略……全方位支持人才、帮助人才，千方百计造就人才、成就人才，以识才的慧眼、爱才的诚意、用才的胆量、容才的雅量、聚才的良方，着力把党内和党外、国内和国外各方面优秀人才集聚到党和人民的伟大奋斗中来，努力建设一支规模宏大、结构合理、素质优良的人才队伍”[⑥]。

---

① 邓小平文选：第二卷［M］. 北京：人民出版社，1994：95.
② 邓小平文选：第三卷［M］. 北京：人民出版社，1993：91-92.
③ 江泽民文选：第三卷［M］. 北京：人民出版社，2006：319.
④ 胡锦涛文选：第二卷［M］. 北京：人民出版社，2016：123.
⑤ 胡锦涛文选：第二卷［M］. 北京：人民出版社，2016：130.
⑥ 习近平. 习近平谈治国理政：第四卷［M］. 北京：外文出版社，2022：538.

在中国共产党的领导下，中国教育事业磅礴发展，取得了历史性的成就，为社会主义建设和科技现代化培养了源源不断的人才，这是中国实现科技现代化的坚实基础和强大底气。

3. 党以伟大自我革命引领科技现代化

十八大以来，以习近平同志为核心的党中央坚定不移地推进全面从严治党，使百年大党在新时代焕发蓬勃生机，始终成为中国特色社会主义事业的坚强领导核心。在主持十八届中共中央政治局第三十三次集体学习时，习近平总书记指出："我们党从最初只有 50 多名党员，发展到今天成为拥有 8800 多万名党员的世界第一大执政党，带领人民夺取了革命、建设和改革一个又一个伟大胜利，中华民族伟大复兴展现出前所未有的光明前景。取得这样的成就靠什么？靠的就是党坚强有力，靠的就是党紧紧依靠人民，靠的就是党有科学理论指导、有坚定理想信念、有严密组织体系、有铁的纪律。"

勇于自我革命是中国共产党区别于其他政党的显著标志，是党保持先进性和纯洁性的重要途径。中国共产党的伟大之处不在于不犯错误，而在于犯错之后从不讳疾忌医，从不惧怕刮骨疗毒。正是通过直面问题，逢山开路，遇水架桥，我们党才能始终成为打不倒、压不垮的马克思主义政党，才能在历经百年沧桑后以更加昂扬饱满的精神状态领导中华民族和中国人民奋勇向前。

百年征程中，由于对中国革命和建设的艰巨性、复杂性、曲折性以及国内外形势判断不足，中国共产党也曾出现右倾机会主义、"左"倾冒险主义、"大跃进""文化大革命"等重大失误，但是党总是能以刀刃向内、壮士断腕的大无畏精神及时纠正错误，先后召开了八七会议、遵义会议、七千人大会、十一届三中全会，领导中华民族和中国人民重新回到正轨。党的自我革命清除了党内错误思想，锻炼了党的执政能力，增强了党内民主团结，使得党在领导中国科技现代化中具有无可比拟的优势。

综上所述，在党的集中统一领导下，中国人民踔厉奋发、勇毅前行，短短数十年便走完了西方国家数百年才走完的工业化现代化道路，将一穷二白的旧中国改造成为繁荣富强的现代化国家，实现了经济高速增长与社会持续稳定两大奇迹。沧海横流显砥柱，万山磅礴看主峰，新时代坚持党的集中统一领导，就是要求各级科研工作者深刻领悟"两个确立"的决定性意义，增强"四个意识"、坚定"四个自信"、做到"两个维护"。在党的坚强领导下顺利实现中国式科技现代化，以中国式科技现代化推动实现中华民族伟大复兴。

（二）党的群众路线在科技现代化中的作用

马克思主义唯物史观强调人民群众是社会历史发展的主体，是社会物质财富的创造者，是社会精神财富的创造者，是社会变革的决定力量。以马克思主义为指导思想的中国共产党人，坚持将唯物史观的群众路线与中国实际相结合，形成了具有中国特色的群众路线。群众路线是党的根本工作路线，是党的根本领导作风和工作方法，是党领导人民克敌制胜、夺取胜利的一大法宝，是党永葆先进性和纯洁性，不断焕发生机与活力的力量源泉。

在《关于建国以来党的若干历史问题的决议》中，邓小平同志指出实事求是、群众路线、独立自主是毛泽东思想活的灵魂，并将群众路线凝练为“一切为了群众，一切依靠群众，从群众中来，到群众中去”。“一切为了群众，一切依靠群众”是党的群众观点，“从群众中来，到群众中去”是党的领导方法和工作方法。党的十八大以来，在以习近平同志为核心的党中央的领导下，群众路线被赋予了新的历史地位，具有了新的时代价值。习近平总书记指出：“人民是历史的创造者，是决定党和国家前途命运的根本力量。我们党来自人民、植根人民、服务人民，一旦脱离人民群众，就会失去生命力。”① 历史和实践证明，中国革命和建设的一切成败，都与党的群众路线息息相关，当全面贯彻落实群众路线时，革命和建设就走向成功；当脱离群众路线时，革命和建设就走向衰败。因此，要想实现中国式科技现代化，就必须将党的群众路线落实到科技现代化的每一个角落，做到一切科技成果为了人民群众，一切科技成果依靠人民群众。

1. 党的群众路线能够有效避免科技异化，将科学技术从资本主义的桎梏下解放出来，使科技现代化真正惠及全体人民

科学技术是一把“双刃剑”，其客观上会促进生产力的发展，推动经济变革和社会发展，造福人民群众。但是在资本主义私有制下，科学技术会异化成为压迫和剥削人民群众的工具，这种压迫和剥削会严重损害人民群众发明创造的积极性，最终会禁锢科技自身的发展。因此，由无产阶级政权领导科技现代化，使科技成果更多地惠及全体人民，是成功实现科技现代化的前提。

中国共产党领导的中国式科技现代化的最终目的是解放生产力，满足人民群众的物质需求和精神需求，以及对美好生活的向往，其有效地避免了科技异化，将科学技术从资本主义的桎梏中解放了出来。习近平总书记强调，科学技术深刻影响着国家前途命运和人民幸福安康，在科技创新中“要把满足人民对美好生活的向往作为科技创新的落脚点，把惠民、利民、富民、改善民生作为科技创新的重要方向”②。只要人民群众能切身体会到科技带来的进步，就会认可甚至参与到科技创新中，就能使科学技术焕发出强大的生机与活力，最终推动实现中国式科技现代化。

---

① 习近平. 习近平谈治国理政：第三卷［M］. 北京：外文出版社，2020：135.

② 习近平. 习近平谈治国理政：第三卷［M］. 北京：外文出版社，2020：249.

2. 党的群众路线能够激发人民群众首创精神，体现人民群众主体地位，为实现科技现代化提供群众基础

坚持人民立场，坚持人民主体地位是实现科技现代化的必由之路。人民群众的伟大创造精神、伟大奋斗精神、伟大团结精神、伟大梦想精神在科技现代化中起着无可替代的作用。科技现代化是一项极其艰巨的任务，并不是光靠知识分子和科研工作者就能单独完成的，它需要全体社会成员的共同参与。中国共产党坚持"一切为了群众，一切依靠群众"的群众观点和"从群众中来，到群众中去"的工作方法，充分调动了人民群众参与科技创新的积极性，成功发挥了人民群众的首创精神，营造出了热爱科学、崇尚创新的社会氛围，为实现科技现代化夯实了群众基础。

三、中国共产党领导的科技发展战略与现代化实践

（一）党的科技政策历程

在新中国成立之前，中国共产党在科技领域的探索之旅历经了多个风云激荡的时期，包括大革命时期、土地革命战争时期、抗日战争时期和解放战争时期。在大革命时期，科学成了中国共产党反抗帝国主义和封建主义的有力武器。进入土地革命战争时期，虽然环境艰苦，但党的科技工作仍在根据地持续展开，此时的科技政策凸显了军事与应急的特质。

到了抗日战争时期，党中央及各个抗日根据地确立了"科技推动经济发展，服务抗战建国"的科技发展总原则，同时在科技教育的政策指引下，我们党成功设立了多个科研部门，逐步构建了相对健全的科研体系。当解放战争爆发时，党的科技事业不仅得以维持，而且得到了进一步的提升。各解放区积极吸收和传承了抗日根据地在科技建设方面的经验，继续推动科技事业的前进。

中国共产党早期的科技实践主要聚焦在以下两个方面。一方面，认识到科技的发展能够快速推动经济繁荣和军事建设。在革命战争的艰难时期，军工和医疗成为党早期重点投资的领域，此时期我们党的科技工作者不畏艰难，承担起了解决根据地和边区建设的关键任务。另一方面，为了推动科技的持续发展与应用，在党的领导下，不仅成立了众多科研机构，而且制定了推动科技成果转化的政策，初步形成了一条从科学研究到实际应用成果转化的完整体系。党在推进科技事业中树立了自力更生、艰苦奋斗的理念，同时也弘扬了尊重科学、珍视人才的价值观。在这种理念的指引下，党领导人民克服了地理环境的困难和生产条件的不利因素，积极投入科技工作的推动中。在解放区设立的高等学府中，大批科技人才得到了培养，为国家科技事业的发展注入了源源不断的动力。[①]

---

① 沈梓鑫. 中国共产党百年科技思想与发展战略的演进［J］. 财经问题研究，2021（12）：12-20.

自新中国成立以来，经过大约十年的不懈努力，科技管理体系和科研组织体系逐步建立并完善。这一阶段，科技管理体系呈现出明显的计划经济特征，主要由中央和地方政府科技委员会负责。同时，以中国科学院和地方科研机构为基础的科研组织体系得到确立，为科研工作的深入开展提供了坚实基础。[①] 在科技资源分配方面，以科技计划为核心，逐步建立了一套科学严谨的科研经费管理体系，为科技事业的蓬勃发展奠定了坚实基础。

在接下来的数十年间，我国不断制定并完善了科技领域的政策，逐步实现了从计划经济下的定向支持向市场经济下的普惠性创新政策体系的过渡。这一转变反映了中国在科技体制改革中，从计划经济向市场经济转型的深入探索。在此过程中，我们党持续寻找政府与市场的最佳平衡点，优化科技资源的配置效率，激发创新主体的创造潜能，不断推动着科技管理、科研组织、科研经费管理以及政策体系等方面的调整与革新。

自新中国成立以来，我国社会经济发展轨迹的核心转变是从计划式的社会主义经济向市场化的社会主义经济过渡。[②] 在科技创新体系制度基础的每个变革阶段，其内在含义、变迁的推动因素以及各阶段之间的相互作用与促进效果，都是需要深入研究和探讨的关键。总体来看，科技创新体系制度基础的演变可以分为六个主要阶段，每个阶段都体现了其独特的历史任务和发展逻辑。

1. 1949—1977 年改革开放前的中国科技体系

新中国成立之初，重建祖国是当时的主要任务。为了加快国家建设并推动经济的蓬勃发展，国家十分重视科技研发活动，逐步构建起了与计划经济体制相契合的集中型科技体制，其中涵盖了科技活动及其管理的核心主体和管控策略。这具体体现在以下三个显著特征上：一是由政府主导的科技管理体系确保了科技工作的有序运转，为科技创新提供了坚实的制度保障。二是中国科学院、高等学校以及各产业部门的公立科研机构共同构成了强大的科研组织体系，形成合力，为科技创新提供了强大的支撑。三是以科技计划体系为主导，引领和推动科研活动的深入发展，为科技创新注入了强大的动力。

在 1949—1958 年间，中国建立了与计划经济体制相契合的集中式科技架构，其特征主要体现在三个方面：一是政府科技管理体系的形成，以中央和地方科学技术委员会为主要领导力量。二是科研组织体系的建立，由中国科学院、高等学校以及国家主要工业部门的公立科研机构共同组成。三是国家通过科技计划来主导科研活动体系。这三个方面共同构成了当时科技体制的基石。

---

① 马名杰，张鑫. 中国科技体制改革：历程、经验与展望 [J]. 中国科技论坛，2019（06）：1-8.

② 李正风，武晨箫. 中国科技创新体系制度基础的变革——历程、特征与挑战 [J]. 科学学研究，2019，37（10）：1729-1734+1751.

第一，成功构建了政府引导的科研体系框架。在1949年11月，中国科学院成立，中央人民政府对南京“中央研究院”和北平研究院进行了深入的整合、升级和强化。在1958年“大跃进”运动的影响下，科研机构的数量急剧增加。为贯彻“调整、巩固、充实、提高”的国民经济战略方针，1961年国务院对地方科研机构进行了优化调整，精简机构，合并办公，进一步提升了科研工作的效率与质量。

第二，科技管理体系基本确立。1956年1月，中共中央正式提出了“向科学进军”的口号，这标志着国家科技事业开启了新的篇章。1956年3月国务院设立了科学规划委员会，6月设立了国家技术委员会，两者专门负责全国科学技术发展的长远规划和全国技术工作的组织。到1958年底，国家技术委员会与国务院科学规划委员会合并为国家科学技术委员会，简称“国家科委”，更具有权威性。同时形成了以国家科委、国防科委和中国科学院为核心的国家科技管理体系，为国家的科技事业提供了坚实的组织保障。

第三，以科技计划为中心，逐步完善科研管理和组织架构。1956年，国务院科学规划委员会制定了新中国第一个科技发展规划——《1956—1967年全国科学技术发展远景规划》。该规划在1962年提前完成，说明我国科技事业水平在不断缩小与国际水平之间的差距。1963年，国家科委出台了《1963—1972年科学技术发展规划纲要》(即《十年科学规划》)，以“自力更生，迎头赶上”为方针。然而，随后的“文化大革命”十年，使得这一宏伟规划的执行几乎停滞不前。1958—1977年间，中国的科技活动经历了一段曲折的发展历程，科技事业陷入困境，国家科委和地方科委相继被撤销，中国科学院的职能被削弱，地方科学院也被取消。因此，《1963—1972年科学技术发展规划纲要》及许多关键科研项目被迫暂停，无法继续实施。这一系列变故进一步削弱了国家的科技实力和支撑国家发展的科技基础，使中国在追赶国际科技前沿的道路上越走越远，与全球科技水平的差距日益显著。①

尽管如此，在内外环境严峻、人才和资源匮乏的不利条件下，集中型科技计划管理体制依然确保了战略资源的集中投入，使我国在重点战略性领域取得了重大突破，如“两弹一星”的成功研制，为经济发展和国防建设解决了一系列关键问题。

2. 1978—1984年恢复科技体系，启动试点改革

在这一阶段，改革开放推动经济发展，科技带来的生产力的提升使得科技进步再次成为关注焦点并受到高度重视。1978年，邓小平同志在全国科学大会上为科技现代化奠定了坚实的理论基础，提出了“科学技术是生产力”“知识分子是工人阶级的一部分”以及“四个现代化的关键是科学技术的现代化”等重要观点。自此，我国正式启动了科学技术体制的改革，迈向了新的发展篇章。随着中央将党和国家的工作重心转移至经济建设，并致力于实现

① 陈安，崔晶，刘国佳，等.中国科技体制及运行机制的特色与成效[J].科技导报，2019，37(18)：53-59.

“四个现代化”的伟大目标，科学技术在推动国家发展中的重要作用逐渐凸显，并受到了中央的高度关注。

在服务于国家经济建设的目标指导下，我国的国家科技体系得到了迅速重建和强化。从1977年9月开始，国家科学技术委员会正式恢复，此后我国逐渐恢复了科研创新活力，并于同年12月开始制定指导国家科技活动的纲领性文件《1978—1985年全国科学技术发展规划纲要（草案）》。作为国家科技的核心力量，中国科学院以及各地方科研机构也逐步恢复了科研活动，我国科技事业正在稳步回归正轨并快速发展。在我国科研体系中，国有研究机构发挥着不可或缺的作用。因此，科研机构改革一直是科技体制改革的关键，这一过程经历了漫长的历程。在这一关键时期，为了解决科技与经济长期不匹配的问题，国家主动实施了针对科研机构改革的试点计划。改革从地方层面开始实施，开展了一系列刺激科研创新的措施，包括推行科研责任制和课题承包制，激发科研机构和人员推动成果转化的积极性。同时，还尝试实施成果有偿转让和通过行政手段调整科技资源的布局，积极探索政府科技管理职能的转变，使国家对科研机构的管理从直接控制转向间接管理。在这一时期，改革还涉及科研人员管理制度，虽然由于当时的行政和人事管理体制僵化，这些改革试点的效果并不显著，但在一定程度上激发了科研人员的创新积极性。

1978年，中国迈入了改革开放的新纪元。改革实质上是推动制度朝更高效益方向发展的过程，它依赖于一系列制度创新的实践来达成。自1978年起，中国在相对较短的时间内，成功地恢复并重建了大量科研机构。国家与地方科学技术委员会相继建立，各部门和地区的关键科研机构也恢复了工作。尽管在机构改革的道路上已经看到了显著的成效，可科技创新体系内的一些深层次矛盾尚未得到根本性解决，包括科技与经济融合的不足、建设项目重复现象以及研发资源的分散布局等问题依然存在。这一事实促使党和国家深刻反思既定的创新系统体制，并认识到对这种体制进行改革的必要性。

3. 1985—1994年简政放权，支持基础研究和高技术发展

《中共中央关于经济体制改革的决定》和《中共中央关于科学技术体制改革的决定》相继发布，开始了经济体制的改革，同时也推动了科技体制改革的进程。这一时期的科研机构改革主要聚焦于组织管理层面，即内部管理制度以及政府与科研机构关系。在此期间，政府针对改革，采取了一系列具体举措。一是以承包制为基石，显著增强了科研机构的自主管理能力。二是对科研机构进行细致分类，并推行差别化的经费分配模式。同时引入经费竞争机制，以类似招投标的方式激发其活力。鼓励科研人员通过兼职等方式走出科研机构，促进科研与产业的深度融合，积极推动科研机构直接参与成果的产业化过程，以加快科技转化为生产力的步伐。三是允许集体或个人设立科学研究或技术服务机构等，改变曾经由政府包揽所有科研机构的各项事务安排，科研工作者没有自主选择权的情况，进一步释放科研创新的巨大潜力。

与此同时，基础科学研究、前沿技术研发以及高科技产业的进展同样引起了公众的广泛关注。1986 年 3 月，科技部推出了“国家高技术研究发展计划”，通常被称为“863 计划”。1988 年，北京市高新技术产业开发区获得了国务院的批准成立。同年 8 月，为了促进高科技产业发展，我国正式开始实施火炬计划。尽管我国在相当长的一段时间内，由于社会和经济还在不断发展，基础研究和高技术研究的水平以及经费投入都相对较低，大部分技术的创新含量较低，但国家早期的战略规划无疑为后来科技水平的提升和高技术产业的迅速发展奠定了坚实的基础。

1992 年，邓小平南方谈话标志着中国科技创新体系制度基础变革的新时代的开启。在此之前，改革开放的浪潮虽然不断冲击并修补旧有的体制框架，但仍旧在某种程度上受限于其制度基础。然而，自 1992 年起，改革进程逐渐迈向了自觉重建新的制度基础的新阶段，这成了中国改革历程中更加具有革命性变化的新起点。

4. 1995—2000 年科研体系大调整，突出企业创新主体地位

党和政府积极推动建立社会主义市场经济体系，加大推进改革开放力度。1995 年，《中共中央、国务院关于加快科学技术进步的指导意见》正式发布，这一阶段的改革特征鲜明，其主要创新点可归纳为以下两个主要方面。

第一，科技体制的改革重心已从原先的国家科研机构改革，逐渐转向研发组织体系改革，使其社会化和多元化，进一步释放创新活力。《中共中央、国务院关于加快科学技术进步的指导意见》明确提出，要打造一个“以企业为龙头，产学研深度融合的技术创新体系”，并着重强化了企业在创新活动中的主导地位，以及科研机构和高等教育机构在科学研究体系中的核心作用，同时着手发展面向社会的科技服务架构。这一方针从体系创新的视角，为科技体制改革描绘了新的蓝图和目标。为了促进企业对研发的投入，1996 年国家开始全面实施对企业研发费用的税前额外扣除政策，以此激励企业增强创新能力。到了 1999 年，国家又推出了一系列新政策以鼓励企业创新，特别是设立针对科技型中小企业的技术创新基金，这一举措标志着对这类企业的支持已经成为科技政策的重要组成部分，为其发展提供了坚实的政策支持。

第二，国家科研体系经历了显著的转型，众多原先属于行业性质的科研机构被改制为商业实体。遵循 1999 年发布的《国务院关于“九五”期间深化科学技术体制改革的决定》，隶属于原国家经济贸易委员会的 10 个局级单位下的 242 个科研机构成功实行了企业化改革，使得这些科研机构能够更加直接地对接市场需求。这一举措旨在解决长期存在的“科研与市场对接不畅”的问题。这种改革措施也带来了一定的影响，许多科技型企业应运而生。此后，科研机构改革在科技体制改革中的地位逐渐降低，科技活动和市场接轨，从原来单一的科研机构创新转向为以市场为导向的科技创新，但这也对我国产业共性技术的供给能力和技术扩散提出了考验。

5. 2001—2011 年建设创新体系，增强自主创新能力

自从迈进 21 世纪的门槛，虽然我国在科学技术领域取得了显著成就，但是国家经济结构的双重基础转型依旧面临重重困难。目前，我国遭遇的问题是科技资金投入不够充实，创新性专利的数量相对较少，以及自主创新能力的不足，这些不利因素制约了我国转变经济发展方式的可能性。因此，当前紧迫的任务是加速提高独立创新的能力，这已经成为政策制定的关键方向。

在 2001 年发布的《国民经济和社会发展第十个五年计划纲要》中，我国正式设定了“打造国家级创新体系”的远大目标。继而，政府陆续颁布了若干关键性文件，诸如《关于实施科技规划纲要增强自主创新能力的决定》和《国家中长期科学和技术发展规划纲要（2006—2020 年）》等。在党的十七大上，加强国家创新体系建设的迫切性得到了强调，并明确提出了到 2020 年将我国建设成为创新型国家的宏伟蓝图。这一战略决策标志着国家创新体系正式融入国家政策框架中，体现了我国科技体制改革的新思路。改革的焦点正逐渐转向激发市场动能、强化制度建设等方面，为国家的科学技术创新带来了新的生机与活力。

6. 2012 年至今在全面深化改革中推进科技体制改革

从 2012 年起，我国经济增长模式从高速逐渐转向中高速，经济发展步入了新的历史阶段。在这种背景下，改革的重点逐渐转移至激发微观经济主体的活力，为此，国家陆续推出了一系列促进创新和改善经营环境的政策，这一系列政策不仅刺激了原有科研机构的创新，而且吸引了微观经济主体在科技创新方面的投入。2012 年，党的十八大提出了“实施创新驱动发展”的关键战略，并于 2015 年出台了《关于深化体制机制改革加快实施创新驱动发展战略的若干意见》，提出了更加具体的实施措施。该文件着重指出，须迅速完善创新领域的公平竞争环境和奖励机制，打造以市场为导向的技术创新体系，提升金融创新的作用，并确保创新成果转化政策的实际执行。此外，该文件还旨在打造一个更加高效的科学研究体系，促进开放创新和深度融合，开创发展的新格局。截至 2020 年，我国已稳步进入创新型国家的行列，构建了一个与创新发展需求相匹配的制度框架和政策法规网络，为推进创新驱动发展提供了坚实支撑。这些改革措施的实施，不仅增强了我国的科技研发实力，而且为经济持续增长注入了新的活力和新动能。

在经历了 70 年的持续改进与完善之后，中国已经建立了一个与政治架构相得益彰的科技体制。近年来，国家陆续发布了一系列旨在指导科技事业进步的政策文件。中国的科技体制既维护了权力的集中统一，又为基层科研单位提供了必要的自主性和适应性。政策、目标和战略的制定由政府自上而下地引导，而基层科研单位则负责实施具体的研究工作，两者共同促进科技事业的进步。当前，中国正处于一个快速追赶的关键时期，集中资源和力量对关键领域进行重点突破，这种做法既提高了效率，又契合了国家当前的需求。这一系列行动不仅体现了中国在科技领域中的坚定意志和战略远见，而且为未来的科技创新和进步打下了坚实的基础。

（二）党领导的科技成就与经验

在持续十年的辛勤耕耘和改革及创新驱动政策的指导下，我国在科学技术创新方面实现了划时代的突破，已稳步上升为全球公认的创新型国家。根据世界知识产权组织（WIPO）发布的《2021 年全球创新指数报告》，中国的创新指数排名从 2012 年的世界第 34 位迅猛提升至 2021 年的第 12 位，牢固地确立了其在全球创新领域的重要地位。在过去十年中，我国在科技创新的众多分支领域均实现了显著的成就和进步。①

我国在培养科技人才方面取得了显著进展。2014—2021 年间，内地入选世界高被引科学家的数量从 111 人次激增至 935 人次，这一数字充分体现了我国科研人才的实力和影响力。在创新型企业方面，高新技术企业数量实现了迅猛增长，从 2012 年的 4.9 万家增至 2021 年的 33 万家。诸如华为、大疆、宁德时代、联影医疗和迈瑞医疗等一批在全球市场上具有竞争力的高科技企业，为中国科技的创新进程注入了活力。同时在 PCT 国际专利申请排名中，中国企业的份额也在持续增长，这充分证明了中国企业在全球创新领域的竞争实力正在逐步提升。

在新技术的推广和应用方面，中国同样处于世界领先地位。2019 年，我国正式发放了 5G 牌照，这标志着中国正式进入 5G 时代。在 5G 技术的部署方面，中国不仅在用户数量、基站建设数量以及网络覆盖范围上领先全球，其 5G 基站的数量更是占据了全球总量的逾 60%，实现了对国内县城及以上城区的基本覆盖。同时，5G 技术在国民经济中扮演重要的角色，已渗透到 97 个行业大类中的 40 个，特别是在无人驾驶、矿业和港口等领域，开展了大规模的实际应用。5G 技术的快速推广和应用，无疑将为我国数字经济的飞速增长提供巨大的推动力。

在 5G 技术推广方面，中国的通信设备制造商，如华为和中兴，展现出了强大的技术实力，引领全球 5G 时代的潮流。业内普遍认为，中国在 5G 技术领域取得了举世瞩目的成就，成功实现了从 3G 到 4G 的突破，并最终引领了全球 5G 的发展。根据中国信息通信研究院发布的数据，在欧洲电信标准化协会发布的 5G 专利声明中，中国企业占据了前 10 名中的 4 个席位，这充分展示了中国在全球 5G 技术领域的领先地位。

在航天航空方面，我国的载人航天已经取得了突破性进展。天宫空间站的顺利发射，天舟货运飞船和神舟载人飞船的对接以及在轨测试顺利完成，表明我国已经拥有自己的空间

---

① 吴金希，王之禹. 从战略思想到改革实践：党的十八大以来中国创新驱动发展战略的回顾与展望 [J]. 科技导报，2022，40（20）：27-32.

站，能独立进行太空实验，显示出我国在航空领域关键技术问题上的强大创新能力。在卫星导航方面，我国自主研发的北斗卫星导航系统顺利升空运行，截至2023年7月，北斗卫星导航系统已服务全球200多个国家和地区的用户，这说明我国在导航系统方面的核心竞争力与美国和俄罗斯持平。在探月工程方面，我国的探月任务全部成功，顺利完成对月球“绕、落、回”的探月任务，走在世界探月工程的前列。近年来，除了月球，我国对火星的研究也属于世界顶尖，随着“祝融号”巡视器成功着陆火星，对火星进行了全方面、高复杂度的研究，火星探测任务圆满成功。除此之外，在高性能卫星、运载系统以及核能高温气冷堆技术方面我国都有重大突破。这一切都离不开从技术推进走向产业应用，从实验室走向市场的科技政策改革。①

在量子通信技术领域，我国持续在全球保持前沿地位。2016年成功研发并发射了全球首颗量子科学实验卫星“墨子号”，在量子通信领域取得了重大突破。紧接着在2017年，建成了首个长距离光纤量子安全传输主网络——“京沪干线”。“京沪干线”是连接北京、上海，贯穿济南和合肥，全长超过2000 km的量子通信骨干网络，通过北京接入点实现与“墨子号”的连接，是实现覆盖全球的量子保密通信网络的重要基础。在量子计算方面，我国实现了重要的突破，推出了“祖冲之二号”与“九章二号”量子计算设备，这两台设备均展现出量子处理优势，彰显了我国在量子计算技术上的强劲发展。

在深海探测和航母建造等关键领域，我国已经实现了若干具有里程碑意义的科技成就。自十八大以来，“蛟龙号”载人潜水器打破了同类型作业潜水器的世界最深下潜纪录，能够在全球海洋面积的99.8%范围内自由行动。同时，随着山东舰和福建舰两艘国产先进航母的陆续下水并加入海军序列，中国的综合军事科技实力展现出了质的提升。

在过去的十年中，中国的新兴技术，如超级计算、大数据、区块链和智能技术等，经历了快速的发展和广泛的应用，促进了包括大数据和人工智能在内的战略性新兴产业的快速增长。为了支持数字经济的进步，中国政府实施了一系列政策措施，以促进数字经济与传统实体经济的深度整合，推动产业数字化和数字产业化进程，逐步构建了一个全方位、多层次联动的数字经济战略框架。

在党的领导下，我国的科技创新在全球范围内展现出了显著的实力。在研发人员数量、高科技产品出口额、研发投入、国际科学论文数量、被引频次、专利申请和授权数量、世界500强企业数量以及世界500强品牌数量等多个关键指标上，中国均位列世界前两位。这表明我国已基本解决了创新数量的问题，正朝着提升创新质量、支撑经济发展的新阶段迈进。目前，我国已坚定地树立了全球领先的农业和工业强国的形象。在农业发展中，科

① 沈海军. 中国航天科技成就、成功经验与愿景［J］. 人民论坛，2021（29）：62-65.

技创新助力我国解决了粮食自给、食品质量和农民收益提升的问题，自主创新的农业技术帮助这个拥有14亿人口的国家告别了几千年的饥荒历史。在工业方面，我国在技术引入、融合创新上取得了巨大成功，打造了全球最全面且规模庞大的工业系统。中国生产的众多工业产品在世界范围内位居产量之首，结束了长期的工业品短缺，迎来了全面过剩的新时代。这当中，科技创新起到了关键作用，同时，科技体制改革的推进也为科技发展提供了坚实的支撑和保障。

作为全球人口最多的国家之一，中国正成为经济增长的领头羊，中国亦位居经济增长最快国之列，并已崛起为世界第二大经济体，在农业、工业制造、对外贸易和外汇储备等多个领域扮演着关键角色。在这一系列成就的背后，科学技术扮演了不可或缺的核心角色。科技体制改革不断深化，为科技创新的繁荣发展提供了坚实的根基和强有力支撑。过去十年，科技创新领域呈现出全面发展和成果丰硕的局面，多个领域实现了重大突破，产生了一系列具有全球影响力的成果，充分展示了我国在科技创新方面的世界领先地位。展望未来，中国将持续推进科技创新改革，助力科技事业不断攀登新的高峰。

四、新时代中国共产党领导的科技现代化战略

（一）科技创新驱动发展战略的提出与实施

创新驱动发展战略，这一重大决策，源自党中央对世界形势的深刻洞察，对现实国情的精准把握，以及对未来发展的高瞻远瞩。该战略明确指出，科技创新不仅是提升社会生产力和综合国力的关键支撑，而且应被置于国家发展全局的核心地位。此举不仅是中国应对国际竞争、转变发展方式、增强内在动力的根本途径，而且承载着鲜明的时代使命与丰富的时代意蕴。在实施创新驱动发展战略的过程中，我国致力于以全球视角来谋划和推进自主创新，不断增强创新驱动发展的新动力，以适应日益复杂的国际竞争以及科技和产业变革的新需求。[①]立足新发展阶段、贯彻新发展理念、构建新发展格局，中国创新驱动发展战略在推动高质量发展方面，赋予了三个层面的时代内涵。

第一，该战略强调将科技创新视为全面创新的核心，这意味着科技创新应与制度创新、管理创新、商业模式创新以及文化创新等多个领域的创新活动紧密结合，协同促进社会的持续进步。

第二，该战略明确指出，中国未来的发展应依赖于科技创新的驱动，而非传统的劳动力或资源能源驱动。为此，需要不断提升中国科技创新的能力和水平，打造新的增长动力源泉，为国家的长远发展注入强劲动力。

---

① 潘教峰，王光辉. 创新驱动发展战略的实施及成效［J］. 科技导报，2022，40（20）：20-26.

第三，该战略明确了创新的主要目标是促进发展。这要求坚持以需求为引导，促进创新链与产业链的深度融合，通过创新增强产业链各环节的价值，从而提高科技进步对经济增长和社会发展的贡献，为国家的发展贡献力量。创新驱动发展战略的持续深入，使其科学内涵不断丰富和成熟。从历史发展的角度看，这一战略经历了提出、发展、完善等多个关键阶段，每个阶段都有其独特的发展定位和显著特征。

在战略的初步形成阶段，科技创新被认定为社会生产力和国家整体实力提升的核心支柱。在 2012 年 6 月召开的两院院士会议上，创新驱动发展战略首次被正式提出，会议明确要求两院院士将推动科技创新驱动发展作为一项重要任务，并对其六个核心要素进行了详细阐述，包括推动科技快速发展、促进科技与经济的深度融合、使科技成果惠及民生、推动科技体制机制创新、培养和提升青年人才、发挥决策咨询的关键作用。随后，在 2012 年 7 月召开的全国科技创新大会进一步将创新驱动发展战略提升为未来发展的重大战略，强调必须长期坚持。至 2012 年 11 月，党的十八大报告将实施创新驱动发展战略作为重要决策，强调社会生产力的提升关键在于创新驱动，而非传统的要素或投资驱动；国家综合实力的提升必须依赖于科技创新的战略支撑。因此，创新驱动发展战略正式确立，其内涵和战略要求逐渐明确，成为推动中国经济转型、增强国家综合实力的顶层规划。

在战略发展阶段，将创新作为发展的核心驱动力。2015 年 3 月，习近平总书记在出席十二届全国人大三次会议上海代表团审议时，首次鲜明地提出了“创新是引领发展的第一动力”这一重大论断，为国家的未来发展指明了方向。同年 10 月，党的十八届五中全会进一步深化了这一理念，明确指出创新在新发展理念中的核心地位，并强调要将创新置于国家发展全局的核心位置，全方位推进理论、制度、科技、文化等各个领域的创新。2016 年 5 月，中共中央、国务院印发了《国家创新驱动发展战略纲要》，进一步巩固了创新作为引领发展的首要动力地位，明确了将发展重心聚焦于创新之上，并据此制定了创新驱动发展战略实施的三步走战略目标。这一纲要的发布，标志着国家对于创新驱动发展的坚定决心和明确规划。随后，在 2017 年 10 月，习近平总书记在党的十九大报告中再次强调了实施创新驱动发展战略的重要性，并提出要加快建设创新型国家的战略目标。这些关键性的论述和政策制定，不仅坚定地将国家发展的基石置于创新之上，而且逐步形成了以创新为核心的发展战略体系。它们明确了创新作为推动发展的首要动力，并设定了建设创新型国家、迈向世界科技强国的阶段性目标。

在战略的完善阶段，国家发展的战略支柱已经明确为科技自主和自力更生。回顾 2020 年 10 月，党的十九届五中全会公报将创新置于中国现代化进程中至关重要的位置，将科技自主和自力更生作为国家发展战略的基础。同时，从现代化建设的角度出发，会议强调了持续推进创新驱动发展战略、优化国家创新体系、加快构建科技强国的重要性。进入 2022 年

10月，习近平总书记在党的二十大报告中再次强调：科技是第一生产力、人才是第一资源、创新是第一动力，必须深入实施科教兴国战略、人才强国战略、创新驱动发展战略，积极开拓新的发展领域和轨道，不断塑造发展新动能、新优势，实现科学发展。这些论述不仅逐渐阐明了创新驱动发展战略的具体实施路径和关键焦点，而且在打造以国内循环为核心、国内国际双循环相互促进的新发展模式中，强调了以创新驱动、高品质供给为主导，以及激发新需求的发展趋势。这进一步强调了科技自立自强对于国家发展所具有的深远战略重要性。

创新驱动发展战略，作为马克思、恩格斯创新发展思想在中国土壤上的生根发芽，与中国共产党在各个历史阶段的创新发展理念紧密相连，蕴含着深厚的理论底蕴和内在逻辑。过去的十年里，在党的领导下，有关部门紧扣创新驱动发展的核心，不断推动相关工作取得新进展。在这一发展阶段，创新驱动发展战略的科学含义和战略重要性得到了明确，并设定了具体的发展蓝图：至 2020 年，基本步入创新型国家的行列；到 2030 年，争取站在创新型国家的前沿；最终在 2050 年，打造成为全球科技创新的领导者。这一“三阶段”发展目标为国家的可持续发展提供了明确路径。在既定战略目标的引导下，我国的创新驱动发展战略得以深化实施，逐步形成了一个综合性的理论框架，其中包括实施主体、任务、路径和环境的有机结合。这些政策措施不仅为科技体制改革提供了系统的规划，确保了科技自主和自力更生的较高水平，而且在科技界逐步建立了一系列基础性制度。另外，国家在政策层面也致力于不断改进和提升知识产权保护体系。同时，我国已经建立了一个以科技创新成效为核心的中长期绩效评价机制，并且逐步细化了项目评估、人才评定、机构评审等评价流程。为了激发企业技术创新活力，税收和财政政策得到精简优化，科普和创新能力教育的政策也得到了加强，以此打造了一个激励创新的良好环境。我国还积极拓展与全球各国的科技合作与交流，推动构建国际科技合作的法律和组织架构，促进国际科技合作与交流政策的制定及发布，为国际科技合作搭建了一个宽广的平台。

（二）国家科技计划的布局与成效

由国家财政支持的国家重点研究与发展计划，融合了包括原 863 计划、973 计划、科技支撑计划在内的二十余项科技计划，属于国家科技计划的五大类别之一。该计划主要致力于资助具有长远社会公益性的重大研究项目，涉及农业、农村发展、能源与资源利用、生态环境保护、医药和健康等多个领域。此外，国家科技计划也聚焦于那些关乎产业核心竞争力、自主创新能力提升以及国家安全的战略性问题、基础性研究、前沿科技探索，还包括关键技术和产品的开发、国际合作等，旨在为国家的经济与社会发展提供持续且强大的科技支持。

1978 年 3 月，全国科学大会隆重召开，邓小平同志在会上深刻地提出了“科学技术是生产力”的观点，并明确表示“知识分子属于工人阶级的一部分”。他进一步阐释了“实现四个现代化的关键在于科技现代化”，这一观点为中国迎来科学发展的新纪元奠定了基石。同年 12 月，党的十一届三中全会作出了具有里程碑意义的决策，将党和国家的中心工作转移到社会主义现代化建设上来。此外，1978 年，国家发布了《1978—1985 年全国科学技术发展规划纲要（草案）》，标志着改革开放初期科技领域首个中长期规划的形成。在此之后，国家整体科技体制的调整仍然是对“文化大革命”前计划经济体制下科技体系的恢复与重建。这一时期，社会思潮发生了巨大改变，“知识就是力量”成为社会的普遍信仰。虽然科研经费依然有所短缺，但中央财政拨款制度为研究机构提供了稳定的经费来源，科研任务既有上级下达的，也有自主选择的，这为恢复、建立和保持科研队伍，以及科研基础设施的建设作出了重要贡献。

1985 年，中共中央发布了《关于科学技术体制改革的决定》，这一重要文件的出台标志着科技体制在现有经济体系下的恢复，然而，这也进一步凸显了一些已经存在的结构性问题，其严重性不容忽视。具体而言，五个主要的科研阵营——中国科学院、高等教育机构、政府部门研究单位、地方研究机构以及军事科研单位之间存在沟通与协作的不足，各自为战，常常导致研究项目出现不必要的重复和低水平研究。另外，产业部门的研发能力相对较弱，研究与应用之间存在着明显的分割，使得科研成果向生产力的转化效率不高。科研团队的规模虽然庞大，但其整体效率仍有待提升。

1987 年 1 月，国务院颁布了《关于进一步推进科技体制改革的若干规定》，对 1985 年发布的《关于科学技术体制改革的决定》中确立的目标进行了具体的阐述和补充。随后在 1988 年，国务院又出台了《关于深化科技体制改革若干问题的决议》，再次强调了先前确立的改革路径和方向。到了 1993 年，八届全国人大常委会第二次会议通过的《中华人民共和国科学技术进步法》以立法形式确立了科技工作的“面向和依靠”原则。在这一时期，依据《关于科学技术体制改革的决定》的指引，国家实施了多项科技体制的调整。具体措施包括：为促进农村经济发展、普及科技知识以及增加农民收入，1985 年，我国推出了星火计划；紧接着在 1986 年，国务院对科技资金拨付体系进行了改革，逐步减少了对从事研发活动的科研机构的直接财政支持。1988 年，又启动了以市场为导向的火炬计划，目的是加速高新技术成果的转化、产业化和国际化进程。同时，1987 年六届全国人大常委会第二十一次会议审议通过了《中华人民共和国技术合同法》，为技术交易搭建了法律框架。到了 1991 年，国务院颁布了《关于批准国家高新技术产业开发区和有关政策规定的通知》及批准发布《国家高新技术产业开发区税收政策的规定》，这些政策进一步推动了高新技术产业的快速发展。

在 1992 年，国家实施了攀登计划，目的是加强对基础研究的支持，尽管该计划资助的项目数量有限，但其资助强度显著高于常规的基金资助项目。紧接着在 1993 年，国家在高等教育体系内启动了“211 工程”，该工程旨在促进科研和教育基础设施的发展。随着改革开放的深入，中国的科学家们深刻意识到，以信息技术为核心的新技术革命正在全球范围内迅速推进，而中国与世界在科学技术领域的差距也在逐步拉大。

总体上，1985年中共中央发布的《关于科学技术体制改革的决定》为中国的科学技术政策树立了新的典范，使得中国的科技体制逐步从严格的计划经济体制向市场驱动的体系转型。市场机制的融入象征着对传统计划经济模式的突破。在这个转型过程中，科技领域经历了显著的变化。研究机构内部出现了分化现象，一些杰出人才通过参与国家级项目和地方性的横向科研任务，获得了充裕的研究资金，并在市场体系中实现了个人价值的提升。

自1995年起，我国的科技政策以实施科教兴国战略和打造国家创新体系为主。在这一战略指导下，国务院指导其所属的公立研究机构进行体制创新，推动它们向企业化经营转型。改革过程中，首批242家主要研究机构成功转型为高科技企业或相关服务提供商。此外，中共中央、国务院作出的《关于加速科学技术进步的决定》的发布，导致资源配置的集中化，涵盖了企业技术创新计划、国家重点基础研究发展计划、中国科学院的知识创新工程、教育部发起的21世纪教育振兴行动计划和世界一流大学建设项目（985工程）。这些措施不仅加强了对企业、高等学校和中国科学院的科研扶持，也为国家创新体系的构建打下了坚实的基础。随着对科研项目和基地支持的增加，科技人员的地位显著提高，知识分子的待遇也有所改善，全社会重新树立了尊重知识的氛围。在新机制的激励下，许多研究机构取得了突出的研究成果。同时，越来越多的海外归国科学家和教育工作者投身于国内的科研和教育事业，加之改革开放后培养的本土博士逐渐成长为科研领域的支柱，共同推动了中国科技事业的迅速发展。

2006年，中共中央、国务院发布了《关于实施科技规划纲要增强自主创新能力的决定》，从而正式将自主创新能力提升为国家战略。为了深化这一战略的执行，2007年十届全国人大常委会第三十一次会议对《中华人民共和国科学技术进步法》，2008年十一届全国人大常委会第六次会议对《中华人民共和国专利法》进行了修订，并重新颁布。这些修订后的法律突出了市场机制的引领作用，并激励企业成为自主创新的主体，旨在打造一个创新驱动型国家。同时，国家也开始执行知识产权战略，促进科技成果的快速应用和转化。通过运用财政、金融、税收等多种政策措施，动员全社会力量，显著增加了对于科技领域的资金投入。

在2012年，中共中央、国务院印发了《关于深化科技体制改革加快国家创新体系建设的意见》，明确提出了创新驱动发展的战略方针。该文件为落实和促进创新驱动发展战略，对科技管理体制的改革提出了基本指导原则，包括对国家各项科技计划、专题、基金的角色和资助重点进行更清晰的界定。尽管当时部分人士对这份《意见》表达了不尽如人意的看法，认为它未能完全达到预期，但从现阶段来看，该文件所提出的改革措施正在有效实施中。

进入21世纪，国家科技计划经费大增，计划体系也进行了调整。2001年，原国家计划委员会和科技部共同发布了科技发展规划，确立了“3+2”架构，即三大主体计划和两大环境建设计划。到了“十一五”期间，这一体系又进一步简化为“基本计划＋科技重大专项”的新结构。2014年，国务院印发《关于深化中央财政科技计划（专项、基金等）管理改革的方案》，预示着科技计划构成与管理将发生根本性变革。同时，各级人才计划纷纷出台，其中国家海外高层次人才引进计划尤为突出，旨在引进战略科学家和领军人才，助力国家发展。

我国在科技体制的改革道路上经历了多次重要的转型，从最初科技与经济分离的状态，逐步发展至强调科教兴国、人才培养的重要性，进而提出了自主创新以及创新驱动的发展战略。①尽管经过三十年的持续奋斗，但科技与经济深度融合的挑战依然存在，自主创新和推动发展的架构尚未完全确立，国家创新体系的优化布局与高效运作仍需进一步推进。因此，针对科技体制的改革仍需深入探讨，以便解决众多核心问题。

（三）科技体制改革与科技治理能力现代化

科技体制改革在现代化建设进程中扮演着至关重要的角色，对国家的改革开放具有重大影响。科技体制改革的根本目标是紧密契合国家经济体制改革的总体要求，即“迅速且广泛地将科技成果应用于生产实践，充分挖掘科技人员的潜力，从而极大地释放科技生产力，推动经济社会的全面发展”。②中央政府通过一系列周密部署的措施，如恢复高考制度、召开具有划时代意义的全国科学大会（1978年3月）和党的十一届三中全会（1978年12月）、发布《关于科学技术体制改革的决定》、实施国家高技术研究发展计划以及执行《有效保护及实施知识产权的行动计划》等，逐步推动改革进程，旨在激发体制活力，壮大人才队伍，缩小与国际先进水平的差距。这些努力使得科技成果的数量和质量都得到了显著提升，为国家的现代化建设提供了强大的动力。

自党的十八大以来，习近平总书记更加注重科技创新，亲自规划并推动了若干重大科技体制改革。通过持续不懈的奋斗，科技体制改革的基础框架已日趋完善，多个关键领域和环节实现了重大进展。科技攻关和应急响应机制的重要性日益显现，针对关键技术的突破性研究全面铺开。尤其是在应对新冠病毒疫情的过程中，实战化的科研应急响应取得了全球瞩目的成绩。国家战略科技力量的布局正在加快构建，科技创新的治理效能逐步增强。同时，科技项目和资金管理改革不断深化，国家科技计划体系得到了进一步的优化与整合。③具体来说，有以下七点：

---

① 曹聪，李宁，李侠，等. 中国科技体制改革新论 [J]. 自然辩证法通讯，2015，37（1）：12-23.

② 孙烈. 中国科技体制的演变 [J]. 中国科学院院刊，2019，34（9）：970-981.

③ 张明喜. 全面深化科技体制改革实现高水平科技自立自强 [J]. 科学管理研究，2023，41（3）：54-60.

第一，全面推进科技领域重大改革，完善创新的法律环境、制度环境、市场环境、学风环境的初步建立。我国正在全面深化科技领域的改革，已经初步确立了旨在促进创新的法律、制度、市场和学术氛围。为了提升科研人员的专业素养和道德标准，一系列政策和措施已经出台，特别是在科研诚信、科技伦理建设方面。为此，国家成立了专门的科技伦理指导机构，以提供专业的指导和监管。在科研管理方面，实施了一系列改革措施以增强科研工作的成效。通过调整财政资助科研项目资金的管理制度，实现了对科研人员的“减负 + 激励”，提升了间接费用的比重，增强了绩效激励的力度。同时，在自然科学基金领域试行了“全权负责制”，赋予了科研人员更多的自主权。在项目评估、人才评价和机构评审方面，推行了系统性的改革。新颁布的《国家科学技术奖励条例》为表彰科技创新成果提供了坚实的制度支持。为了营造健康的科技创新生态，国家采取了一系列措施，旨在摒弃以论文、职称、学历、奖项以及过度依赖 SCI（科学引文索引）等不合理的评价准则，力求为科研人员打造一个更加公平和公正的竞争空间。

第二，基本确立企业创新主体地位。我国已基本确立了企业在创新中的主导地位。企业作为创新主体的产业技术创新体系已初步形成，并构建了覆盖企业整个生命周期的创新政策体系。大型工业企业的研发投入在主营业务收入中所占比例显著提高，企业在承担国家重大科技任务中的参与程度显著增强。为了鼓励企业增加研发投入，研发费用的税前加计扣除比例已从 50% 提高到 75%，国有企业的研发投入也被纳入利润考核体系，进一步完善了企业在高新技术领域的管理政策。此外，科技创新创业服务体系持续完善，呈现出广泛覆盖、低门槛、便利化的特点，科技企业孵化器数量已达到 1.2 万家。同时，不断优化科技资源的开放共享机制，国家在这一时期建成了国家网络管理平台，一些重大科研基础设施和大型科研仪器设备得以开放共享。并且国家制定了科学数据管理办法，建立了 20 个国家科学数据中心，为科学数据的共享和利用提供了有力的支持。

第三，推动金融协同支持科技创新的发展，提高创业投资网络对高技术产业进行前瞻布局的效率，减少资源浪费，使科技型企业更好地利用资本进行科技创新。经过一系列的努力，我国已经初步构建了金融与科技创新协同发展的良好格局。创业投资网络以前瞻性的眼光布局高技术产业，为众多科技型企业注入了优质的资本支持。同时，科创板的成功设立及注册制改革试行，不仅助力资本市场健康发展，而且促进了资本与科技企业间的良性互动。在间接融资领域，国家实施了风险补偿、贷款贴息、业务奖励等措施，为科技创新提供多元化金融支持。

第四，科技成果转化的制度障碍不断被打破，极大地激发了科研人员的热情、动力和创新精神。为了推动科技成果的有效转化，我国制定了一系列文件，明确单位在科技成果转化过程中的自主权，确保发明人或设计人能够合理分享创新带来的经济回报。同时，对于符合条件的国有科技型企业，尤其是对于承担关键核心技术攻关任务的国有企业，实施了一系列激励措施，包括股权和分红等激励政策、突破工资总额限制等，以全面激发企业的创新活力和发展潜力。

第五，我国正迅速推进科研制度体系的完善，确保制度设计符合科学规律并具有激励效应，加快相关工作的进程。国务院出台了《关于全面加强基础科学研究的若干意见》，旨在加强对基础科学的支持，在自由探索的同时与国家目标导向紧密结合，对国家自然科学基金进行了全面改革。为了加速突破关键核心技术，我国对项目的形成和实施机制进行了重大改革，强调结果导向，确保每一项工作都能得到有效落实，推动科技创新取得重大进展。

第六，我国在深化高校与科研机构改革方面持续努力，采取包括科研经费全权负责制、科研设备采购流程的改进，以及科研机构岗位设置的自主化等措施，积累了丰富的改革经验。如今，我国已经建立起一支规模庞大、结构合理、高素质的创新科技人才队伍。为了有效促进科研人员的创新动力，我国实施了差异化管理策略，制定了《科研事业单位领导人员管理暂行办法》，提升了科研项目绩效和成果转化的奖励制度，并为高级人才提供了更为弹性的薪酬分配机制。同时，全面推行了院士退休政策，确保科研工作的持续进步。在吸引海外高端人才方面，我国加快了签证、工作许可和永久居留政策的整合，并试点运行了为外国高端人才提供便捷服务的综合卡，强化了国际科研合作的支持体系。在高等教育领域，我国推动人才培养体系的创新，加快“双一流”建设步伐，优化了学科布局和专业结构，加强了新兴学科的建设，并发布了关于研究生教育改革的政策，建立了专业学位研究生的双重导师制度，为培育更多优质创新人才提供了坚实的教育基础。

第七，我国正致力于打造一个全新的国际开放合作模式，科技创新领域的国际合作得到了显著提升，全球创新网络的参与层面正逐步扩大。国家科技计划的对外开放正在加速，科研资金在港澳地区的有效运用以及外籍科研人员深入项目参与均得到了稳固的制度性保障。我国科技合作的范围和领域不断拓展，已与全球主要国家和地区建立了多项创新对话机制和科技合作计划，与超过 160 个国家维持了稳定的合作关系。同时，我国积极促进“一带一路”国际科学组织联盟的成立，创建了 14 个联合实验室和 5 个国家级技术合作平台。我国也在国际大型科学项目中扮演了活跃角色，展现了我们在国际科技合作领域的积极投入和卓越能力。

近年来，我国对科学技术体制的革新给予了极大的重视。2012 年，中共中央、国务院颁布了《关于深化科技体制改革加快国家创新体系建设的意见》，其中提出了“以创新为动力促进发展、以企业为创新主体实现协同、以政府支持与市场导向相结合、以统筹兼顾与遵循规律为原则、以改革开放寻求合作共赢”的核心原则。在十八大会议上，创新驱动发展战略被着重提出，并将科技创新定位于国家发展的核心。我国科技领域正迎来一个全新的发展时代。

总体来看，科技体制的改革促进了我国科技的大发展，以及整体科研能力的提升。创新驱动发展战略得到了深入实施，新型举国体制得到了有效探索，科技基础性制度不断完善。这些改革举措带来了丰硕的科技成果，科技人才队伍也在持续壮大。展望未来，我国科技治理体系现代化建设注定将是一段漫长而充满挑战的旅程。在推进科技治理体系现代化进程中，顶层设计与实践探索应紧密结合，增强紧迫感和忧患意识。面对显著问题和关键限制，我们必须以坚定的意志和系统化的策略，逐步解决这些问题，以促进我国科技治理体系现代化目标的尽早实现，并为国家的科技进步和持续发展打下坚实的基础。

第三章

科技创新引领经济高质量发展

一、科技引领经济高质量发展的内涵与特征

随着社会经济的发展，人类因为不同的需求，进行不同的经济活动。经济活动产生供给关系与体系，而供给体系的质量、效率和稳定性高是经济高质量发展的根本保障。

创新是一切发展的动力。以创新为核心的发展内容涉及多个要素，主要包括科技、市场、产业、企业、产品、人才、管理方式等，其中最重要的是科技创新，其引领了其他内容的创新发展。[①]创新驱动发展战略的核心是科技创新，这对经济发展起着决定性的作用，可以通过创新的作用来转变发展方式，调整发展结构，实现经济高质量发展。[②]

（一）经济高质量发展的内涵与特征

发展在不同领域中有着不同的解释，如哲学领域认为，发展主要指的是事物在不停地运动，会逐渐由低层过渡到高层，由量变积累变成质变，其宗旨是新事物代替旧事物。广义的发展是从世界观层面来看待的，是事物运动的普遍现象，在事物上升和进化中产生运动变化的过程；狭义的发展专指一个社会的运动变化。

发展主要有两层含义：一是特指经济增长，包括经济总量的增加、GDP 的增长以及人均 GDP 的增长。二是在经济增长基础上的政治、文化、社会、法律、观念、习俗等一系列制度的变革，是数量增长基础上的效率、结构、体制的变革和改善，包括发展理念、发展方式、发展目标、发展战略的调整和变动，也包括经济内部效率和结构的改善，以及制度和技术的变迁，最终达到人与自然的和谐、人与社会的和谐（平等、公正的社会关系）。当生态、

① 洪银兴，安同良，孙宁华. 创新经济学［M］. 南京：江苏人民出版社，2017：50.

② 黄珏群. 我国经济高质量发展驱动力研究：基于科技创新视角［M］. 长春：吉林大学出版社，2022：31-85.

道德等方面随着以物质为基础的增长而出现不同的危机时，人类也会由此全面地考虑发展的含义，最终形成新的发展理念，即社会变革和经济增长要实现统一。

从宏观经济学角度看，经济高质量发展是在国民经济（产品和服务）总量扩大的基础上实现经济运行更平稳、投入–产出效率更高、经济结构更均衡、社会福利更全面的发展。在发展经济学视角下，自然资源、劳动、资本等物质投入要素与人力资本、技术进步、制度开放等要素共同构成影响经济增长和发展的因素，因而要素效率的提高和优化组合可以推动经济可持续发展。在质量经济学视域下，经济活动的目的是能够产出满足顾客需求的产品和服务。质量定义从“产品为中心”的客观属性演变为“以顾客为中心”的主观属性，体现了顾客多样化的需求及产品差异化的要求，对应的是产品和服务质量达到更高标准。

当前，我国经济已由高速增长转向高质量发展阶段，这一变化已经成为中国经济发展的基本标志，这一阶段性特征刷新了人们对于发展的认知。从新常态的视角来看，高质量发展是在“认识新常态、适应新常态、引领新常态”基础之上的更为深入的课题，是在保持经济平稳运行的同时，对经济结构、质量和效率等方面作出的更高要求。①从新发展理念的视角来看，高质量是坚持新发展理念要求的发展，其中创新是高质量发展的动力，协调是高质量发展的途径，绿色是高质量发展的恪守，开放是高质量发展的要求，共享是高质量发展的目标。②从社会主要矛盾的视角来看，高质量发展就是围绕新时代人民在经济、政治、文化、社会、生态等方面的期盼，不断满足人民日益增长的美好生活需要。从宏中微观层面进行分析，高质量发展在宏观层面研究国民经济的整体质量和效率，包括经济增长质量、国民经济运行质量、经济发展质量、公共服务质量、对外贸易质量、高等教育质量和经济政策质量等。解决的是生产力质量不高的问题，可以从建立质量效益型的宏观调控新机制、转变宏观调控目标、建立完善供给体系、用全要素生产率或国际竞争力来衡量等入手，实现生产力质的提升。③中观层面围绕产业结构、产业低端锁定、投资消费结构和收入分配结构展开，解决的是经济结构不平衡的问题，目标是实现经济结构的平衡以及产业链的中高端锁定。微观层面围绕产品质量和服务质量展开，解决的是供给与需求不平衡的问题，目标是产品和服务质量的普遍提升。从资源配置的视角来看，高质量发展反映资源有效配置的要求，高质量发展是高效率的投入和高效益的产出。④

综上所述，可以将经济高质量发展的内涵简要概括如下：

---

① 高培勇，杜创，刘霞辉，等.高质量发展背景下的现代化经济体系建设：一个逻辑框架 [J]. 经济研究，2019，54（4）：4-17.

② 国家发展改革委经济研究所课题组. 推动经济高质量发展研究 [J]. 宏观经济研究，2019（2）：5-17+91.

③ 王晓慧. 中国经济高质量发展研究 [D]. 长春：吉林大学，2019.

④ 史丹，李鹏. 我国经济高质量发展测度与国际比较 [J]. 东南学术，2019（5）：169-180.

第一，提高要素投入产出比率，指的是产出在投入了既定要素之后有所提升，或是在既定产量条件下投入少部分的生产要素，提高要素投入效率，从而获得经济的增长。其重点在于，用要素投入的效率代替投入的数量，从以往测算出增长的全要素生产率到发现影响生产率增长的因素，实现有效的经济增长。

第二，优化和完善国民经济系统的内部结构，主要在于结构性改革，达到调整存量、做优增量，结构的优化升级，进而不断地提高产品供给质量，平衡经济系统的结构。①

第三，经济发展的主要动力来自创新，要用知识要素，如管理创新投入、劳动力素质提高、制度的创新、技术的创新等来代替以往的劳动、资本等要素，使其成为经济增长的动力源泉。②

（二）科技创新驱动经济发展的理论基础

要想让创新助推经济的发展，让创新成为经济发展新的驱动力，需要提高科技水平，提升劳动者素质，提升管理者管理水平。创新在经济当中的应用对经济发展产生的驱动主要体现在文化创新、科技创新、商业模式创新以及制度创新方面。而在上述内容中，和发展的全局息息相关的核心内容就是科技创新。

要想让创新驱动经济发展，就必须对经济发展的方式进行改变。我国过去很长一段时间内对于经济增长的推动都是借助于物质要素投入进行的，这个阶段的要素驱动是典型的由投资带动。我们的资源和环境都是有限的，采用这样的经济增长方式难免会触及其极限。③当下，物质资源已经逐渐趋近极限，低成本的劳动力供给也表现出明显不足的态势，我国的经济发展要素驱动也开始发生转变，由过去的投资驱动和要素驱动逐渐向创新驱动转变。这里提到的驱动，从概念上来说，指的是对经济增长进行推动的主要动力。我国目前的新发展理念包括创新、协调、绿色、开放、共享，其中创新稳居第一位，同时也是其他四个理念的引领者。④

1. 科技创新驱动经济发展方式转变

（1）要素与投资驱动的转变

我国当前的经济发展处于投资驱动阶段，经济的增长主要依赖物质的投入。虽然我们一直在提倡技术创新，但是技术创新对社会经济发展产生的影响还是比较微弱的。如果长期使

---

① 高建昆，程恩富. 建设现代化经济体系实现高质量发展［J］. 学术研究，2018（12）：73-82.

② 华坚，胡金昕. 中国区域科技创新与经济高质量发展耦合关系评价［J］. 科技进步与对策，2019，36（8）：19-27.

③ 余泳泽，胡山. 中国经济高质量发展的现实困境与基本路径：文献综述［J］. 宏观质量研究，2018，6（4）：1-17.

④ 李林汉，田卫民. 金融深化、科技创新与绿色经济［J］. 金融与经济，2020（3）：68-75.

用物质要素投入带动经济增长的发展模式，那么未来的发展必然会遇到一定的困难，面临着经济发展的局限性。经过不断努力，我国的经济资源供求之间发生了很大的变化，经济增长也正在朝着以创新为主导的方向转变，不再以投入资源为主，本质上需要打破上述经济发展的自然局限，为经济发展拓展新的局面。在当今情况下，经济增长已经具有向创新发展转型的相应条件。从世界范围看，科技日益成为经济社会发展的主要动力，创新引领发展是发展趋势。新的科技革命和产业变革正在发生，全球科技创新到了关键时期。随着新技术出现，劳动密集型经济开始被取代，这都是经济社会发展的大势所趋。[①]

我国的经济技术发展潜力巨大，GDP 总量自 2010 年第一次领先于日本，工业化发展进程到了中期阶段，已经成为世界第二大经济体。[②]在这种情况下，我们要增强危机意识，抓住机遇，适时调整发展战略，把创新作为新的发展重点。推动经济发展的创新举措在科技创新中层出不穷，除了需要注重科学研究以外，更应该注重科学在相关领域的应用，即将科技成果转化为新技术的可能。随着社会的发展，科学因素开始被人们有目的地加以利用，以前所未有的规模应用在生活中。在现代经济学中，创新在科学的发现和应用中得到了明确的定义，意味着新的工艺或产品成为世界某处的新生产方式。转向以创新为主导的举措是经济发展方式的关键，通过新知识、新发明的结合，各种物质要素增强了创新能力，这些创新举措减少了物质资源的投入，从而实现了经济增长。

（2）经济发展方式的创新

经济增长通常是通过两种方式：一种方式是向生产当中投入更多的要素；另一种方式是提高要素的使用率。假设经济增长是通过要素投入增加实现的，那么经济就是粗放型增长；假设经济增长是通过要素使用率提高实现的，那么它就是集约型经济增长。[③]在过去很长一段时期内，我国经济增长基本属于粗放型，资源供给相对宽裕，经济增长主要通过高消耗、高投入来实现，追求的是更大的规模、更多的数量以及更快的速度，但这种方式所带来的结果是增长质量难以提高，经济效益较差，结构容易失衡。[④]现阶段，有限的资源供给已经难以支撑过去那种粗放型的增长方式，而我国也积累了一定的经济发展能力，足以支持对经济增长模式的改变。我国使用的物质要素供给方式已经影响了经济的可持续发展，所以当前要转换经济的发展方式。[⑤]集约化的经济发展显然有着技术进步的影响，但并没有去除促进经

---

① 万程成. 我国科技创新与实体经济协同发展评价研究［J］. 技术经济与管理研究，2020（11）：20-25.

② 苏永伟，陈池波. 经济高质量发展评价指标体系构建与实证［J］. 统计与决策，2019，35（24）：38-41.

③ 林云. 创新经济学：理论与案例［M］. 杭州：浙江大学出版社，2019：30-170.

④ 辛建生，岳宏志. 基于经济高质量发展视角的我国现代化经济体系建设研究［J］. 改革与战略，2020，36（1）：80-86.

⑤ 李家祥. 中国特色社会主义政治经济学史的创新发展阶段研究［J］. 内蒙古社会科学，2019，40（5）：111-118.

济增长的物质要素结构。也就是说，除了把物质要素供给转变成集约型经济发展方式之外，还需要注重经济发展方式的创新。

经济创新发展可以从两个方面入手。一是注重投资，加大出口力度，通过促进消费实现经济的发展，这也是当前市场经济转型当中非常重要的一点。过去，我国经济发展是通过投资和出口两者的作用来拉动的，但现在仅靠这种增长模式已不可持续。所以，在新经济的背景下，我们必须调整经济增长动力，一方面要从内部需求的角度入手，扩大内需，保证经济发展的基础是稳定的。我国当前正在进行工业化的建设，并且非常注重基础设施的建设，所以有很多的投资机会，市场当中存在巨大的消费需求潜力，调整转型是一种符合经济发展规律、能在外部经济环境中发挥积极作用的选择。与此同时，这也避免了经济发展受到不稳定因素的影响后出现大起大落的变动，调整转型能够真正实现经济发展的良性循环。另一方面，消费刺激措施的实施平衡了生产与消费之间的关系，这也是经济增长的关键，能够满足消费者的消费需求。通过制度的改革可以提高城乡居民的消费能力，主要包括改革收入分配体制、商品流通体制和消费体制。二是经济增长方式转变为以创新驱动为核心。促进经济增长的物质资源是有限的，同时劳动力成本也在逐渐上升，生态环境约束趋紧。在这种情况下，我国只能依靠创新实现可持续的中高速增长。所谓创新引领是指经济增长在技术、劳动力和管理等多种因素的辅助下，以技术创新为核心进行发展。利用创新的知识和技能，转化物质资本实现创新管理，提高生产力，让有限的物质资源得到节约并有相应的替代。

通过上述分析可知，从过去粗放型经济增长方式向集约型经济增长方式的转变已然成为当下的共识。集约型经济增长方式指的是对物质要求进行集约使用，从而进一步提升要素的使用效率。创新驱动这种经济增长方式不仅能提升生产效率，而且更主要的是能整合人力、物力、知识以及制度创新等无形要素，实现各种要素的创新组合。在社会生产和商业活动中，广泛运用科学技术成果是对增长要素的创新。相比集约型经济增长方式，创新驱动的层次更高、水平更高，增长方式也更有益。

（3）供给侧结构性改革

供给侧结构性改革的目的是提高供给效率，为供给体系提供质量更加优质的产品，让经济增长有更强的动力支持，从根本上提升社会生产力的总体水平。[①]我国的经济增长速度之所以从高速转向中速，其主要原因是低成本劳动力以及资源供给的推动力有所消退，因此消费需求对于经济增长的拉动力开始被高度重视。但不能就此判断今后只有需求才是经济增长

---

① 吴阳芬，曾繁华. 科技创新供给侧结构性改革——基于有效供给假说视野［J］. 江西师范大学学报（哲学社会科学版），2019，52（2）：123-131.

的动力，而忽视供给侧所具有的推动力。因为经济增长的影响要素既包括供给要素，又包括需求要素。当经济下行的趋势无法被需求拉动时，经济增长过程中供给侧的推动作用就不能被忽视。在经济增长率中，一些潜在因素对实际增长率有着直接影响，比如劳动力要素、物质要素，另外还有结构、制度、效率、技术等。目前只是低成本的劳动力以及物质资源方面的推动力有所消退，但存在于供给侧的其他动力因素还可以被开发利用，比如提高生产效率、创新驱动能力、调整产业结构等，这些因素都可以成为经济增长过程中供给侧被开发的新的动力因素。与需求侧拉动力相比，供给侧的这些潜在推动力对经济增长所产生的影响更为持久。

要素所表现出的生产率是经济增长过程中供给侧所产生的主要推动力。全要素生产率理论指的是所有要素共同参与生产创造的生产率总和要比单一要素所产生的生产率之和大，这两种生产率的差额就是所谓的全要素生产率，也被称为广义技术进步。[①]全要素生产率指的是通过改进其他因素，比如提高管理水平、推动技术进步、提升劳动力综合素质、充分发挥要素使用效率等措施来增加产出，是对各种生产要素加以综合利用所产生的，在经济增长过程中表现为质量的提升和效益的增长。全要素生产率素质的高低主要受制度的影响，所以要想让经济以集约型形式增长，就必须改变供给侧的结构制度。

在经济增长过程中，经常会出现有效供给不足的情况，这属于结构性短缺，因此建立起长效的供给机制，增加供给结构的灵活性以及适应性是供给侧结构性改革的重点所在。当前的供给体系存在的最主要问题是收入一直较低，具体表现在以下几个方面：一是供给品的科技含量不高。二是存量结构的发展存在缺陷，导致出现很多的无效产能，进而对有效供给产生了不良影响。三是创造出的供给水平还无法满足中等收入阶段广大消费者的需求，包括其对于供给品在安全、质量、卫生等方面的需求，产品与服务还无法被消费者完全信任。因此，必须进一步提升供给的能力，这是开展结构性改革的关键所在，消费者的信赖也由此才能产生。而通过科技创新来提升供给产品的质量以及档次是关键。创新要注重产品的创新，不能仅仅追求高端，要建立起有利于创新的体制和机制，更要实现产品创新与科技创新的有效结合。

总之，对发展方式进行转变离不开创新。创新，尤其是自主创新，是对经济发展方式进行转变的一个重要抓手。一方面，对于我国的经济增长来说，目前我国的资源容量难以对其进行支撑，因此一定要寻找对经济增长进行驱动的新动力。实际上，所谓“创新”就是对新的发展要素进行创造，或者说在物质要素的投入方面进行节约，使要素的使用效率得到有效

① 巴曙松，白海峰，胡文韬. 金融科技创新、企业全要素生产率与经济增长——基于新结构经济学视角[J]. 财经问题研究，2020（1）：46-53.

提升。所以，采取创新作为驱动力，可以使物质资源的投入得到有效降低，但经济却能得到增长。另一方面，目前我国的产业结构还处在低水平阶段，在国际竞争力方面还有所欠缺，因此，对于产业创新的能力必须进行提升和增强。产业的创新能力和国家的竞争力息息相关，所以才能作为创新的着力点存在，我们必须依靠科技和产业创新来推动产业的转型，使其向中高端方向转换，在世界经济科技领域占据制高点。

2. 科技创新引领技术模式转变

对发展进行驱动的科技是先从外部产生的，而后才会转为内生，这种转变的发生同时也需要技术进步模式发生转变。我国长期以来对发展进行驱动的那些先进技术大多是外生的，比如从外部引进其他国家的先进技术或者模仿先进技术。而我国主要的先进产业基本是做产品的加工或者产品的代工，这一类型的技术创新都是在我国范围内对国外创新技术的一种扩散[①]，并不是掌握了关键技术、核心技术，因为相关新技术在国外其实已经发展成熟。所以，这一类型的技术创新最大意义就是能够和国际缩小技术方面的差距，但是距离进入国际前沿行列仍有差距。当前，我国已经是世界上第二大经济体，在对新技术进行自主研发方面也有了一定的能力，应立足全球对创新进行谋划和推动，对集成创新、原始创新、引进消化吸收再创新的能力进行提升。

3. 科技创新引领新经济和新常态

观察经济的发展史，可以发现每个历史时期都有新出现的技术、新形成的产业，都会产生新的发展动能，这些新生事物被称作“新经济”。随着时代的发展、技术的创新和进步，必然会出现新经济，经济的发展必然会产生新的动能。在 1980 年，“新经济”这一概念横空出世，它主要涉及以信息技术发展为主要内容的美国信息产业，以及与之相关的信息经济，彻底改变了人们日常生活以及工作学习的方式。新经济的出现不仅让人们获取信息的来源更加丰富，而且使企业进行信息交换更加方便，让消费者之间的信息交流有了更多的方式。在人们的生活中，涌现出了越来越多的新经济形式，在线教育、在线交流、在线新闻、在线交易、在线娱乐等成了人们主要的经济活动。作为一个新兴产业，新经济因为互联网和智能技术的发展才得以产生，并渗透到了多个领域，比如，商业和高科技制造业、智能制造、大规模定制生产等。[②]在新经济时代，我国必须像发达国家一样站在制高点，掌握核心技术，占据压倒性优势，为我国的经济发展和经济转型提供新动力。

创新引领经济新常态有以下三个迹象：一是转变速度，增长速度从高速转向中速，发展方式从规模和速度向质量效益转变。二是优化创新结构，调整优化现有的经济结构。三是动

---

① 翁超然. 科技创新投入对区域经济增长的影响关系研究［J］. 生产力研究，2020（8）：75-78+87.

② 王蕾，丁延武，郭晓鸣. 我国县域经济高质量发展的指标体系构建［J］. 软科学，2021，35（1）：115-119+133.

力转变，发展动力需要转变为以创新为主，摒弃之前的劳动力和资源等因素。我们需要让创新成为当今发展的主要驱动力，让创新引导质量的提升、效益的增长，实现整个经济结构的完善和升级。[①]特别是我们实行的供给侧结构性改革，需要依靠技术创新才能完成，才能达到理想的改革效果。

总而言之，根据创新发展的发展思路，经济发展不仅要对当前的发展资源进行科学的规划，而且要继续开发新的资源，不断地解决当前遇到的发展障碍和瓶颈。对于新资源的创造来讲，涉及新能源的创造、新材料的发现、新技术的开发等技术创新，也就是发展创新型经济。

4. 科技创新驱动产业结构优化升级

目前，经济结构调整已经从依赖能源的模式转变成了依赖存量的调整、增量的优化。这一转变代表我国经济的发展已经进入一个新常态，开始向中高端发展。

（1）产业向中高端方向转变

产业水平是决定一个国家在世界上的竞争能力的度量单位，一个国家的产业升级与创新能力决定着它在国际上的竞争能力。新兴产业担负着优化与提升产业结构的重任。目前我们已经进入了全球化、网络化、信息化的新发展时代，我们要全力促进产业的创新以及科技的进步，开展科技革命，推进产业革命，不遗余力地发展新兴产业，争取在世界上占领科技以及经济的制高点，努力提高我国产业在全球市场上的综合竞争力。

通常情况下，当一个国家、一个社会进入现代经济增长期后，经济发展能够形成自我持续和自我加强的能力，其主要动力来源于产业结构的提升与变动。我国在产业结构转型和升级方面尚不具备足够的能力，目前还处于中低端，因此在国际市场中缺乏足够的竞争力。这是由我国现有产业结构的特点所决定的：一方面，这种产业结构主要迎合了低收入发展阶段的需要；另一方面，这种产业结构契合了高速增长的结构变化常态。这种产业结构主要有以下几个特点：较高的能源消耗、更多的污染行业、以制造业为主等。中国制造的很多产品尚处于价值链的中下游，由于很多高科技的关键性技术和环节均被国外机构及人员所掌握，所以经济体量虽然较大，但并不强，产值虽然较高，但附加值较低。[②]

我国进行产业结构转型升级时，需重视三个方面的内容：一是在三次产业结构当中要加大第三产业的比重，尤其是第三产业当中的现代服务业。[③]二是制造业要达到中端水平，甚至高端水平。三是要向全球价值链的中端和高端发展。当然，以上三个方面都需要以科

① 朱之鑫，张燕生，马庆斌. 中国经济高质量发展研究［M］. 北京：中国经济出版社，2019：66.

② 袁晓玲，李彩娟，李朝鹏. 中国经济高质量发展研究现状、困惑与展望［J］. 西安交通大学学报（社会科学版），2019，39（6）：30-38.

③ 张丽伟，田应奎. 经济高质量发展的多维评价指标体系构建［J］. 中国统计，2019（6）：7-9.

技创新、产业创新为基础。

（2）产业创新是基本路径

当前，经济发展已经进入了全球化、信息化以及网络化的时代，各国有均等的机会去开展科技创新以及产业创新。我国的经济发展已经到达全新的历史发展阶段，相较于之前有了巨大的提升，科技创新以及产业创新在世界上也具备了一定优势，而不再是跟随状态。在这种形势下，我国完全能够在科学技术以及产业创新方面作出更大努力，推进产业结构不断向中高端转变。①

第一，大力培育具有战略意义的新兴产业，做好前瞻性规划。国家在国际竞争中能够占据什么样的位置，归根结底是由国家的产业优势决定的，而大力发展具有战略意义的新兴产业则是重点所在。这种新兴产业与科技深度融合，决定着科技创新的方向与能力，也决定着产业发展的方向与能力。现阶段，世界范围内的第三次产业革命已经完成，这次革命结合了新能源、新材料以及互联网运用。自 2008 年金融危机爆发以来，世界各个国家都调整了自己的国家发展战略，并且出台了相关政策，大力培育各自的新兴产业，在第三次产业革命中全力角逐。欧美地区兴起了新工业革命，这次工业革命的主导就是新能源产业，日本、韩国对低碳产业的发展给予了更多关注，德国也制定了旨在推动工业进一步发展的相关战略。在这种国际形势下，我国更要大力培育和扶持具有战略意义的各类新兴产业的发展，迎接第四次产业革命。

第二，在传统制造业领域全力提升生产率，创新相关技术和产品。传统产业并非过去所认为的夕阳产业，如果有新技术的结合，传统产业也能够成为活力十足的现代产业。目前在我国经济发展的过程中，一些涉及面广、体量大的传统产业也面临着创新与发展的关键问题。这种创新可以通过以下两个方面来进行：一方面，引导传统制造业向着新兴产业不断转型；另一方面，在传统制造业中推广新技术，比如运用新技术进行产品的生产与制造，增加产品的高科技含量，提高产品的附加值，减少能源的消耗。相应的主要路径包括：实施产业转型与升级，引导传统行业主动参与新产业的生产与经营，并与信息化相融合。

第三，引导服务业实现自身的升级与转型。在我国目前经济发展的形势下，必须对传统服务业实施转型和升级，发展更加高效的现代物流业，创新信息服务业，拓展租赁、研发等服务业。此类服务业是知识经济的主要体现，在整个价值链中有着较大的附加值。

（3）科技创新推动产业创新

当今世界经济的发展趋势体现在，科技创新的同时产业也会实现快速创新，当有了新的科学发现后，新产业革命随之而来。新科技革命正在全球兴起，由此也催生了环保、新能源、

① 张丽伟. 中国经济高质量发展方略与制度建设［D］. 北京：中共中央党校，2019.

新材料、生物技术等相关的新兴产业，实现了高科技的产业化。当今世界，产业与科技发展的总趋势可以通过科技创新所促成的产业创新来体现。这种产业创新建立在新科技革命的基础之上，所采用的是最前沿的科技成果，有着更高的技术含量和附加值，绿色环保的理念也更加突出。实施技术创新、知识创新的最终目标是促成产业创新，在技术上实现更大跨越，在产业结构上获取革命性的发展和变化。由此可见，若想顺利实现产业结构的优化与升级，必须以新兴产业的创新作为基础，在此过程中，科技创新对于产业创新的引领作用至关重要。只有实现了科技与产业的创新，才能达到产业结构高端化的目标。在产业结构高端化的过程中，技术创新以及创新结果的扩散运用起着非常重要的作用，只有实现了科学技术的突破，才会有新产业不断出现。因此，想从整体上提升产业结构水准，就离不开新技术的扩散。

（三）科技创新驱动经济发展的体制机制

体制的保障对科技创新和创业是必需的。科技创新和创业不仅需要市场机制，还需要激励性体制，具体包括创新成果与产业转化、经济和科技支持、创新项目管理和现实生产力保障等，这一新的机制能够推动创新成果的研发和产业化。

在机制的设立方面，创新型政府的建设十分重要，这样的政府能够对创新能力进行集成。想要实现创新驱动，就需要先进行制度的创新，而制度的创新需要政府来完成。[①]传统的市场经济理论把政府排除在经济发展之外，但是创新的引入十分需要政府的引导和介入。政府是重大科技创新计划制定的主体，代表社会为创新的社会成本买单，并借助公共财政来投入此类创新。[②]

1. 孵化和研发新技术

创新驱动的重要环节是孵化和研发新技术。众所周知，技术进步的路径源头为科学发现，在这一路径中，最为重要的环节就是研发和孵化新技术。在这一环节当中会产生很多新的产品，因此，对于产学研协同创新平台来讲，这一环节是根本、是基础，也是创新投资的重要环节。但是，这个环节也有它的不足——风险比较高、成功率比较低，但是可以获得的潜在收益也是非常高的，需要深度结合金融和科技来保证足够的资金。过去对企业创新能力的衡量通常以销售收入中的企业研发投入比重作为指标，发展将企业作为源头的技术创新模式。[③]目前的科技创新模式最为突出的是以科学发现为源头的模式，所以，衡量一个地区能

---

① 贾利军，陈恒烜. 政府在推进军民融合和国家科技创新中的资源创造作用——以美国为例 [J]. 教学与研究，2019（5）：53-62.

② 张丽伟. 中国经济高质量发展方略与制度建设 [D]. 北京：中共中央党校，2019.

③ 揭红兰. 科技金融、科技创新对区域经济发展的传导路径与实证检验 [J]. 统计与决策，2020，36（1）：66-71.

否走向创新驱动型经济，关键是其阶段指标有多少能够逐渐转化为金融资本来进行新技术的孵化。

2. 企业成为科技创新的主体

如果一个科学技术的进步模式是以企业创新为源头，那么这个模式中的导向多数为市场，研发过程也可能在企业内部进行，新技术的采用方式多为模仿和购买。我们需要着重强调一点，企业也应该参与科技创新，并且是以创新主体的身份开展科技创新活动。

科技创新有很多主体和对象，不是由单一主体完成的，而是产学研各个主体的合作成果。在产学研协同创新中，企业应当作为主体引导整个创新，并投资于新技术的研发和孵化。在企业中，创新组织者的存在是企业成为创新主体的前提。在创新理论中，企业是实现创新的主体，企业家承担着创新职能。以高校知识创新和企业技术创新两大系统为基础，集成协调新技术孵化活动中的多主体组织就是科技企业家的职能。①产学研合作创新是以企业家向科技企业家转化为主观条件的，只有企业家拥有了相应的知识，才能够明确科技创新的方向和知识产品的开发方法。

3. 集聚人才的制度

如果科学技术是第一生产力，那么第一要素就是人才。除了高端科技人才、高端管理和创业人才，拥有特殊技能的工匠也属于驱动创新的人才，所以创新投资将人力资本投资作为重点。②高端人才会被产业高地所吸引，又会反过来创造产业高地。③以下是高端创业创新人才集聚需要解决的两个突出问题：一方面是对国际高端人才的引进。这需要调整对国际要素的引进和利用战略，过去增长是重点，资本牵引着增长要素的走向，因此，外资的引进需要被突出。如今，创新成为重点，人才牵引着创新要素的走向，所以要突出高端产业创新人才的引进。④另一方面是对低成本发展战略认识的改变。在发展中国家，低劳动力和土地成本是低成本战略理论的强调内容，也许在贸易领域这种低成本的比较优势能够产生效益，但这并不适用于创新型经济。要想提升创新，必须增加人力资本的供给，因为高端人才会被高价位的薪酬吸引，进而为其创造竞争优势。

4. 知识产权保护与新技术推广

新技术和新知识有溢出效应。全社会是创新驱动经济发展的对象，所以除了要求新发明转化为某个企业的新技术之外，创新驱动还要求成果的自主创新，并推广于全社会。与物质

---

① 韩飞，郭丽芳. 企业科技创新团队冲突与绩效关系研究 [J]. 科技管理研究，2014，34（2）：70-74+92.

② 黎林戈. 新时代培养科技创新人才的路径 [J]. 天水行政学院学报，2019，20（5）：14-17.

③ 李珊. 当代中国科技人才战略思想研究 [M]. 北京：中国商务出版社，2016：60-70.

④ 李中斌. 科技创新人才的培养及其发展策略 [J]. 人口与经济，2011（5）：24-28.

要素不同，知识和技术等创新要素的使用存在规模报酬递增特点，所以必须广泛地使用新技术和新知识。要想驱动经济发展，就必须使自主创新成果应用于全社会。

在创新即是创造性的毁灭过程观点中，各个企业会在较强的市场竞争机制中对先进新技术争相采用。除了对创新者的权益加以保护之外，严格知识产权保护制度的实施也能对创新成果的扩散进行推动，从而创造知识产权价值。[①]另外，还有两个方面的建设是创新成果扩散于全社会的需求：一是让公众学习多样化的知识，掌握多样的技能，进而形成学习型社会。二是将新技术和新知识通过信息网络和计算机向外传播，进而形成信息社会。

二、引领经济高质量发展的科技制高点

高质量发展是全面建设社会主义现代化国家的首要任务，是中国式现代化的本质要求。经济高质量发展是现代化经济体系的本质特征，也是供给侧结构性改革的根本目标，代表着创新驱动型经济的增长方式，具有创新、高效、节能、环保、高附加值的增长特点，推动产业不断升级。经济高质量发展的本质特征包括创新性、再生性、生态性、精细性、高效益，可以实现增长与发展的统一、增长方式与发展模式的统一。实现经济高质量发展，必须坚持科技是第一生产力、人才是第一资源、创新是第一动力，让科技创新根植于经济社会全面发展的土壤中，培育构建促进可持续增长的新动力引擎。经济高质量发展的科技制高点是指在一个国家或地区的经济发展中，具有重要战略意义的科技领域或技术。综合考虑当前和今后一个时期国际竞争格局和环境变化以及我国经济社会发展对科技创新的重大战略需求，新一代信息技术、新材料与先进制造技术以及绿色技术是引领经济高质量发展的科技制高点。其中，新一代信息技术作为产业链关键核心技术可带动创新能力的系统性提升，支撑经济高质量发展；新材料与先进制造技术作为战略性新兴产业技术，能够带动相关产业链的发展，加快形成新质生产力；绿色技术可推动能源结构的优化和产业升级，对推动经济可持续发展至关重要。

（一）新一代信息技术

随着新一轮科技革命和产业革命的浪潮席卷而来，大数据、人工智能、移动互联网、云计算、5G 等新一代信息技术领域成为科技创新的重点攻关领域，这些技术可以促进新质生产力形成和经济高质量发展，抢占这些核心技术科技制高点，即抢占了经济高质量发展的先机。工业互联网与 5G、数字孪生、人工智能等新技术加速融合创新，工业级无人机、可穿戴智能装备、人机协同制造、精准质量管控和柔性智能服务等智能产品、典型模式不断涌

① 王鸣涛. 科技创新能力与知识产权实力评价研究［M］. 北京：科学技术文献出版社，2018：6-80.

现，通用人工智能、工业元宇宙等新技术应用探索逐步展开，推进制造业的数字化、网络化和智能化，不断提高生产效率和产品质量。人工智能技术在各个领域的应用极大地提高了生产效率和智能化水平，如深度学习、机器学习、自然语言处理等技术，在智能制造、智慧城市、金融风控等方面发挥了重要作用，推动了经济的数字化转型和智能化发展。

1. 推动产业升级和转型

新一代信息技术成为重点产业链在技术、经济方面影响国家安全的关键节点，可推动产业升级和转型。技术创新不仅推动了产业升级和结构优化，而且为经济高质量发展注入了强劲动能。关键核心技术是国之重器，是增强科技创新引领作用的重要抓手，是实现高水平科技自立自强的保证，对推动高质量发展、保障国家安全具有十分重要的意义。习近平总书记强调："关键核心技术是要不来、买不来、讨不来的。只有把关键核心技术掌握在自己手中，才能从根本上保障国家经济安全、国防安全和其他安全。"①只有加快突破关键核心技术，解决"卡脖子"技术难题，才能不断提升我国发展的独立性、自主性、安全性。我们要尽快突破关键核心技术，努力实现关键核心技术自主可控，把创新主动权、发展主动权牢牢掌握在自己手中。改革开放40多年来，特别是党的十八大以来，我国科技事业实现了历史性、整体性重大变化，科技实力实现了从量的积累向质的飞跃，点的突破向系统性能力提升的转变，我国正在从世界上具有重要影响力的科技大国迈向世界科技强国。同时，我国原始创新能力还不强，创新体系整体效能还不高，部分新一代信息技术关键核心技术仍然受制于人。为实现高水平科技自立自强，我们要于危机中育先机、于变局中开新局，向科技创新要答案。当前，提升自主创新能力，尽快突破关键核心技术，已经成为构建新发展格局的一个关键问题。同时，在激烈的国际竞争面前，在单边主义、保护主义上升的大背景下，我们必须走出适合国情的创新路子，特别是要把原始创新能力提升到更加突出的位置，努力实现更多"从0到1"的突破。实现高水平科技自立自强，需要尽快破解"卡脖子"难题，必须把突破关键核心技术作为当务之急，推动构建新发展格局，进而实现高质量发展和高水平安全。

2. 促进企业生产模式转型

新一代信息技术可以实现企业生产模式的转型升级，提高产业链的附加值，助力加快工业互联网平台、智慧城市、数字经济等领域的发展，创造新的经济增长点。随着科技的不断进步，传统产业正面临着前所未有的挑战。通过人工智能、大数据、云计算等核心技术的突破，企业能够开发出更加高效、环保、智能化的生产方式，推动产业向更高层次、更高质量的方向发展。这不仅有助于提升整个产业的附加值和竞争力，而且能够带动相关产业链的发展，形成更加完善的产业生态。回顾过去十年，我国全面推进关键核心技术攻关，围绕产业

① 习近平. 在中国科学院第十九次院士大会、中国工程院第十四次院士大会上的讲话［N］. 人民日报，2018-05-29（2）.

链部署创新链，围绕创新链布局产业链，在若干战略必争领域实现“后发先至”，科技赋能高端产业发展取得新突破。“中国天眼”、中国散裂中子源等大国重器相继建成投入运行，国内首套高温超导电动悬浮全要素试验系统完成首次悬浮运行，国产最大直径盾构机投入使用。人工智能、大数据、区块链、5G等关键核心技术加快场景应用，有力推动中国制造迈向更高水平。当前，我国已转向高质量发展阶段，比以往任何时候都更加需要强大的科技创新力量和科学技术解决方案，并增强创新这个第一动力。随着我国科技事业实现历史性、整体性、格局性重大变化，我们完全有基础、有底气、有信心、有能力打赢关键核心技术攻坚战，以高质量源头科技供给为建设现代化经济体系注入强劲动能，为建设制造强国、质量强国、航天强国、交通强国、网络强国、数字中国提供有力支撑。

3. 赋能智能制造

新一代信息技术在制造业的应用，不断提高生产效率和产品质量，促进经济高质量发展。智能制造是指通过数字化、网络化和智能化等途径实现制造过程的自动化、柔性化、智能化、集成化和绿色化，代表了先进生产力，是新质生产力在制造业上的具体体现，也是我国新型工业化的主攻方向，更是提高我国制造业国际竞争力的重要举措。近年来，通过科技赋能，我国制造业正加速发展，传统产业加速向高附加值转型，高性能装备、智能机器人、激光制造等智能制造技术，包括自动化生产、智能工厂等，推动制造业向高端化、智能化、绿色化方向迈进，为经济社会高质量发展注入了澎湃动力。人工智能与工业互联网的深度融合，正在推动智能制造的快速发展。这一变革的核心在于，通过引入智能机器人、自动化生产线、物联网等先进技术，企业能够实现生产过程的智能化、柔性化，这种转变不仅大幅提高了生产效率，降低了能耗和成本，而且使得企业能够更加灵活地应对市场变化，满足消费者日益多样化的需求。

（二）新材料与先进制造技术

1. 支撑战略性新兴产业发展

新材料与先进制造技术对于引领工业升级换代，支撑战略性新兴产业发展，保障国家重大工程建设，促进传统产业转型升级，构建国际竞争新优势具有重要的战略意义。新材料是指具有新颖结构、物理化学特性的材料，具有卓越的性能和广泛的应用前景。新材料的开发需要深入了解材料科学与工程技术，研究材料的结构、性能与制备工艺。先进制造技术融合了电子、信息、管理以及新工艺等科学技术，使材料转换为产品的过程更高效、成本更低，能够及时满足市场需求。新材料与先进制造技术相互促进是制造业发展的方向，新材料是先进制造技术的基础和保障，材料科学的发展与先进制造技术的发展密切相关，二者相辅相成，缺一不可。如今，新材料与先进制造技术正处于新的发展和改革前沿，随着物联网、人工智能、大数据、云计算等技术的不断发展，以及工业 4.0 的推行，越来越多的企业开始加速推动新材料与先进制造技术，支撑战略性新兴产业的发展。新材料与先进制造技术作为战略性、基础性产业，是未来高新技术产业和战略性新兴产业发展的基石和先导，也是加快发展新质生产力、扎实推进高质量发展的重要产业方向。例如，3D 打印可以快速制造复杂形状的零部件，缩短产品开发周期，降低生产成本；下一代超轻铝锂合金比传统铝合金材料更轻、更坚固，能够有效降低车辆重量，提高能源效率。

2. 推动经济发展质量变革

新材料与先进制造技术在推动经济发展质量变革、效率变革、动力变革的过程中主要面临三个方面的变化：一是创新阶段的变化。长期以来，我国战略性新兴产业长期采用的是引进、消化、吸收、再创新的道路，但是随着我国产业技术水平的不断提高，中国产业与国际产业间的技术代差在快速缩小，这就要求我国战略性新兴产业的创新必须向基础性创新、引领性创新转型，要加强前瞻性基础研究和应用研究，突出关键共性技术、前沿引领技术、现代工程技术和颠覆性技术创新。二是市场结构的变化。我国经济进入高质量发展阶段意味着，一方面内需对产品和服务的质量要求相较于以往快速提升；另一方面内需对产品和服务的质量要求相较于国际先进水平的差距在快速缩小。这样的结构变化将使得像光伏组件等战略性新兴产业曾经长期持续的技术、市场“两头在外”的状况不再存在。三是产业布局的变化。“十四五”时期战略性新兴产业的产业布局需要关注两方面的变化，一方面是国家区域协调发展战略对于新兴产业提出的新要求，在粤港澳大湾区、长江经济带、长江三角洲区域一体化、京津冀协同发展等国家战略中，均对战略性新兴产业发展提出了对应的布局要求；另一方面是战略性新兴产业本身布局政策着力点的变化。随着产业规模的快速扩大，产业布局政策关注点的层级也需快速提升，不应再将大量精力投入具体的产业项目中，而是应将重点转向区域集群的建设。通过在重点领域推动重点集群的发展，实现整个产业竞争力的全面提升。

3. 带动产业链发展

新材料与先进制造技术是未来智能制造的重要领域，属于战略性新兴产业。这些新兴产业的发展潜力巨大，能够加快形成新质生产力，增强发展新动能，形成新的经济增长点。从制造大国转变为制造强国，摆脱关键材料与技术“卡脖子”困境，新材料是突破口。新材料产业是战略性、基础性产业，也是高技术竞争关键领域。目前我国基础研究能力仍是短板，特别是“从 0 到 1”的原始创新能力瓶颈亟待突破。由于我国基础研发投入不足，在先进制造和多功能材料等硬件制造领域尚有短板弱项，新兴产业核心技术和关键零部件的自主可控能力有待提升。同时，随着我国科技水平与世界先进水平的差距不断缩小，可供借鉴的现成经验以及能够对照模仿的目标对象越来越少。在全球制造业和新材料竞争日益激烈、技术变革不断加速的背景下，推动先进制造业和新材料高质量发展，既是我国实现科技自立自强、迈向制造强国的必由之路，也是应对复杂国际形势、保障国家经济安全的关键举措。应进一步围绕传统特色优势产业提质增效和战略性新兴产业发展，不断加大科技创新力度，同时强化企业创新主体地位，壮大以高新技术企业为标杆的创新型企业，支持地方完善培育库、加大培育奖励力度，推动更多符合条件的科技型中小企业加快成长为高新技术企业，走出一条经济高质量发展新路径。

（三）绿色技术

绿色技术在经济发展中起到了重要作用，不仅推动了能源结构的优化和产业升级，而且促进了环境保护和生态平衡，对于推动经济可持续发展至关重要。当前，主要绿色前沿技术包括新能源汽车技术、氢能和燃料电池技术、新型光伏电池和组件技术、漂浮式海上风电技术、节能环保技术和绿色金融支持技术等。党的二十大报告指出："推动经济社会发展绿色化、低碳化是实现高质量发展的关键环节。"绿色发展是关系我国发展全局的重要理念，是突破资源环境瓶颈制约、转变发展方式、实现可持续发展与高质量发展的必然选择。绿色发展理念，体现了我们党对经济社会发展规律认识的深化，对于建设美丽中国、全面建设社会主义现代化国家具有重大的理论意义和现实意义。推动发展方式绿色转型是国际潮流所向、大势所趋，即在生态环境损耗量配额不变的情况下，彻底改变"先污染、后治理""边污染、边治理"的传统发展模式，推动形成高效率、低污染、低消耗的绿色发展模式，从根本上解决经济社会发展与生态环境保护的矛盾。在这一过程中，绿色技术的发展和应用具有关键性作用。中国在绿色低碳转型方面取得了显著成效，电动载人汽车、锂电池和太阳能电池等"新三样"产品的出口快速增长，带动了绿色低碳新增长点的形成。未来，仍需继续抢占绿色核心技术科技制高点，推动经济可持续绿色发展。

1. 实现经济高质量发展的必然要求

绿色技术是实现经济高质量发展的必然要求。当前，我国经济正由高速增长阶段向高质量发展阶段转变，转变经济发展方式是实现高质量发展的必然选择。绿色发展既蕴含着巨大的发展机遇和潜力，同时也将倒逼经济社会体系全面转型升级，进而推动形成绿色低碳产业结构、生产方式、生活方式、空间格局等，推动实现人与自然和谐共生的高质量发展。从我国近年发展态势来看，一方面，绿色转型正在深刻改变以要素低成本优势为特征的传统生产方式，推动产业高端化、智能化、绿色化，形成许多新的增长点，新型光伏电池和组件技术、漂浮式海上风电技术等可再生能源产业发展迅速；另一方面，我国传统产业转型升级需求和绿色消费需求正在催生巨大的绿色市场，各类生产更加注重以优质资源投入，产出更高质量、更具多元价值的产品。在绿色生产方式广泛推行的同时，绿色生活方式渐成风尚。因此，必须坚持绿色发展的目标导向，更加自觉地推动绿色发展、循环发展、低碳发展，构建科技含量高、资源消耗低、环境污染少的绿色产业结构和绿色生产方式，形成经济社会发展的新增长点。

2. 驱动经济低碳高质量发展

当前，我国生态文明建设进入以降碳为重点战略方向、推动减污降碳协同增效、促进经济社会发展全面绿色转型、实现生态环境质量改善由量变到质变的关键时期。实现碳达峰、碳中和要突出强调创新驱动的绿色发展。科技创新作为一个创造性、风险性、收益性并存的活动，是走向碳中和的最终解决方案。目前，我国绿色技术创新还不能完全满足绿色发展需要，因此亟须为绿色技术创新铺好路、引好桥。围绕绿色发展的重大问题，应瞄准节能环保技术、碳捕集和利用与封存技术等绿色设计、绿色工艺、绿色回收等关键技术，加大绿色技术装备的研发力度，打造引领产业发展的绿色核心技术体系，为可持续发展提供动力。在实现第二个百年奋斗目标的征程中，通过创新驱动和绿色驱动，中国一定会在实现社会主义现代化建设目标的同时实现“双碳”目标，为人类应对气候变化、构建人与自然生命共同体作出巨大贡献，把一个清洁美丽的世界留给子孙后代。

3. 新能源产业是未来经济发展重要赛道

在全球低碳转型的目标驱动下，新能源产业是增长最迅速、前景最广阔的产业赛道之一，加之新质生产力的推动，中国发展新能源汽车显得尤为必要和紧迫。新能源汽车动力电池技术，包括新型固态电解液锂电池、动力电池回收和利用技术等，这些技术在电池寿命、稳定性、能量密度、成本、电耗、热管理等方面目前都有显著突破。中国新能源汽车产业在政策暖风频吹、电池技术突破、配套服务相继完善等多重激励下，景气指数持续上升，实现了从探索阶段到规模化阶段的跃迁。新能源汽车产业的快速发展，不仅促进了产业结构的转型升级，而且推动了绿色低碳转型，提升了中国制造在国际产业分工体系中的地位。我国新能源产业经历了从无到有、从小到大再到强的发展过程，不仅成为国内经济的亮点和重要推动力，而且在国际上呈现出强大竞争力。2023 年，全国新能源汽车实现产量 958.7 万辆、销量 949.5 万辆。中国汽车工业协会预计 2024 年我国新能源汽车销量 1150 万辆、出口 550 万辆。在动力电池新技术领域，应重点关注与目前主流液态电解液锂电池不同的新型固态电解液锂电池及今后数年市场空间将迅速爆发的动力电池回收和利用技术。

三、科技创新引领经济高质量发展的路径

随着新一轮产业变革与科技革命的进行，国际上很多国家开始进行战略调整，以追求和平发展为目标，共同努力维护国际环境。但是随着国际形势的逐渐变化，很多不确定性因素仍然存在并逐渐增加，科技创新在此大环境下也随着世界形势的变化而逐渐趋于复杂化。

第一，国际科技创新力量开始根据形势进行调整。目前，国际贸易的摩擦逐渐增加，国际产业链以及供应链等开始出现断裂的情况，全球经济形势严峻，整体的价值链受其影响较大，面临着重构的局面，各国也在积极进行科技创新，推动新的经济增长。随着科技创新的不断推进，其在全球经济中的影响也在逐渐增大。

第二，科技创新是必然，国际合作是趋势。目前全球产业化分工开始逐渐加强，单方面的个体创新已经不能跟上经济发展的态势，必然需要通过合作来获得更多的思路与力量。早在2019年的时候，我国便开始大规模地与不同国家和地区开展合作并发表论文，合作发表的论文数量非常之多，整体数量为20世纪80年代的2800多倍。由此可见，我国的科技创新不是闭门造车，不仅具有开放性与交流性，同时还具有很强的合作性。自改革开放以来，我国科技创新始终坚持以合作为基础，以求快速实现科技发展，这对于我国的科技创新有着非常深远的影响。在国际上，我国也一直以全球视野来研究分析并探索适合科技发展的创新之路，积极与世界创新相融合。未来，我国的科技创新仍然会与世界创新体系同步，世界科技创新也离不开我国的创新力量。我国相关的科技创新政策以及法律等正在逐步完善，科技成果和知识产权等也越来越被重视，我国的科技创新将会为全球科技创新带来新的思路，成为国际科技创新的新热土。

“十三五”期间，我国的整体研发经费一直处于增长状态，在2019年时约为2.21万亿元，对比2015年的数据，增长了56.3%，在世界研发经费支出中占据第二的位置。在世界知识产权组织发布的全球创新指数中，中国占据的地位也在稳步前进，2020年时就已经从2015年的第29位提升至第14位，由此可见我国的科技创新发展速度飞快。不过，从目前以科技创新为核心的创新能力来看，我国在很多方面仍处于“跟跑”与“并跑”位置，科技自主创新能力与美国等一些发达国家相比还存在一定差距，科技创新投入增加并未带动供给质量和全要素生产率的同步提高，科技创新在供给侧方面还存在诸多问题。

（一）科技创新驱动经济发展的限制因素

造成我国科技自主创新能力弱、经济科技“两张皮”等问题的原因是多方面的。其中既有历史原因，也有政策导向问题；既受制于现有客观条件，也有认知理念上的误区，但最主要原因在于科技创新文化氛围缺失和科技评价体系扭曲，使“以企业为主体、市场为导向、政府搭平台、产学研深度融合”的科技创新模式流于形式，尚未形成具备无限创造潜能的科技创新供给体系。

1. 科技创新的社会环境约束

当前，我国社会主义市场经济体制仍不完善，尚未建立有效推动科技创新公平竞争、诚信合作的市场环境。科技创新各个阶段和环节存在不同程度的市场失灵问题，市场竞争不充分、国企改革有待深入、科技创新公共产品供给不足等都不利于企业进行自主创新。[①]与此同时，高校和科研院所难以协调各方关系，科研与教学目标冲突，多注重评职称、拿项目，进行封闭式科研，缺乏创新精神，亦无动力培养创新人才。企业难以协调稳定收益与风险报酬目标之间的冲突，逐渐形成模仿、学习与引进吸收路径依赖，自主创新动力不足。政府部门难以协调个人利益与集体利益，短期利益与长远利益目标冲突，行政干预色彩浓烈，创新治理能力薄弱。整个社会缺乏鼓励创新、激励探索、宽容失败的创新文化氛围，大多数想要追求短期经济效益，良性循环的科技创新环境尚未形成。

2. 科技创新的体制机制约束

当前，政府宏观科技决策机制和组织结构不合理，条块分割、多头管理、统筹协调能力差，有限的科技资源重复配置浪费严重。[②]政府对科技创新资源配置，如对科技创新项目、科研经费监管等干预过多、管理过细，市场未能充分发挥其在资源配置中的决定性作用，抑制了科技创新活力和科技资源配置效率，导致科技成果产业化效率不高。[③]

科技政策搭配不合理，协调性不够，未落实到位。包括财税政策、金融政策、产业政策、人才政策等之间的协调和衔接不够，如知识产权保护政策不完善等，使科技创新市场秩序失范[④]，严重制约着创新主体积极性。

科技评价体系扭曲，科技成果转化动力机制缺失，且未能充分发挥其引导和激励科技创新的根本性作用。科技评价体系存在介入不当、评价标准简单量化、科技评价与利益挂钩、评价主体单一、对所有不同类型科技成果均采取“一刀切”量化模式评价等问题，严重抑制了科技人员自主创新的积极性与创造性。[⑤]

3. 科技创新的产学研分离现象

近年来，国家高度重视建立“以企业为主体、市场为导向、政府搭平台、产学研深度融合”的技术创新体系。但在现行科技创新行政管理体制下运行的技术创新体系，仍停留在喊口号、形式主义初级阶段，具体表现如下：

第一，企业创新主体地位没有真正确立。强调以企业为主体，焦点更多聚集在企业科技创新投入上，企业并未真正参与到科技创新从决策到成果转化应用的每一个环节中。在“被参与”“被结合”情况下，企业无法结合自身产业发展需要，主导整个技术创新活动，科技创新成果难以转换为现实生产力，企业科技创新动力自然不足。此外，以企业为主体更多强

---

① 张道根. 中国经济制度创新的政治经济学分析［J］. 学术月刊，2020，52（3）：5-14.

② 高越. 政府科技资源组合策略对企业创新绩效影响的实证检验［J］. 统计与决策，2019，35（7）：181-184.

③ 曾繁华. 科技创新高质量发展论［M］. 北京：经济科学出版社，2020：145-166.

④ 杨哲. 金融发展与科技创新的协同关系研究［D］. 天津：天津财经大学，2017.

⑤ 秦欣梅，刘红梅. 高职院校青年教师培养研究——基于科技创新人才培养视角［J］. 职教论坛，2015（5）：14-18.

调的是以国有企业和大企业为主体，忽视了民营企业和众多中小企业科技创新的重要主体地位，科技创新资源尚未实现最优配置。①

第二，产学研分立依然突出。产学研分立、原始基础创新研究水平不高是制约科技成果转化效率提升最核心、最本质的因素。企业、高校和科研机构三者未实现良好互动、融合程度低是制约科技创新供给能力的顽疾。从创新主体看，产学研三方对彼此定位和分工认识不清，职能错位时常发生，协调合作能力差。从外部条件看，服务于产学研融合的科技中介服务机构、利益保障机制、信息共享机制、重大科研基础设施共享机制均不够健全，整个科技管理体制存在科技体系分立于实体经济系统的弊端。

（二）科技创新引领经济高质量发展的实践路径

综合前期传统领域供给侧结构性改革基本经验，并立足于当前我国科技创新供给侧现状与存在的问题，我国科技创新供给侧结构性改革具体路径选择，必须在总体思路的基本框架指导下，沿着多条线路综合推进。此外，路径选择必须以提升科技创新有效供给能力及实现科技创新供给侧高质量发展为目标。

1. 优化科技创新生态环境

科技创新能力的提升离不开人才生态环境，人才生态环境是吸引和留住科技创新人才的根基，是对科技创新人才进行培养和开发的基础，更是激起科技创新人才创新动机、让科技创新人才施展创新才华的沃土。②在宏观层面，国家需要为科技团队创新做好秩序维护、制度建设、资金支持、理论支撑、人才培养、兜底保障、产业引导等，为科技团队创新塑造一个自然孕育和持续发展的环境。③

（1）发挥市场在科技领域资源配置的决定性作用

由市场来决定资源配置是社会经济活动中的重要规律，科技领域的资源配置应由市场来充分发挥决定性作用，充分发挥供求、价格、竞争之间相互联系、相互制约、相互作用的关系。④在科技领域，无论经营主体是国有还是民营，都应充分引入竞争机制，打破垄断，建立以市场供求为基础的价格形成和相互竞争机制，充分发挥竞争的鲇鱼效应。竞争可以使科技创新过程充满活力，进而推动创新向更深层次发展。⑤

---

① 张艺璇. 民营企业科技创新人才培养与引进研究［J］. 法制与社会，2019（17）：166-167+176.

② 董美玲，高校青年科技创新人才培养策略研究［J］. 科技进步与对策，2013，30（16）：138-141.

③ 高晓清，常湘佑. 基于科技术语共享性的科技创新人才培养［J］. 湖南师范大学教育科学学报，2020，19（1）：111-117.

④ 杨绪超，王旭，李保东，等. 高科技产品创新资源要素协同管理［J］. 计算机集成制造系统，2020，26（12）：3471-3484.

⑤ 骆康，郭庆宾，虞婧婕. 湖北科技创新资源集聚能力的空间溢出效应分析［J］. 统计与决策，2019，35（24）：105-108.

市场配置资源还可以防止由层层行政审批或行政命令来进行的政府分配资源模式对创新文化氛围造成的不良影响，有效防止政府通过行政审批或行政命令配置资源给创新团队内在驱动力带来挫伤，减少人事摩擦，给创新团队创造一个聚焦主业主责的公平环境。

（2）发挥政府在科技领域中推动创新的作用

市场是逐利的、盲目的，只有更好地发挥政府在科技领域中推动创新的作用，才能弥补市场的缺陷。具体来讲，可以从以下五个方面入手：一是"抓大放小"，弱化政府在科技领域微观方面的管理职能，把人员激励、科创企业审批等职能放权给市场主体，让市场主体与创新主体协商确定创新成果共享的方式和比例。二是做好科技领域市场秩序的规范和监管，完善知识产权保护，强化知识产权违法打击查处力度，在全社会形成一个鼓励创新的良好市场环境。三是做好科技领域创新人员的社会兜底，解决科技创新人员在养老、医疗、子女教育、失业等方面的后顾之忧。在宏观层面构建科技领域创新人员的内生动力，同时降低微观领域创新的成本。四是建立和完善科技领域创新的资金保障制度和支撑平台，利用财政补贴、低息贷款、股权融资、专项基金等多种方式给科技领域的创新提供资金保障和支持。五是做好科技领域团队创新的基础理论研究，为科技创新团队的构建和经营提供可操作的理论支撑。

（3）引导科技领域重点产业的创新

为更好地体现科技创新对经济和社会发展的巨大支撑和引领作用，有关部门需要深入分析近年来国家的产业政策，全面把握国内外经济形势和发展势头，对国家未来一段时期产业发展的重点及新兴产业领域作出合理预测，优化人文环境、政务环境和创业环境，从而使科技创新团队建设能够最终服务于国家需要。[①]此外，应侧重在关键技术研发和做好重点发展产业布局相匹配的前提下，以团队建设为基础，以领军人才为核心，从国家战略层面确定我国科技创新人才团队的布局，制定时代发展需要的科技创新团队构建的宏观规划。

（4）加大对创新团队的资助力度

加强政策法规、资金配套等方面的支持，引导政府、国有企事业单位支持科技创新团队的建设与经营。当前，我国在专门促进科技创新团队构建方面的政策法规还极少，且大多是指导性文件，可具体操作的更是少之又少。[②]在进行政策法规制定时，应充分考虑政策、资金在引导重点产业创新时的指挥棒效应，结合国内社会和市场的切实需要，以及对国内、国际科技创新发展的研判有所侧重和规划，真正发挥在科技领域创新的引导作用。此外，我国对科技创新团队的经费支持力度相比创新驱动发展的国家和地区还不高，这反映出国家和各地方对科技创新团队的重视程度还不够。[③]政府在加大资金投入力度的同时，还要采取积极

① 宓红. 建设现代产业体系当好经济高质量发展的模范生［J］. 宁波经济（三江论坛），2020（12）：11-14.

② 张浩，杨阳. 高校科技创新团队建设的问题和对策研究［J］. 科教导刊（上旬刊），2018（34）：22-23.

③ 徐静. 产业转型升级中科技创新人才培养模式研究［J］. 科学管理研究，2013，31（1）：101-104.

鼓励引导企业投入、引进金融资本、以优惠的经济政策作扶持等政策手段，全力支持科技创新团队的建设工作。[1]

（5）深化改革，为科技领域团队创新引进人才

创新需要支撑创新的资金、制度、文化等基础，也就是说，创新驱动发展是需要整个社会具备支撑创新的特征，其中最关键的是人的因素。绩效的创造靠人，创新的目的是为人服务，影响创新的宏观、中观、微观因素中最主要的是人的因素。[2]科技领域团队创新更是如此，没有胜任科技团队创新的大批人才，“创新”也只能空喊。[3]要培养大批适应科技团队创新的人才，在宏观层面就应深入研究创新人才的特征和培养规律，深化我国中小学教育和高等教育在教育内容和教育方式等方面的改革[4]。同时，应有重点地引进一批科技创新人才，送出去培养一批适应科技领域团队创新的人才。[5]

2. 打好关键核心技术攻坚战

对经济社会全面发展产生直接制约力的因素在于关键核心技术受制于人。为此，应该在社会主义制度下充分发挥制度优势，利用国内超大规模市场和完备产业体系来促进企业的技术创新，并引进全球高端科技产业技术，促进消化吸收和再创造。同时，还要强化自主创新、原发性创新力度，打造具有中国特色的科技核心竞争力。在创新体系中融入教育、产业、科技以及金融等行业，为国内人才输入提供优势条件。[6]要对国内的教育培训以及配套体系建设给予强化，促进国内基础教育的发展和创新教育的实现，为国际化人才和创新人才的培养提供机会，强化国内科技自主创新培育力量。利用社会主义制度优势促进关键核心技术攻坚战的顺利进行，将全国的优势力量集中在特定的科技创新领域中，发挥科技创新举国体制的优势，为国家科技强国目标的实现提供动力。

要促进科技创新和体制机制创新双重动力的发展，既要对基础研究给予重视，也要加强对关键核心技术的研究。加快实现“从 0 到 1”的原始创新也是基础研究的主要目标。从发达国家的现状可以看出，对基础研究的重视也是关键核心技术攻关和科技领先的前提和基础。只有合理布局好基础研究和关键核心技术攻关，才能更好地促进国家科技创新体系的形成和完善；只有调动科技人员的自主性和积极性，才能实现国家科技强国的目标。为此，国内也需要加强对科技创新和体制机制创新的重视，加强基础研究，并通过不断创新来形成强大的动力。

---

① 孔春梅，王文晶. 科技创新团队的绩效评估体系构建［J］. 科研管理，2016（S1）：517-522.

② 吴琴，吴昕芸. 高校科技创新团队管理探究［J］. 实验室研究与探索，2015，34（10）：219-222.

③ 刘颖. 创新科技人才管理与开发［M］. 北京：经济科学出版社，2018：180.

④ 秦军，陈实. 高校科技创新团队建设策略研究［J］. 科学与管理，2019，39（4）：69-72+95.

⑤ 刘桂芝，崔子傲. 国内外青少年科技创新人才培养模式比较与检视［J］. 现代中小学教育，2019，35（8）：1-9.

⑥ 付保宗，盛朝迅，徐建伟，等. 加快建设实体经济、科技创新、现代金融、人力资源协同发展的产业体系研究［J］. 宏观经济研究，2019（4）：41-52+97.

3. 构建科技创新生态系统

创新生态系统是创新系统在新的发展时期所拥有的新范式，具体来讲，由外部环境子系统、内部环境子系统、创新群落子系统等部分构成，其中，创新的消费者、分解者和生产者是群落子系统的主要参与主体。[①]科技创新生产群落是指由国家或者企业组织的，具有高水平技术研究、能够聚集和培养人才、繁殖新想法、促进科技进步的机构或组织，如企业研发活动中心、国家重点实验室、国家工程实验室、国家工程技术研究中心等。

在国家财政政策、知识产权保护制度和其他相关行业制度的影响下，科技创业者在获取经济效益的同时，还会将发展成果反馈给社会，从而使这些创业效益转化为创新资源。创新消费者群落通常指的是一些科技创业企业，其职责通常表现为：一是对生产者产出的具有经济效益的科研成果进行产业化处理，从而满足市场的科技产品和科研服务需求。二是培养具备企业家素质的创业者，这些创业者大多由科研型、技术型科技人才转化而来。创新分解者群落指的是那些能够通过财政政策、知识产权保护、完善的相关行业制度及其他行政手段，将科技创业者在创业活动中所溢出的经济、技术、文化等效益反馈给社会，使之成为可被生产者重新利用的创新资源，进而完成物质循环的各级政府部门。单独的群落不能带来创新，要经过聚集、聚合、聚焦、聚变这四个阶段，才能构建出一片热带雨林。同群落的主体之间因为拥有相同的生存方式，往往表现为竞争关系；不同群体的主体之间则往往表现为互利共生、协同发展。如何实现群落内部以及不同群落之间的协同发展，是实现科技创新载体可持续发展的关键。其中，最主要的方面在于科技创新载体生态体系的构建。

（1）支持产学研合作

产学研三位一体的合作模式集结了科技企业、国内外高校和研究机构的科研优势，通过对企业技术创新的推动，实现科技成果的商业转化。作为科技创新载体优质发展、高效发展的重要途径，经过实践研究证明，产学研合作模式对科技创业园区的发展产生了积极的促进作用。

从本质上来讲，产学研合作过程是科技资源转化为技术成果的商业化过程，高新技术产业的发展就是这样循环往复的正向变革。因此，在全面落实产学研合作模式的过程中，要始终坚持政府的引导，在利用政府政策、制度等支持的前提下，优化整合不同合作主体（即企业、研究机构、高校）的优势，充分发挥市场供需机制和利益分配机制的调节作用。从政府参与产学研合作工作的层面来讲，为了充分发挥科技创业特区在吸引高校和研究机构转化技术成果方面的重要媒介作用，应进一步推进特区企业、高校和研究机构三者之间产学研合作

① 李湛，张剑波. 现代科技创新载体发展理论与实践［M］. 上海：上海社会科学院出版社，2019：191.

关系的建立。政府用于支持科技创新载体建设产学研合作平台、开发产学研合作项目的政策主要体现在：一是扶持政策，如为建设产学研合作平台提供场地和资金。二是税收政策，如通过减免税收的方式对校企产学研合作项目提供扶持，或免除因知识产权转让或技术转移而产生的税收等。[①]

（2）积极发展科技中介服务业

对于科技创业而言，各种类型的专业型中介和咨询机构所提供的产品测试与认证服务、技术转移服务、知识产权服务、会展服务、国际贸易服务、市场营销顾问、管理顾问、法律顾问、人员培训、人才服务、投资管理咨询等支持，发挥着重要的动力和服务保障作用，因此，各类专业性中介服务业的发展与提升对于科技创业的可持续发展十分重要。与此同时，汇集众多高层次专业人才和职业人才的专业性中介服务机构在推动可持续发展建设方面的贡献同样不可小觑。

因此，为了全面支持科技创业工作，各类高品质中介咨询机构应将自身的分支机构设置在孵化器、园区等科技创新载体内，以确保业务开展得及时有效。同时，在中介、咨询机构设立和工商注册的前置性审批上要给予政策上的适当放宽。在从业水平和服务品质的提高上，要通过中介咨询业行业协会的设立及其标准化的制定来加以规范和引导。此外，政府还可以通过减免税收、设立专项资金等方式，使这些机构能够少投入、多产出，更好地服务于科技企业。

（3）建立综合科技创业服务平台

对于创业企业来说，信息不完全是发展初期面临的主要问题之一。信息平台的建设可以推进区域内各种资源的整合与交流，实现区域内部资源共享产生的内部规模效应和对外资源交流产生的外部规模效应，显著降低企业面临的信息约束和成本。[②]通过信息平台与外部世界接轨，从更广阔的空间中汲取科技产业发展所需要的资源，形成一条信息高速公路，从根本上解决科技创业载体在可持续发展过程中面临的信息不对称问题。[③]

（4）加强对人才的培养和激励

第一，制定专业性、有效性的人才培训计划。一方面，对于学历培训和非学历培训，通过科技载体、相关高校、社会化培训机构三位一体的稳定孵化器，管理人员培训体系合作关系的建立和巩固，对各种培训类型给予扶持[④]；另一方面，从国外先进培训经验中汲取精华，

① 张慧. 促进我国科技创新的税收政策研究［D］. 大连：东北财经大学，2019.

② 国务院关于加快构建大众创业万众创新支撑平台的指导意见［EB/OL］.（2015-09-26）［2024-07-21］. https://www.gov.cn/zhengce/content/2015-09/26/content_10183.htm

③ 张贵红. 科技创新资源服务平台建设的理论与实践研究［M］. 苏州：苏州大学出版社，2017：50-150.

④ 马斌，李中斌. 中国科技创新人才培养与发展的思考［J］. 经济与管理，2011，25（10）：85-88.

并融入自身培训教材的编制中和工作队伍的建设中，从而提升管理人员和创业服务人员培训质量的层次性和有效性。[①]

第二，严格落实企业管理人才岗位资格认证机制，即企业相关服务人员必须持证上岗，无证人员需要通过培训获得岗位资格认证证书。要在人事管理部门的协同合作下对管理人才进行相应的技术职称评定。

第三，最大限度地发挥管理人员、服务人员的积极性、创造性。要进一步完善绩效制度，以激励态度积极、富有创造性的人或事，同时对态度消极、缺乏自主性的人或事予以规范和约束。[②]

我国各地的科技创新载体在孵化功能、服务内容、产业培育等方面都是不同的，因而各地具备或需要的空间资源、专家资源、资本资源、科技与政策资源等也不同，应有所侧重、因地制宜。当今，全球性竞争加剧，如何实现经济的可持续发展是全世界共同面临的一个问题。科技创新载体应积极抓住机遇，迎接挑战，最终实现科技创新带动经济发展。

4. 完善科技创新资源开放共享机制

科技创新资源是指能直接或间接地推动科技进步的一切资源，包括一般意义上的劳动力、专门从事科学研究的人员、资金、科学技术存量、基础条件、信息和环境等。它是科学研究和技术创新的生产要素集合，也是科技活动得以展开的主要条件。科技创新资源是以物力资源为主的，包括科技信息资源和科技人才资源在内的综合性科技创新资源体系，其中，物力资源包括大型科学仪器、科技文献资源等实物科技创新资源。科技信息资源以网络化、信息化的科技创新资源信息为主，目的是构建使实物资源能够开放共享的大环境。[③]

科技创新资源是推动科技进步与创新发展的基础，科技创新资源的规模、利用效率等供给质量直接关系着科技创新的成效。[④]我国要加快科技创新资源开放共享机制的建设，推进资源聚集与共享共建，做大做强科技支撑。

（1）统筹发展布局，深化改革力度

在统筹科技创新资源开放共享机制的发展布局中，要以我国现阶段的科技创新趋势和国家创新驱动发展战略为出发点，充分发挥资源开放共享平台在推进科技强国战略中的支撑作用。要重点落实好国家科研管理领域政策，追踪重大科研设施管理共享机制实施效果，全面

---

① 孙立明. 我国科技创新的人才保障机制探究 [D]. 哈尔滨：哈尔滨师范大学，2020.

② 王越，刘进，马丽娜，等. 中国科技创新人才培养未来发展的关键议题 [J]. 教书育人（高教论坛），2020（3）：1.

③ 阮少伟，协同创新理念下科技创新资源开放共享机制研究 [J]. 辽宁省交通高等专科学校学报，2020，22（3）：44-47.

④ 郭庆宾，骆康. 区域科技创新资源集聚能力的空间关联研究——以湖北省为例 [J]. 湖北社会科学，2019（5）：46-53.

推进科研设备国际化合作，发挥科研设施在科技成果研发中的积极作用。要重视提升科技创新资源的质量和利用水平，构建国家主导、地方参与和高校融入的全链条科技资源管理服务机制，充分发挥科技资源对万众创新、科技研究的积极作用。要重视营造科技创新资源开放共享的社会环境，引导科技创新资源供给主体形成积极开放、主动分享的协作意识和现代思维，通过打造平台共建、资源共享的良好氛围，全面推动科技创新平台的建设。与此同时，系统化整合现有的科技创新资源及发展规划，为现有的科技仪器设备注入动力，为科技创新资源开放共享平台吸纳更多大型科研企业和科技成果转化中心，以区域一体化为核心，健全资源开放共享机制，提高科技创新资源互动共享和交流传播的效率，提高资源利用效率。

（2）建设激励体系，提升服务效能

建设科技创新资源开放共享机制要引入市场化理念，完善科技创新有偿使用制度，发挥市场调节优势，推进优质科技创新资源动态流动。通过细化科技资源类型，树立知识价值导向，形成与各类资源相匹配的考评机制，构建科学、合理的科技创新资源利益分享体系。[①]通过逐步实施有偿使用机制，将考评结果与科技创新资源使用费用、利益分配机制相融合。[②]探索包含科研机构、一线创新人员和中小企业的利益均衡分配体系，调动科技创新资源开放共享机制的市场活力，实现科技创新资源的市场化流动和精准化对接。[③]

利用互联网、大数据等新技术优势，加快科技创新资源开放共享机制的智能化建设进程，实施“互联网+”发展理念，构建智能高效的开放共享平台。通过将资源审核机制引入科技创新资源开放共享平台，规范资源发布流程，完善资源审核体系，确保开放共享机制供给资源的真实性。要切实增强管理平台的服务功能，提高平台的管理效率和服务效能，切实打造一批具有专业服务能力的科研设施机构，全面推进科技创新成果及优势资源的广泛流动。

（3）引入多元力量，完善体系建设

围绕产业发展方向，引入多元参与力量，打造以骨干科技服务机构为核心，科技仪器设备拥有及使用单位广泛参与的科技创新联盟，形成以强带弱、统筹协调的资源开放共享格局。通过加强区域内科技创新资源开放共享机制，吸引先进科技企业和社会资本积极参与科技创新资源开放共享平台的建设，形成多元力量共建、共享的发展格局。

要以大型科研仪器共享服务为基础，向企业提供多样化的基础服务和增值服务。基础服务主要包含大型科学仪器设施共享使用、检验检测服务的信息上报、信息查询和在线预约

---

① 李文鹓，张洋，王涵，等. 动态激励下科技资源平台与小微企业创新行为演化博弈分析［J］. 工业工程与管理，2020，25（2）：92-100.

② 王嘉蔚，卢赟凯，韦娴婧，等. 浅谈高校科技创新团队的建设和管理［J］. 科技管理研究，2015，35（10）：198-204+208.

③ 林园春. 推动我国经济高质量发展的保障措施研究［J］. 科技创新，2019，19（1）：36-41.

等。增值服务主要包含项目合作、文献查询和工作流程管理等。通过推进科技创新资源开放共享机制，完善科技研发、学术服务内容，实现科技创新资源的最大价值应用。

在万众创新环境下，构建功能完善、协调管理和便捷服务的科技创新资源开放共享体系，对释放科技创新资源优势，提升科技创新能力，推进协同创新具有重要意义。未来，要发挥“互联网 +”优势，进一步优化科技创新资源开放共享平台建设，完善评价体系和激励机制，营造良好的创新生态环境，推动线上线下资源融会贯通，实现科技创新资源的市场化流动，最终达成最新科技成果转化与创新活动的深度融合。

5. 促进科技成果转化和落地

要更好地实现科技创新，就要以科技自立自强和开放合作为原则，加强科技成果的转化和落地。中国特色自主创新道路是建立在开放合作原则之上的，而开放合作又是以自立自强为基础的。我国目前科技成果转化率较低，和发达国家之间的差距很大。为了解决这一问题，缩小差距，我们需要站在全球视角开展科技创新，既要致力于融入全球化创新网络，积极主动地参与到全球性的科研伦理活动当中，积极地参与有关科研规划、科研政策的制定活动，还应该对科技创新的法律、政策环境予以优化，并对知识产权进行保护，大量引进国外人才，将中国打造成一个全球创新创业的热门基地。

6. 营造全社会共同促进科技创新发展的新局面

实现科技创新要在党的领导下促进共建、共治、共享的实现，为科技创新发展新局面的形成创造有利条件。科技创新需要大量的人力、财力和物力的投入，所以，应该激发社会力量参与到科技创新活动当中，拉近科技创新和人民群众生活之间的距离，让科技创新向着提高人民生活福祉的方向发展。“十四五”期间，我国人民的社会关系、行为方式、结构以及心理都发生了一定的变化，要促进“党建引领 + 多元主体共同参与创新”这一新的社会治理模式的产生，就要以人民作为共建的主要力量和共治的智慧来源，且由人民来享受所获得的成果。所以，在共建、共治、共享的形成过程中，要充分发挥党建的引领作用，并充分发挥人民群众的共建力量。

第四章

科技创新支撑全体人民共同富裕

一、科技支撑全体人民共同富裕的理论内涵

（一）领先性：科技创新在推动共同富裕中起到引领和支撑作用

共同富裕是社会主义的本质要求，是中国式现代化的重要特征。进入全面建设社会主义现代化国家新征程，以习近平同志为核心的党中央把逐步实现全体人民的共同富裕摆在更加重要的位置。共同富裕的实现需要发达的生产力作为基础，没有生产力的发展就无法实现社会富裕。科技创新是经济发展的关键动力源，在推动共同富裕中起到引领和支撑作用。目前，人类社会正处于以数字信息技术为代表的第四次工业革命历史进程中，科技创新已经成为稳增长促转型的重要引擎，做大"蛋糕"的重要依托，共享式、普惠式发展的强大动力。此外，科技创新本身就是现代工业生产不可或缺的生产要素，科技产业规模的不断扩大催生出大量就业岗位，激活了更多的就业形式，容纳了更多的社会劳动力，增加了社会整体劳动的收益与盈余。抓住科技创新这一先机，不断强化关键领域技术创新能力，发挥其蕴含的巨大潜能，有助于形成共同富裕的社会整体物质基础。

具体来说，一方面，科技创新是经济高质量发展的关键动力源，是增强共同富裕的内生动力源，具有创新活力的产业链能不断提升区域生产力发展水平，提高社会财富创造能力。创新是引领发展的第一动力，创新发展注重的是解决发展动力问题。我国经济发展环境出现了新的变化，特别是生产要素相对优势发生了变化。劳动力成本逐步上升，资源环境承载能力达到了瓶颈，旧的生产函数组合方式已经难以持续，科学技术的重要性全面提升，成为决定高质量发展的关键要素。在这种情况下，我们必须强调自主创新和实现高水平科技自立自强。

另一方面，以新技术、新产业、新模式、新业态为代表的科技创新也可对财富创造的分布、财富合理分配等产生积极影响，在促进共同富裕中起到引领和支撑作用（图 4-1）。持续

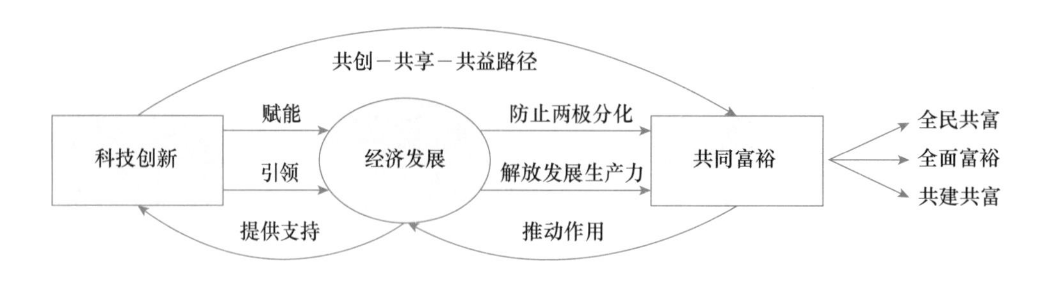

图 4-1　科技创新与共同富裕的关系

的创新活力能带动更多的生产力和就业，提高全社会财富创造能力，从而推动共同富裕。[①]随着新一轮科技革命和产业变革深入发展，科技创新广度显著加大、深度显著加深、速度显著加快、精度显著加强，科技创新已成为经济社会发展的核心驱动要素。在此背景下，我们需抢抓新一轮科技革命和产业变革新机遇，确保高端制造和前沿科技领域形成自主可控的创新链和完善的产业链，不断提升我国经济社会发展的自主性和安全性，乘势而上推动科技创新，实现高水平科技自立自强。

1. 科技创新对共同富裕的引领和支撑作用体现为提高生产科技创新水平，促进经济增长

基于新熊彼特增长理论，创新活动是打破经济均衡状态的重要力量，通过创新，新产品可以推向市场，并在市场中逐渐占据优势，进而形成新的均衡状态。[②]科技创新为生产过程引入具备优势的创新成果，如更高质量的产品、更高效率的流程、更有效的组织方式、更低的制造成本等，进而提升整体生产效率。因此，科技创新对均衡状态进行破坏性创造的过程，也是经济增长的过程。

科技创新在经济增长中的重要作用体现在多个方面。一是科技创新激发企业能动性。企业家通过创新获得一定时间内的市场垄断，并以此赚取超额利润，为了维持市场地位和企业持续收益，企业需要不断投入资金开展创新活动，进而推动经济的持续增长。对于部分潜在竞争者而言，则需要通过创新实现对在位者的挑战。[③]二是科技创新的溢出效应促进周边地区经济发展。科技创新具有典型的外部性，不仅对当地经济增长具有促进效果，而且可以通过溢出效应促进周边地区的经济增长。在科技创新促进经济增长的过程中，创新成果会伴随着人才和资本等要素的流动，扩散到不同地区，进而带动不同地区的经济增长。三是科技创新促进要素流动。资本等要素具有逐利性，会流向经济活动效率更高的地

① 杨博旭. 科技创新支撑共同富裕：理论基础、现实挑战和战略路径 [J]. 山东财经大学学报，2023，35（6）：15-25.

② 柳卸林，高雨辰，丁雪辰. 寻找创新驱动发展的新理论思维——基于新熊彼特增长理论的思考 [J]. 管理世界，2017（12）：8-19.

③ 李海舰，杜爽，李凌霄. 新时代企业家精神及其作用研究 [J]. 财经智库，2022，7（1）：63-94+149+150.

区。[①]科技创新的最终结果是提高生产效率，因此，创新活动越活跃的地区，往往能够聚集更多人才和资本，进一步提升当地创新能力和经济水平。同时，要素流动的过程也是创新扩散的过程，会将创新成果在短时间内扩散到更多地区。

2. 科技创新对共同富裕的引领和支撑作用体现为推动城乡区域协调发展，带动消费升级

科技创新是创新要素组合与重组的过程，在这一过程中，旧产品功能不断完善和改进，新产品不断被创造，进而带动社会整体消费升级。消费升级是指消费结构的转型和升级，是各类消费支出在消费总支出中的结构升级和层次提高，直接反映了消费水平和发展趋势。党的十九大报告进一步明确指出，我国社会主要矛盾已经转化为人民日益增长的美好生活需要和不平衡不充分的发展之间的矛盾。消费升级正是满足人民美好生活需要的直接体现，也是我国实现高质量发展的推动力量，科技创新在促进全社会消费升级方面具有重要作用。

科技创新通过缩小区域差别、城乡差别，带动不同区域的消费升级。一方面，科技创新通过提供更多高质量产品和高端生活方式，满足人们对高端消费的需求。随着科技和经济水平的不断提升，人们对物质的需求也趋于多元化，科技创新成果使生活更加便利化和智能化。例如，高铁技术的发展，极大地缩短了人们在城市之间的旅行时间，促进了地区之间的交流合作以及跨地区消费；冷链物流等技术的不断成熟，满足了人们对不同地区新鲜食材的需求。另一方面，科技创新拓宽了人们的生活方式，并激发了新的消费需求。[②]科技创新活动具有广泛的影响，不仅通过创新成果惠及民众，而且也会带动互补产品的发展，进而增加人们对互补产品的需求，最后再反过来推动经济的创新发展。特别是在社会发展趋于平台化和生态化的背景下，科技创新对消费升级的促进作用更加明显。例如，直播带货平台的兴起得益于移动互联网和智能手机的发展，进而将传播销售模式转为线上，加速了服务行业的发展。

3. 科技创新对共同富裕的引领和支撑作用还体现为引领高质量发展、绿色发展

科技创新是培育和发展新质生产力的核心动力，推动新技术发展，改造提升传统产业，积极促进产业高端化、智能化、绿色化，孕育新质生产力，推动经济发展方式转变、经济结构优化和增长动能转换，进而形成绿色生产力。[③]科技创新能够有效解决信息不对称、地理壁垒、融资约束、制度障碍等问题，推动技术创新、要素自由流动、绿色包容增长，促进生产力水平不断提高，增强劳动力规模收益率，扩大劳动力就业市场，进一步增强劳动力收入水平，扩大收入群体，为高质量发展和实现共同富裕提供重要支撑。

---

① 杨博旭，柳卸林，常馨之．“强省会”战略的创新效应研究［J］．数量经济技术经济研究，2023，40（3）：168-188.

② 彭薇，熊科，唐华．供给侧结构性改革视角下技术创新对消费升级的影响研究［J］．科研管理，2023，44（4）：77-84.

③ 唐任伍，孟娜，叶天希．共同富裕思想演进、现实价值与实现路径［J］．改革，2022（1）：16-27.

科技创新为绿色低碳转型、高质量发展和新质生产力培育新动能、新领域、新赛道。信息技术、生物技术、新材料技术、新能源技术广泛渗透，几乎带动所有生产领域发生了以绿色、智能、泛在为特征的群体性技术变革，促进了减污降碳、多污染物协同减排、气候变化响应、生物多样性保护、新污染物治理、核安全等国家基础研究和科技创新重点领域的发展。①通过绿色科技创新，促进市场导向的绿色技术创新体系的构建，加快抢占绿色低碳科技创新制高点，形成绿色技术标准引领，完善节能环保、清洁生产、清洁能源、城乡绿色等基础设施建设，促进生产方式绿色低碳转型，构建覆盖全产业链和产品全生命周期的绿色制造体系。

当前，我国已经进入新发展阶段，经济长期向好，但经济发展不平衡不充分、城乡和区域发展差距较大等问题仍然存在。促进全体人民共同富裕是一项长期任务，科学技术作为第一生产力，在推动实现共同富裕的过程中发挥着重要作用。可以说，科技创新是财富创造的源泉，推进高水平科技自立自强，不仅是实现共同富裕的根本驱动力，而且是实现共同富裕的首要保证。

（二）全面性：科技支撑共同富裕涉及经济、社会、环境等多个方面

科技支撑共同富裕在经济、社会、环境等多个方面都有着重要的体现，加快实现高水平科技自立自强、持续推动科技创新是推动高质量发展、构建新发展格局的必由之路。近年来，我国科技事业聚焦“四个面向”、密集发力、加速跨越，实现了历史性、整体性、格局性重大变化，取得了历史性成就。创新驱动发展战略深入实施，国家战略科技力量加快壮大，重大科技成果加速涌现，科技体制改革纵深推进，国家科技实力跃上大台阶。2022 年，全社会研发经费首次突破 3 万亿元，研发投入强度达到 2.55%，一批关键核心技术攻关取得突破，战略性新兴产业发展壮大，国家战略科技力量建设迈出新步伐，全球创新指数排名升至第 11 位，成功进入创新型国家行列。科技创新对共同富裕在经济、社会、环境等多个方面的支撑作用具体体现在以下几个方面：

1. 科技创新为经济社会发展提供更多源头供给

坚持目标导向和自由探索“两条腿走路”，基础研究投入力度持续加大，原始创新能力不断增强，在量子信息、干细胞、脑科学、类脑芯片等前沿方向上取得一批具有国际影响力的重大原创成果。加强战略性“新赛道”布局，人工智能、移动通信等前沿领域与世界先进水平同步，超级计算持续保持领先优势，量子计算原型机“九章”“祖冲之号”成功问世。500 米口径球面射电望远镜、散裂中子源等一批具有国际一流水平的重大科技基础设施建成

① 金乐琴. 高质量绿色发展的新理念与实现路径——兼论改革开放 40 年绿色发展历程 [J]. 河北经贸大学学报，2018，39（6）：22-30.

并发挥重要作用。战略高技术彰显国家实力，载人航天、嫦娥探月、天问访火、人造太阳、北斗导航、万米海试等重大突破在深空、深海等领域牢牢占据科技制高点。

2. 科技创新有力支撑现代化产业体系建设

围绕产业链部署创新链，围绕创新链布局产业链，统筹基础研究、应用研究、技术创新、成果转化、产业化、市场化全链条各环节，为构建现代化产业体系注入强大活力。以关键核心技术攻关推动传统产业现代化发展和战略性新兴产业培育取得新突破，国产大飞机实现市场化运营，速度为600 km/h的高速磁浮试验样车下线，高铁建设树立国际标杆，高性能装备、智能机器人、增材制造、激光制造等技术有力推动中国制造迈向更高水平。支撑重大工程建设，有效实施科技重大专项，为港珠澳大桥、北京大兴国际机场、川藏铁路等一批重大工程建设提供关键技术和装备。有力保障国家能源安全，煤炭清洁高效利用、新型核电、特高压输电走在世界前列，光伏、制氢规模、风电装机容量以及储能居世界首位，“深海一号”实现1500 m超深水油气田开发能力。为新产品新技术提供应用场景，5G率先实现规模化应用，新能源汽车产销量连续8年居世界首位，光电子技术带动产业规模占全球近一半，人工智能技术应用占全球市场近三成。

3. 科技创新有力保障人民高品质生活水平

支撑美丽中国建设，打好污染防治攻坚战，建设11个国家可持续发展议程创新示范区，在全球率先实现“沙退人进”。科技支撑碳达峰碳中和行动取得新进展，为全球绿色发展作出中国贡献。“科技冬奥”200多项技术成果转化应用，取得显著经济社会效益。土地、基本粮食作物、种业等农业关键核心技术持续突破，有力保障国家粮食安全。深入实施科技特派员制度，90余万名科技特派员深入农村基层一线，助力乡村振兴发展。支撑健康中国建设，围绕新冠病毒溯源、疾病救治、疫苗和药物研发等重点领域方向持续开展应急科研攻关，打了一场成功的科技抗疫战。聚焦癌症、心脑血管、呼吸和代谢性疾病等重点领域和临床专科，建立50个国家临床医学研究中心，早查、早筛、早诊、早治的技术体系不断完善。癌症、白血病、耐药菌防治等打破国外专利药垄断。重离子加速器、磁共振成像、彩超、计算机断层扫描等一批国产高端医疗装备和器械投入使用。

4. 科技创新引领带动区域高质量发展

依托北京、上海、粤港澳大湾区具有全球影响力的科技创新中心进行建设，打造对外开放程度最高、创新活力最强、科技和人才成果最丰富的示范区，辐射带动京津冀、长三角、泛珠三角等区域创新能力进一步提升。香港-深圳-广州、北京、上海-苏州分列全球科技集群第2、3、6位。全面创新改革试验区、创新型省份和城市建设形成一批可复制可推广的经验，长江经济带与黄河流域沿线科技创新能力稳步增强，区域协同创新发展深入推进，东中西部跨区域创新合作迈出新步伐。科技援疆、援藏、援青、支宁、入滇、兴蒙、入黔等有力支撑西部地区创新，科技赋能东北振兴有力实施，东北地区与东南沿海创新型城市合作不断深化。

5. 科技创新引领带动生态环境持续改善

科技是第一生产力，环境科技是提高生态环境质量的有力武器。科技工作从科学认知、决策支持、行业管控等方面为科学治污、精准治污、有效治污提供了全面支撑。科技创新引领推动绿色低碳技术成果推广应用，构建起以科技创新为核心、低碳技术示范效应及产业化应用水平全面提升的发展体系，这是推进供给侧结构性改革、发展方式绿色低碳转型和高质量发展的重要途径和关键驱动。用好科技创新，不仅能推动产业升级转型，提升经济发展的效率和质量，还能促进能源结构性转型，提高能源利用率，降低碳排放。近年来，我国在科技创新的引领带动作用下，按照“源头减碳、过程降碳、末端固碳”系统治理思路，加速打造具有核心竞争力的科技创新高地。各种创新要素得到有序流动与融合共享，全链条推进先进的绿色低碳技术成果应用，打破传统高消耗、高排放技术锁定和路径依赖。推动园区、企业采用环境友好型新技术、新工艺，完成旧有工艺的提标改造，进而产生碳减排效益。

（三）共享性：科技创新成果惠及广大人民群众，促进社会公平正义

共同富裕是中国共产党带领中国人民实现第二个百年奋斗目标的重大战略内容，是“以人民为中心”发展思想在中国特色社会主义新时代的根本体现，包含全民共富、全面富裕、共建共富 3 个层面。实现共同富裕既要探索“切好分好蛋糕”的制度安排，又要持续夯实共同富裕的底盘基础。科技创新是大国崛起和国家发展的重要基石，是实现共同富裕不可或缺的关键利器。在共同富裕这一目标中，“富裕”是基础，“共同”是关键，共同富裕意味着共享发展的成果。推动共同富裕要求构建更加科学合理的分配体制，既要做大“蛋糕”，又要分好“蛋糕”。科技创新不仅有助于社会物质财富的增加，而且丰富了应对贫富分化的政策工具，通过科技创新在社会分配中的赋能，能够更好发挥收入分配效应，建立起共同富裕的分配体系。

科技创新通过共创—共享—共益路径，充分发挥企业、政府、高校、用户、平台等多主体的作用，形成科技创新的价值共创体系，有效利用数字化技术和平台，完善科技创新的价值共享生态，鼓励树立社会创新意识，健全发展科技创新的价值共益机制。通过科技创新引领社会经济高质量发展，全面推动共同富裕的进程。“十四五”时期，以新发展理念为指引，党中央、国务院相继出台了全面振兴东北地区等老工业基地、实施乡村振兴战略、推动西部大开发形成新格局、推动中部地区高质量发展等重大区域战略举措。科技创新在“促协调、谋共享”上谋篇布局，有力支撑全体人民共同富裕迈出坚实步伐。

与此同时，发展不平衡、不充分问题是我国社会发展主要矛盾的主要方面，是实现共同富裕亟待破解的难题。一方面，区域发展不平衡。我国的科研基础设施、人才和技术等资源主要集中在东部沿海地区。我国东部10省（市）拥有部属高等学校76所，占全国的64%，2020年研究与试验发展经费达1.6亿元，占全国的65%，硕士及以上毕业生53万人，占全国的49%；东部地区人均GDP分别是中部、西部和东北地区的2倍、2.2倍和2.4倍，“东强西弱”态势凸显。另一方面，城乡发展不均衡。从居民人均可支配收入看，2021年我国城镇居民与农村居民收入比为2.5，比2020年缩小0.06[①]，但仍高于发达国家处于相同发展阶段时的城乡收入比。如果将区域维度与城乡维度叠加，这种不平衡就更为突出。新时期，在高质量发展背景下缩小区域差距、城乡差距仍任重道远。

在此背景下，科技创新突出“促协调、谋共享”，将“科技创富”与“科技共富”相结合，使科技创新成果惠及广大人民群众，促进社会公平正义具体体现在以下几个方面：

1. 科技创新与新技术的应用和产业的发展，催生了大量新的就业机会

当前，科技创新日益成为我国经济增长的主动力，其对就业的影响也越来越大。近年来，我国大力推动新技术、新产业发展以及实体经济数字化转型，持续推动新一代信息技术、生物医药、新能源、新材料等高新技术和战略性新兴产业的发展，互联网、大数据、人工智能等数字技术同产业加快深度融合，有效催生了新的产业和就业增长点，孕育、催生了一批新产业、新业态、新职业，不断拓展新的就业空间。2018年发布的《关于发展数字经济稳定并扩大就业的指导意见》，提出加快培育数字经济新兴就业机会，持续提升劳动者数字技能，推动经济转型升级和就业提质扩面互促共进。人力资源和社会保障部颁布的新版《中华人民共和国职业分类大典（2022年版）》较2015年版净增加158个新职业，其中有97个是与数字经济有关的职业。东北师范大学和阿里研究院发布的《高校毕业生数字经济就业创业报告》显示，2021年我国数字经济吸纳的就业人数达2.56亿人，占当年全国总就业人数的34.3%。[②]我国数字经济与实体经济融合已进入2.0时代。近年来，科技创新就业规模逆势增长，为稳就业发挥了积极作用。《中国创业孵化发展报告（2022）》显示，截至2021年末，全国创业孵化机构数量超过1.5万家，在孵企业和创业团队接近70万家，共吸纳就业近500万人，其中应届高校毕业生超50万人。[③]除持续开展“双创”活动周、中国创新创业大赛等活动外，2020年我国又启动实施了“科技创业带动高质量就业行动”，通过加强科技创新创业，带动新就业。

---

① 数据来源：国家统计局，https://data.stats.gov.cn/easyquery.htm?cn=C01

② 东北师范大学，阿里研究院. 高校毕业生数字经济就业创业报告［EB/OL］.（2023-03-04）［2024-07-21］. https://baijiahao.baidu.com/s?id=1759396258038187821&wfr=spider&for=pc

③ 科学技术部火炬高技术产业开发中心. 中国创业孵化发展报告（2022）[M]. 北京：科学技术文献出版社，2023.

2. 科技创新为人民群众提供更高质量的公共服务，推动公共服务普惠便捷

科技创新推动大数据、云计算、人工智能、物联网、区块链等新技术手段的转化应用，鼓励支持新技术赋能，为人民群众提供更加智能、更加便捷、更加优质的公共服务。通过“互联网＋公共服务”的发展，线上线下融合互动，使得高水平公共服务机构得以对接基层、边远和欠发达地区。截至2023年6月，农村地区互联网普及率为60.5%，农村网络基础设施基本实现全覆盖，农村互联网应用普及加快，农村在线医疗用户规模达6875万人，普及率为22.8%。[①]

通过人工智能在公共服务领域的推广应用，促进数字创意、智慧就业、智慧医疗、智慧住房公积金、智慧法律服务、智慧旅游、智慧文化、智慧广电、智慧体育、智慧养老等新业态、新模式发展。《中国互联网发展报告（2023）》指出，随着中国网民规模达10.79亿人，互联网普及率达76.4%，数字技术深度融入普通百姓日常生活，数字公共服务凸显普惠便捷。[②]截至2023年6月，中国互联网医疗用户规模达3.64亿人，较2022年12月增长162万人，占网民整体的33.7%。科技发展使得“区块链＋”在公共服务领域推广运用，促进了信息无障碍建设，切实解决了老年人等特殊群体在运用智能技术方面遇到的突出困难，帮助老年人、残疾人等共享数字生活。通过全国一体化政务服务平台一网通办的枢纽作用，推动更多公共服务事项网上办、掌上办、一次办，持续提升公共服务数字化、智能化水平。

3. 科技创新提高政府服务效率和社会治理水平，增强人民群众的获得感和满意度

通过大数据、云计算、人工智能等数字技术，打破数据孤岛和时空壁垒，促进物理空间和信息空间深度融合，形成“信息高速公路”，激发社会治理的创新创造活力。科技创新能够孵化出众多新兴科技，关联社会治理中的人、事、物、组织信息，建设数据管理平台，为社会治理的各方主体提供便捷的沟通协调平台，为社会治理主体在治理目标、治理决策、治理方案等方面达成共识提供便捷渠道。通过科技创新与社会治理的深度结合，充分激发多元主体参与的积极性，加快构建普惠共享、公平可及的数字基础设施体系，推进智慧社区建设。依托社区数字化平台和线下社区服务机构，构建便民惠民智慧服务圈，使得在交通调控管理、环境保护、市容整治、食品安全、治安维稳等诸多方面，实现数字化、智能化技术应用，提升全民智能化的适应力、胜任力、创造力。

---

① 中国互联网络信息中心. 第53次中国互联网络发展状况统计报告［EB/OL］.（2024-03-22）［2024-07-21］. https://www3.cnnic.cn/n4/2024/0322/c88-10964.html

② 中国互联网协会. 中国互联网发展报告（2023）［EB/OL］.（2023-07-20）［2024-07-21］. http://xxzx.guizhou.gov.cn/dsjzsk/zcwj/202308/t20230821_81933553.html

（四）可持续性：科技支撑共同富裕注重发展的长期性和可持续性

可持续发展是指既满足当代人的需要，又不损害后代人满足其需要的能力，就是经济、社会、资源和环境保护协调发展。习近平总书记强调，共同富裕是社会主义的本质要求，是中国式现代化的重要特征，要坚持以人民为中心的发展思想，在高质量发展中促进共同富裕。党的十八大以来，习近平总书记从共产党执政规律、社会主义建设规律和人类社会发展规律的高度，在多个重要场合深刻阐述了扎实推动共同富裕的重大意义、本质要求、目标安排、实现路径和重大举措。党的十九届五中全会对扎实推进共同富裕作出重大战略部署。国家“十四五”规划和2035年远景目标纲要提出，“十四五”时期全体人民共同富裕迈出坚实步伐；到2035年，人的全面发展、全体人民共同富裕取得更为明显的实质性进展等展望与要求。

共同富裕要兼备发展性、共享性和可持续性。科技创新是推动社会可持续发展的重要驱动力、重要支撑和逻辑起点，可以提高资源利用效率、保护环境、改善生态和推动城市可持续发展。智能技术和绿色创新在可持续发展中具有广泛的应用潜力，未来将为全球可持续发展注入新动力。科技创新在可持续发展中的作用主要体现在以下几个方面。

1. 提升全域科技创新水平，发展新质生产力

科技创新是推动经济社会发展的核心动力，也是实现共同富裕的重要途径。从世界范围看，主要国家都是在朝着加快形成新质生产力的方向发力，在新一轮科技革命和全球产业链重构的竞争中，抓住关键核心技术，重点发展人工智能、先进制造、量子信息科学和5G通信等新技术，积极布局智能机器人、数字经济、新能源等新兴产业，通过新技术驱动产业变革，以促进本国的新质生产力发展。新质生产力是科技创新的新质态，是应用新技术、催生新产业、开辟新赛道、孕育新价值、重塑新动能的具体表现。提升全域科技创新水平不仅是促进我国突破价值链低端嵌入和低端锁定困境、实现全球价值链攀升的重要抓手，而且能够促进国内价值链深化，实现全球价值链与国内价值链两条价值链的环流良性互动。

2. 促进产业融合发展，实现现代化产业体系构建

通过科技创新瞄准新一轮科技革命和产业变革的突破方向，布局新领域、开辟新赛道，依靠原创性、前沿性、颠覆性新技术创造新产业，进而占据全球产业链和生产力格局的高端位置。科技创新不仅能够推动传统产业向智能化、绿色化转型，还能催生新兴产业形态，加快战略性新兴产业和未来产业的发展。一方面，通过引入智能制造、数字孪生、万物互联等先进理念和关键技术，促进工业化、数字化、智能化深度融合，使得传统产业能够不断开创新业态、新模式，提升产业效率，塑造新的竞争优势。另一方面，科技创新涵盖高新技术、先进制造和数字化技术等领域的发展，这些领域颠覆性技术不断涌现，呈现多点开花的局面，有助于我国开辟高质量发展的新领域和新赛道，重新塑造产业发展的新动能、新优势。

科技创新的过程，就是推进传统产业与新兴产业协调发展的过程，也是加快实体经济与虚拟经济深度融合的过程，更是产业升级和转型发展的过程。因此，加快发展新质生产力将加快我国产业转型升级步伐，实现传统产业、新兴产业和未来产业的协调融合和繁荣发展，从而全面构建现代化产业体系。

3. 提升资源配置效率，推动经济社会的可持续发展

科技创新是提升我国资源配置效率，推进经济社会可持续发展的必由之路。科技创新助力我国摆脱对传统增长路径的依赖，依靠科技创新驱动产业变革和经济发展，走出一条绿色、协调、可持续的发展道路。通过科技驱动产业变革和经济发展模式的转型升级，促进技术上的改进和变革，推动整个经济结构和社会运行方式的革新，即从传统的资源密集型发展模式向智能化、知识密集型、高附加值的发展模式转变。同时，加快提升资源利用效率，通过科技创新，开发数字化、智能化、生态友好型技术，引领新的生产和生活方式，将更多资源配置到战略性新兴产业和未来产业中，从而提升资源配置效率。通过推广新材料、新能源和低碳绿色新技术的使用，降低单位产值能源消耗量，减少废气、废水和固体污染物的排放。通过引入绿色环保技术、循环生产流程等，加速我国经济发展方式的绿色转型，朝着更加低碳、绿色、可持续的方向迈进，使得经济增长不再以牺牲环境为代价，而是更多地依赖于技术进步和资源的有效利用，进而推动我国经济社会的可持续发展。

4. 构建良好创新生态，引领城市发展动能转换

科技创新引领城市发展动能转换。当前，科技创新活动进入密集活跃期，技术革命加快演进、城市竞争格局加快调整，创新要素和资源加速向城市集聚。可以说，科技创新型城市建设已经成为后发城市推进高质量发展的重要战略方向，以智力资本和技术创新为代表的新质生产力，已经成为推动城市可持续发展的巨大引擎。在共同富裕框架下，创新科技的投入促进了碳达峰碳中和的实现。通过立足城市能源资源禀赋，坚持先立后破，有计划分步骤地实施碳达峰行动。在科技创新的引领带动作用下，城市群和现代化都市圈以持续提高生态环境质量为主线，从“机制创新-自主创新-产业创新-创新实践”等方面系统发力，构建良好的创新生态，实现减污降碳协同增效，持续推进精准治污、科学治污、依法治污，持续深入打好蓝天、碧水、净土保卫战，不断增强科技创新对社会发展的支撑作用。通过推进绿色、低碳、循环发展，加快发展方式绿色转型，持续推进生态环境治理体系和治理能力现代化，打造城市人与自然和谐共生的美丽中国典范。

二、支撑全体人民共同富裕的科技制高点

科技创新不仅能够为经济高质量发展提供科技助力，夯实共同富裕的经济基础，而且能够为促进城乡区域协调发展、缩小收入分配差距提供支撑，破解制约共同富裕实现的瓶颈问题。[①]然而，我国科技创新推动经济高质量发展、促进共同富裕的动能还不够强劲，科技领域仍然存在一些亟待解决的突出问题。主要表现为：技术研发聚焦产业发展瓶颈和需求不够，科技创新政策与经济、产业政策的统筹衔接不够，科技成果转化能力不强等。在新征程上，我们需要进一步解决我国发展不平衡、不充分的问题，逐步缩小城乡区域发展和收入分配差距，推动全体人民共同富裕取得更为明显的实质性进展。在这一过程中，要把科技创新作为促进共同富裕的关键支撑，着力提高发展的平衡性、协调性、包容性，在高质量发展中促进共同富裕。[②]

1. 交通技术

交通运输作为现代社会的基本公共服务之一，是联系生产与消费的纽带，也是联结工业与农业、城市与乡村的桥梁，已成为国民经济中具有基础性、先导性、战略性的产业，是构建新发展格局的重要支撑与促进共同富裕的坚实保障。[③]习近平总书记在第二届联合国全球可持续交通大会开幕式上指出，“交通成为中国现代化的开路先锋”。

目前，我国高速铁路对百万以上人口城市的覆盖率超过95%，高速公路对20万以上人口城市的覆盖率超过98%，民用运输机场覆盖了92%以上的地级市。在推进全体人民共同富裕的中国式现代化建设进程中，交通运输系统的完善有助于提供普惠优质、人民满意的运输服务，畅通人口、资金、技术等要素流动，深入贫困地区，增强民生保障功能。[④⑤]

第一，交通运输的便捷性直接影响生产资料和产品的有效流通，是经济社会发展的坚实支撑。高效、便捷的交通运输体系可以降低物流成本，从而提高产品的实际经济效益。农产品能够快速地从农村运往城市，不仅保证了城市居民的日常生活需求，而且为农民带来了更多经济收入，提高了他们的生活水平。在生鲜农产品的运输方面，冷链物流技术保证了农产品从农村到城市的新鲜度；智能配送系统可以根据城乡的需求合理规划配送路线，提高配送

---

① 陈丹丹，封潇. 科技创新赋能中国式现代化的三重逻辑与实践路径 [J]. 创新，2024，18（2）：13-24.

② 李雪松，朱承亮，张慧慧，等. 把科技创新作为促进共同富裕关键支撑 [N]. 经济日报，2022-03-02（10）.

③ 李小鹏. 以交通运输高质量发展支撑中国式现代化 [EB/OL].（2023-10-01）[2024-07-21]. http://www.qstheory.cn/dukan/qs/2023-10/01/c_1129890491.htm

④ 刘晨，陈璟，毛亚平，等. 共同富裕目标下交通运输的发展 [J]. 科技导报，2023，41（11）：19-25.

⑤ 沈坤荣，史梦昱. 以交通强国建设为中国式现代化提供强大支撑 [J]. 政治经济学评论，2023，14（6）：22-41.

效率。同时，城市的生产资料和生活消费品也能快速到达农村，满足农民的需求，降低生活成本。

第二，交通运输的均衡、协调发展有助于缩小城乡差距。通过改善农村地区的交通建设，提供更加普惠优质的服务，满足城乡不同群体的交通运输服务需求，不仅有助于实现人民群众对美好生活的向往，而且是推进新型城镇化和乡村全面振兴统筹发展的前置要素之一。良好的交通条件已成为农村电商发展的基础。交通条件的不断完善，使农村电商能够更高效地将特色农产品、手工艺品等销往城市乃至全国市场。这不仅增加了农民的直接销售收入，而且可以促进农村加工、包装等相关产业的发展，提高农民的收入水平。

第三，交通运输对于促进区域经济平衡发展具有重要意义。当前，制造、信息、能源、材料、生物等领域的新技术呈现群体性迸发态势，科技成果更多集中在科教资源优势突出的东部沿海地区，这些新技术不断向全国推广并应用，带动后发地区提升产业科技含量和竞争力。通过完善综合交通运输网络，不同区域的时空距离快速拉近，物资、人才、信息、技术等资源要素在不同区域间自由流转，形成优势互补的发展合力，推动区域经济均衡发展，可以让中国式现代化的建设成果更多、更公平地惠及全体人民。例如，中国的川藏铁路建设，运用了大量的隧道掘进、桥梁架设等高新技术。川藏铁路的建设使得偏远的西藏地区与我国其他地区的交通时间大幅缩短，加强了区域间的联系。企业能够更便捷地进入西藏地区进行资源开发、投资设厂等活动，带动当地的资源开发和产业发展，增加就业机会，从而提高当地居民的收入。再如，利用智能交通技术，如交通流量监测与智能调度系统，优化区域交通网络的运营效率。在京津冀地区，通过智能交通系统实时监测公路和铁路的客货流量，合理安排运输班次，有助于加强区域内城市之间的产业协同，提升区域整体经济效益，缩小区域间的收入差距。

目前，中国高速公路里程和高速铁路营业里程均位居世界第一，我国已建成全球规模最大的高速交通网络，运输效率获得较大提升，为中国式现代化奠定了坚实的基础。但在科技创新驱动方面，我国仍存在提升空间，主要表现在部分领域的核心技术未完全自立自强，存在部分短板，交通运输信息化、数字化水平仍有待提升等。一方面，当前我国尚未完全掌握汽车、飞机、轮船等交通运输工具的核心技术，导致部分领域的关键核心技术研究储备不够，仍存在“卡脖子”问题，使得当前我国交通运输行业在智能化、信息化、绿色化等方面与国际先进水平相比，尚有一定差距，制约着交通运输的高质量发展。另一方面，智能交通系统的建设尚不完善，自动驾驶、车联网等前沿技术的应用还不够广泛，大数据、云计算等技术在交通管理中的应用还不够深入，影响交通资源的优化配置和交通决策的科学性，限制了交通运输效率的进一步提升。此外，我国交通运输行业的人才培养和科技创新体系还不够健全，缺乏足够的创新激励机制和跨界融合的产学研用开放交流平台，尚未在交通运输领域形成从战略科学家、一流科技领军人才和创新团队，到能工巧匠、大国工匠的各类互补性人才体系，这无疑会影响行业的创新活力和持续发展能力。①

2. 教育技术

教育是共同富裕的重要动力，建设教育强国，是全面建成社会主义现代化强国的战略先导，也是促进全体人民共同富裕的有效途径，教育技术的发展能够提升人力资本、推动经济增长、优化教育系统、普及教育并促进就业公平。

第一，教育技术的发展能够增强创新能力，促进经济发展。教育技术通过增强教育内容的现实性和交叉性，培育具备创新能力、创新热情、创新意识的现代化人才，为经济社会发展提供创新动力。教育数字化被视为开辟教育发展新赛道和塑造教育发展新优势的重要突破口，通过提供多元化的学习方式，可以培养学生的思考能力、合作能力和开放包容品质，这些都是创新能力的重要组成部分。教育数字化还能促进跨文化交流和可持续发展，为经济社会发展赋能。②例如，通过探索依托网络空间和智能教室等数字教育资源、人工智能和大数据等新兴科技的新型育人方式，智能组合课堂讲授、主题讲座、线上宣传、现场观摩、实践培训等教育形式与手段，不断提升受教育者的科学文化素质与认知能力。③

第二，教育技术的发展能够提升教育质量，促进公平。教育技术通过提供更便捷、更高效的学习方式，有助于缩小城乡、区域之间的教育差距，促进教育公平和均衡发展。通过技术手段，如在线教育和远程教育，可以使优质教育资源覆盖更广泛的地区，特别是相对落后地区，从而提升教育质量。数字技术也为大规模的个性化教育创造了条件，每个人都可以根据自己的兴趣爱好、学习进度、职业发展规划等选择教育教学资源，以满足人们多样化、个性化的教育需求。④此外，混合现实技术塑造了强交互性的新型学习环境，大数据技术通过刻画学习者的学习轨迹以优化学习行为的供需匹配，人工智能技术加速了教育体系的结构性变革，区块链技术预示了教育价值实现的新型协作框架，移动学习技术强化了学习的连接性、网络性和及时性。⑤

第三，教育技术的发展能够促进就业技能提升。教育技术能够提供灵活的学习解决方案，帮助个人适应快速变化的就业市场，提升职业技能和就业能力。这对于中等收入群体来说尤为重要，因为技术进步可能替代部分就业岗位，通过教育技术提升人力资本是应对就业

---

① 慕顺宗. 中国式现代化视域下交通运输业高质量发展路径研究 [J/OL]. 重庆工商大学学报（社会科学版），2024：1-9. http://kns.cnki.net/kcms/detail/50.1154.C.20241031.1113.002.html

② 本报评论员. 以创新要素赋能教育高质量发展 [N]. 中国教育报，2024-05-08（2）.

③ 戴妍，刘斯琪. 教育应在推动共同富裕中有所作为 [N]. 中国社会科学报，2022-09-02（4）.

④ 程思岳. 互联网时代技术推进教育变革 [N]. 中国社会科学报，2015-11-10（5）.

⑤ 陈锋. 技术革命驱动教育变革：面向未来的教育 [J]. 中国高等教育，2020（20）：4-5.

"两极分化"的有效途径。[①]尤其是高质量的现代职业教育有助于缩小收入差距，促进城乡协调发展。通过为农村居民提供系统化、专业化的培训，提高其技能水平和就业竞争力，实现劳动力资源的优化配置，能够推动社会经济的可持续发展和全体人民的共同富裕。[②]对于低收入群体和偏远地区居民来说，这是提升自身竞争力、增加就业机会和收入的有效途径。例如，一些偏远地区的青年通过在线编程课程学习，获得了进入互联网企业工作的机会，实现了收入的提升。

3. 金融科技

推动物质财富积累。金融科技带来的创新会成为市场经济发展的新引擎，一系列金融衍生品能有效促进生产资料的积累，为资产增值和财富积累提供新的渠道，在产生普惠性红利的同时为实现共同富裕提供动力。面对新时期现代化产业体系的建设和发展，金融科技聚焦产业需求，优化创新体系布局，以数字技术、智能工具加快推动传统产业转型升级，实现财富收益放大的倍增效应。同时，作为一种全新的生产力，金融科技通过围绕产业链、供应链推出特色金融产品服务，如拓展金融保险业务、加强企业资金支持、优化数据信息收集等为多层次的资本市场注入活力，以全新的金融新质生产力、企业发展模式、金融服务效能最大化推动金融科技综合性及场景化运用，有利于实现经济的高质量发展。[③]

助力公平协调发展。金融是服务实体经济的重要组成部分，其本质是进行跨期的资源配置。在金融领域，推进共同富裕的理论依据是实现经济效率和社会公平的统一，通过更有效地配置金融资源，使资金流向经济发展的薄弱环节和需要扶持的行业，从而更好地服务经济发展。然而，金融推进共同富裕仍面临诸多挑战，如金融机构需注重服务实体经济，但现实中存在信息不对称和不透明、利益驱动等问题，使得金融机构更倾向于为大型上市企业以及高净值群体提供金融服务，而对于一些弱势群体和需要扶持的领域则缺乏足够的关注和支持。此外，金融领域存在的风险和不确定性也会对共同富裕的实现产生影响。[④]

金融科技发展带来金融服务模式革新和效率提升，并引导金融要素配置调整，全方位释放金融潜力、驱动效率和公平持续优化，为推动实现城乡共同富裕有效赋能。[⑤]在处理效率和公平的关系上，金融科技的发展为分配奠定了坚实的物质基础，同时，其完善协调的分配体系为初次分配、再分配、第三次分配提供了支持。例如，掌上银行、互联网理财、公益金

① 赖德胜. 更好发挥教育在推动共同富裕中的作用 [N]. 光明日报，2023-05-03（2）.

② 陆和杰. 高质量职业教育推动实现共同富裕 [N]. 中国教育报，2023-06-29（7）.

③ 吴垠，段艾曦. 以金融科技助推共同富裕的路径探索 [N]. 金融时报，2024-01-08（7）.

④ 田轩，丁娜. 金融推进共同富裕的基本逻辑与实践路径 [J]. 四川大学学报（哲学社会科学版），2023（3）：72-80.

⑤ 贺唯唯，张亚斌. 金融科技发展与城乡共同富裕 [J]. 经济评论，2024（6）：19-35.

融募捐等更好地促进了财富创造与分配，使效率与公平相兼顾、相统一。在缩小贫富差距方面，金融科技的出现可以让金融服务的范围延伸至广大人民群众。在传统的金融模式中，低收入人口和地区在金融服务中容易受到排斥，而金融科技的发展使金融服务更加下沉，可以更好地为人们提供普惠便利的金融服务，满足人们“惠而不贵”的服务需求，降低收费水平，增加客户黏性，让越来越多的人共享金融科技发展成果。例如，开办社区银行，提供保险业务上门服务等，给弱势群体和地区更多的金融服务支持；再如，金融机构推陈出新，为中小微科创型企业提供多样化、多模式的延伸服务业务等。这既是对人们关于美好生活需要的回应，也是弥合发展差距的重要一环，对于促进社会公平、解决发展不平衡和不充分问题具有重要意义。

提升金融与风险管理能力。金融领域的技术创新可为不同收入群体提供个性化的财富管理方案。对于高收入群体，智能投顾可以根据其风险偏好、资产规模等构建复杂的投资组合，实现资产的保值增值；对于普通民众，一些互联网金融平台提供低门槛的基金定投等服务。通过这些方式，人们可以更好地管理自己的财富，提高财产性收入在总收入中的占比，逐步缩小财富差距，推动共同富裕的实现。同时，科技可以助力金融创新社会保障的供给模式。例如，通过区块链技术构建的社会保险信息平台，可以提高社会保险基金管理的透明度和安全性。此外，一些金融科技公司还在探索开展与养老保险相关的创新业务，如个人商业养老保险的线上推广和定制化服务等，为民众提供多层次、全方位的社会保障，增强社会的稳定性和公平性。

4. 社会治理技术

作为一种技术支持，包括互联网、大数据、云计算、物联网、人工智能等在内的数字技术可以被广泛应用于社会治理的各个方面。比如，在信息收集、主体决策、事后反馈等全流程中，不断优化社会决策机制、把控社会风险和纠纷解决机制，重塑社会治理创新的主体结构、话语结构和权力结构。在共同富裕视域下构建社会治理共同体，必须注重数字技术的赋权赋能，推动社会治理重心和治理资源下沉到基层，有序引导群众自治，协调整合多方资源和力量，实现数字化条件下的公共服务、民主协商，以数字社会治理的民主化、法治化、科学化促进科技优势与制度优势的深度融合，更好推动建立在利益共识基础上的资源整合，实现共同富裕。①

提升资源配置效率。社会治理技术可以通过大数据分析、地理信息系统等，对社会资源的分布和需求进行精准评估。这有助于优化资源配置，使教育、医疗、就业等资源更加公平

① 朱金涛，孙迎联. 数字化驱动农村社会共同富裕的机理与实践［J］. 特区实践与理论，2023（3）：115-122.

地分配到不同地区和群体中，减少资源浪费和不均衡现象，为共同富裕创造条件。[①]例如，大数据分析可以更准确地识别低收入群体、弱势群体的保障需求，实现社会保障资金的精准投放；数字身份识别技术和收入监测系统可以确保失业救济金等准确发放到真正需要的人手中，提高社会公平性，助力共同富裕。

增强公共服务均等化。高质量的公共服务有助于提高居民的生活质量和幸福感，促进社会公平正义，为共同富裕奠定基础。利用信息技术，社会治理可以实现公共服务的数字化、智能化和便捷化。例如，在线教育、远程医疗、电子政务等服务的推广，使居民能够更加方便地享受到优质的教育、医疗和政务服务，缩小城乡、区域之间的公共服务差距，提高全民的福利水平。同时，一些技术可以对就业市场进行监测，通过智能匹配算法为求职者推荐合适的岗位，避免就业过程中的信息不对称和人为歧视。

加强社会风险防控和安全保障。先进的监控、预警等技术有助于维护社会稳定和安全，营造良好的发展环境，保障人民群众的生命财产安全。互联网平台、移动应用等社会治理技术为公众参与社会事务提供了便捷的渠道。例如，运用现代信息技术，在经济社会发展各领域，广泛获取信息、科学处理信息、充分利用信息，并使之数字化，可用于优化政府治理，形成“用数据分析、用数据决策、用数据治理、用数据创新”的现代化治理模式，使政务信息能用、有用、办事群众爱用，实现社会治理由经验决策向大数据决策转变，不断提升基层社会治理的科学化、精细化、智能化水平，优化组织格局，促进政治生活的共同富裕。[②]在公益慈善领域，区块链可以实现捐赠资金的透明化管理，从捐赠源头到资金使用的各个环节都可以被记录和追溯，增强公众对公益事业的信任。社会信任的提升有助于形成良好的社会合作氛围，促进社会资源的有效整合，推动共同富裕的实现。

三、科技创新支撑全体人民共同富裕的路径

（一）科技成果的转化与应用

科技成果转化，是指为提高生产力水平而对科技成果进行的后续试验、开发、应用、推广直至形成新技术、新工艺、新材料、新产品，发展新产业等活动。科技成果转化要素很多，主要涉及供给方、需求方、科技人员、科技成果、科技中介等，此外还有市场需求、政策支持和社会环境等其他要素（图 4-2）。在高质量发展新阶段，科技成果转化是技术创新支撑经济社会发展，实现共同富裕的关键所在。[③]

① 孙会娟. 共同富裕视域下社会治理共同体的多重面相及其实践路径 [J]. 社会治理，2023（5）：21-31.
② 朱金涛，孙迎联. 数字化驱动农村社会共同富裕的机理与实践 [J]. 特区实践与理论，2023（3）：115-122.
③ 张苑，吴寿仁. 科技成果转化：南方科技大学之路 [J]. 城市观察，2023（5）：55-61+160+161.

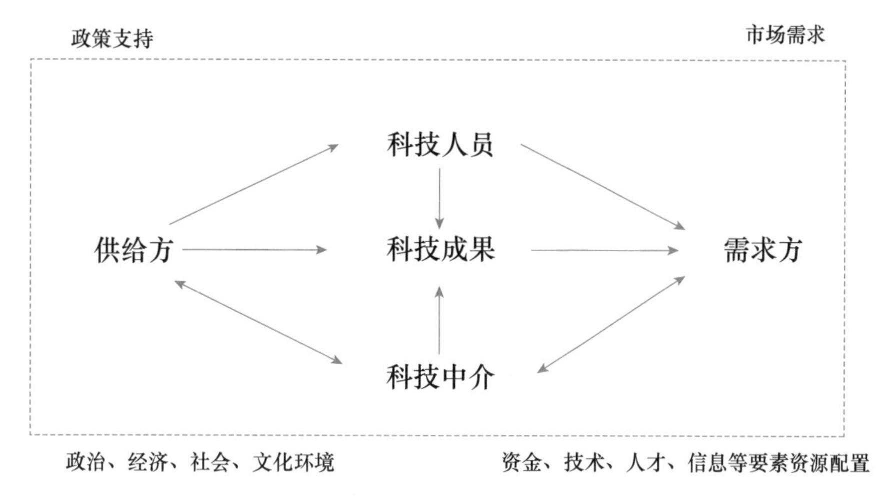

图 4-2 科技成果转化要素

1. 准确把握新发展阶段导向与趋势，加快融入新发展格局

充分发挥科技创新新型举国体制的制度优势，协同政产学研，坚决攻克关键核心技术研发难题。要扎扎实实强化基础研究，锚定基础前沿领域，加快基础研究平台建设，前瞻性布局基础研究设施，加快布局国家实验室、全国重点实验室、综合性国家科学中心、新型研发机构“上下衔接、差异布局、协同联动、体系发展”的战略科技平台。要加快推动大数据、云计算、人工智能、物联网、区块链等新一代通信技术应用到重大基础前沿领域，着力凝聚创新资源，全面提升基础研究能力和水平。要扎扎实实提升科技转移转化能力，构建校企联盟的动力机制、信任机制、监督机制、系统协同机制，以驱动高校科技成果产业化、高效化，推动创新链与产业链相互融合、有机嵌入，强化科技创新与成果应用的高效对接，同时打造数字科技成果转移转化服务平台，实现科技成果转移转化服务数字化、移动终端化和普惠化。

主动规避技术劣势，将创新作为制造业发展的重要出路，在继续维持原始创新能力的基础上，加强应用型融合创新，并充分利用技术、市场、金融等领域的优势加快构建竞争新优势（图 4-3）。合理配置创新资源填补竞争前关键共性技术供给不足的短板，大力发展先进制造业，加快科技成果转化。借鉴美国、法国的经验，政府要加大早期市场培育和企业行为引导力度，通过建立首购制度、完善保险补偿机制、实施示范工程等，为新技术新产品新模式提供早期市场机会。建设一批高水平创新主体，借鉴美国制造业创新中心等机构的经验，吸纳多方面创新资源，探索采取新机制新模式，改建或组建一批制造业创新中心，为特定行业提供竞争前关键共性技术供给，避免重复投入。组织建设一批创新企业和产业技术联盟，统筹推动技术、产品、业态和模式创新，开展人才培训，完善创新链条，弥补原始创新与应用创新、应用创新与产业化之间的短板。强化标准制定和专利布局，加

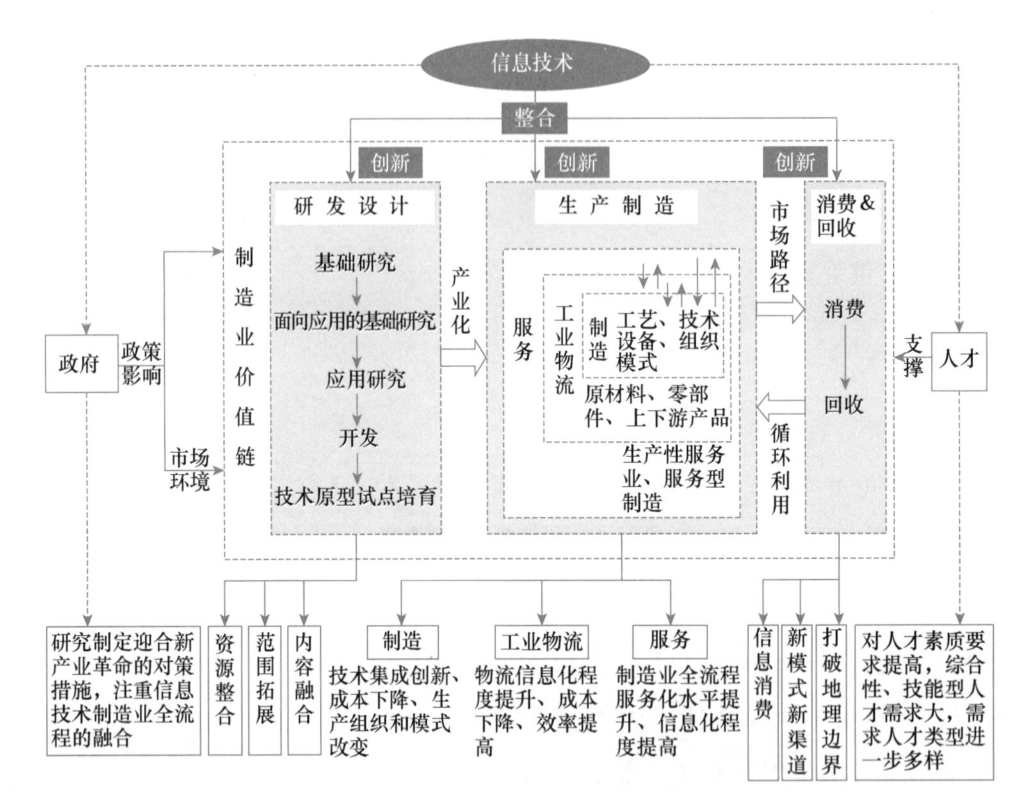

图 4–3　科技创新与成果转化

强重点领域关键核心技术知识产权储备，构建产业化导向的专利组合和战略布局，支持组建知识产权联盟。

2. 鼓励和支持跨地区科技成果转化、应用与合作

打造以科技产业园区等为载体的区域科技创新模式，构建科技创新长效协同网络，形成科技创新协作长效机制，提升科技创新能级，不断扩大科技覆盖面。进一步创新科技成果转化机制，促进技术、资金、应用、市场等对接，推进以需求为导向的市场化科技成果转化机制。引导各地统筹资源环境要素禀赋、产业发展基础、能耗双控和碳达峰碳中和目标，差异化承接科技成果的转化与产业转移，探索科技成果跨区域转移合作模式。发挥各区域的比较优势，重视欠发达地区、革命老区、边境地区等特殊类型地区产业发展，挖掘发展潜力、拓展发展空间、鼓励承接发展特色产业，推动中心城市和城市群进行更高质量的转移承接。

在当今全球化和科技创新驱动的时代背景下，跨区域科技成果转化协同创新中心正以其独特的价值定位和广阔的应用前景，成为推动我国乃至全球科技成果高效转化的重要引擎。跨区域科技成果转化协同创新中心的核心价值在于打破地域限制，实现资源共享、优势互补，通过深度整合不同区域的科研力量和技术成果，有效解决科技成果转化过程中的信息不对称、资源配置不均等问题。跨区域科技成果转化协同创新中心以协同创新为策略，搭建了一个集技术研发、试验验证、市场推广于一体的综合性服务平台。它不仅能加快科技成果从

实验室走向市场的步伐，提高转化效率，而且能通过跨区域的多元合作模式激发创新活力，培育新的经济增长点。在未来的发展蓝图中，此类协同创新中心将有望进一步拓展其在新兴技术、高端制造、环保节能等领域的应用，促进产业链上下游的深度融合，形成产学研用一体化的科技成果转化新模式，从而在全球科技竞争格局中抢占先机，有力推动经济社会高质量发展。

3. 提高科技成果落地转化率和产业化水平

大力推进传统产业转型升级，培育壮大战略性新兴产业和未来产业，因地制宜发展新质生产力，为高质量发展、共同富裕提供有力支撑。建立健全科技创新知识产权创造、运用、保护、管理全链条工作机制，探索推动新兴领域的科技成果立法，促进技术、人才、资本等创新资源要素向企业集聚。依托龙头企业组建体系化任务型创新联合体，支持专精特新企业加入龙头企业创新链与供应链，鼓励高校和科研院所把研发中心建在企业。

支持企业深度融入全球科技创新网络，合作设立“技术飞地”“离岸科创中心”，提升整合全球科技创新资源的能力，推动成果转化。用平台思维抓转化，依托工业互联网等途径，高效链接技术创新供需两端；高质量办好科技成果转化交易会等线下产学研对接活动，提升其成果汇聚展示、对接交易和转化服务能力。用市场逻辑抓转化，大力培育科技中介服务机构和技术经理人队伍，以小分队方式常态化撮合产学研三方开展合作，帮助挖掘潜在真实的技术需求。塑造与国际接轨的公平、开放、透明的市场竞争环境。这就要求打破行业垄断、市场分割以及地域限制，将多余的生产要素从过剩地区、行业导出，按照边际产出与规模报酬的比价自由流动，让市场成为创新资源配置的主导力量，充分发挥创新主体的技术禀赋优势；并且，要放松要素价格约束，建立要素价格倒逼创新的机制，迫使企业从过去依靠低性能、低成本竞争转变为依靠科技创新优势、实施差别化市场竞争策略。

4. 促进科技成果的有效转化

建立公益性的科技成果转化服务平台，支持设立科技成果转化专营机构。保障科技成果拥有单位、个人的自主权益，加大奖励、税收等方面的政策优惠力度。完善知识产权交易市场建设，鼓励科技成果持有方将其对价转化为企业股权或债权。加强应用引领，通过开展试点示范、推进示范基地和园区建设等方式，引导形成一批可复制、可推广的最佳实践案例，带动科技创新型中小企业从小做大、由弱变强，为生物医药、先进制造等新兴产业发展创造良好条件。

加快超前布局一批前沿关键技术研发，抢占一批产业价值链高端环节和竞争制高点。大量国际实践表明，采取跟随战术可以在短期内相对较快地提升产业发展水平，但要想赢得国际话语权和产业发展主导地位，就必须在某些方面实现整体超越，抢占一批产业价值链高端环节和竞争制高点。因此，要在核电和风电等新能源装备、航空航天、高铁等轨道交通装备、移动智能终端、新能源汽车、载人深潜等海工装备等我国已具备或部分具备比较优势的行业领域，超前布局一批前沿关键技术研究，瞄准产业发展制高点，组织开展联合攻关，抢占产业发展的技术主导权。

（二）科技与产业的融合发展

1. 加快提升产业链竞争力，壮大共同富裕经济基础

良好的产业基础能够为高质量发展积蓄持续动能，为共同富裕夯实物质根基，因此要着力提升产业链和供应链稳定性和竞争力，优化产业发展质态。提升产业链和供应链稳定性，着力推进“产业链-创新链”深度融合，“锻长板-补短板”相互结合，清晰系统梳理各产业链、供应链上下游之间的堵点和断点，通过“揭榜制”“赛马制”等形式高效组织关键核心技术攻关，着力破解一批产业链“卡脖子”技术难题。逐步完善产业备份系统，针对容易被控制的产业链重要产品、供应渠道，着力打造自主可控、安全可靠的产业链、供应链。提升产业链、供应链竞争力，着眼生物医药、新材料等战略性新兴产业发展，加强全产业链创新能力建设，鼓励各类市场主体合作创新，形成产业链上下游紧密关联、大中小企业高度协同、产业链和供应链共生发展的创新生态。抓紧科学研究布局未来产业，加快探索建立非共识项目、颠覆性技术发现识别和资助机制，进一步抢占战略性发展先机。

2. 加快推动数字化产业发展，实现产业深度融合发展

数字科技发展迅猛，数字技术贯穿整个产业体系，不仅推动产业向更加便捷、普惠、高效方向发展，而且助推了数字与产业融合发展。加快推动数字化产业发展，提升数字化产业集聚力，扩大数字经济的规模经济效应和范围经济效应，实现创新效应与产业融合效应，推动产业深度融合发展。为此，要推进数字化平台建设，着力扩大数字产业辐射力。着力培育中小平台企业和领军企业，推进平台创新型企业建设。积极支持平台创新型企业进行投资研发活动，并鼓励平台创新型企业走差异化创新道路、搭建协同创新平台、完善竞争合作机制等，提高平台创新型企业创新积极性，增强创新势能。要推动产品服务智能化，融合数字技术与传统产品服务，打造新场景、推广新应用，为用户提供智能产品和服务，满足客户多元化、个性化、数字化需求。打造数字化机构，推进业务流程数字化改造，提升数据分析能力，创新数据架构，完善数据治理体系。此外，要畅通数字技术产业链、突破数字技术关键领域，加速数字技术转移转化，实现创新技术催生数字经济的新产业、新业态，推进数字产业与实体经济的深度融合。

3. 加强创新生态与产业生态交融，为科技创新和产业创新深度融合提供助力

加强知识产权保护体系与科技推广服务体系建设，实现创新生态与产业生态交融，助力科技创新和产业创新深度融合。完善知识产权执法、监督体系，强化知识产权管理，营造公

平竞争的市场环境，打造科技与产业深度融合协同平台，健全科技创新与产业创新资源配置机制，发挥市场力量促进科技创新与产业创新要素融合，从而实现最新科技成果与产业化力量的快速对接，推动科技创新向产业转化、创新绩效向产业利润转化，形成有利于创新产出、创新转化的新机制、新渠道，促进科技成果实现产业价值最大化。

加强和完善知识产权保护法律法规体系构建。知识产权以市场为基础、按创新要素价值分配资源，是真正让各类创新创造活力竞相迸发、聪明才智充分涌流的制度机制。知识产权制度作为激励创新的基本制度保障，必须及时回应经济社会发展新需求，支持和保障广大科技工作者站在国际科技前沿，引领科技自主创新。加快数据等新业态知识产权保护规则完善，不断健全相关知识产权转移转化机制，引领关键核心技术攻关，助推创新成果向现实生产力转化。统筹推进知识产权领域国际竞争合作，立足总体国家安全观发展、保护知识产权，充分发挥新型举国体制优势加快关键核心技术自主研发，防范滥用知识产权保护妨害我国研发创新。

4. 提升我国在全球产业链中的核心竞争力

加强国家自主创新示范区建设，强化政策、资金、机构、人才、设施等聚集效应，提升集中创新能力。鼓励企业加强核心零部件、先进工艺、关键材料和产业技术等方面的基础研究。支持行业龙头企业、领军人物与高校、科研机构开展协同创新，争取在人工智能、纳米技术、量子计算机等前沿领域取得创造性突破。对一些风险大、投入高的研发项目，政府部门应给予适当的资源支持，牵头组建专家委员会，协助项目推进。

强调自主创新，实现高水平科技自立自强。要以国家战略需求为导向，集聚力量进行原创性、引领性科技攻关，坚决打赢关键核心技术攻坚战，把关键核心技术掌握在自己手中，切实提高我国关键核心技术创新能力，把科技发展主动权牢牢掌握在自己手里。以问题为导向，以需求为牵引，在实践载体、制度安排、政策保障、环境营造上下功夫，在创新主体、创新基础、创新资源、创新环境等方面持续用力，强化国家战略科技力量，提升国家创新体系整体效能。要在关键核心技术攻关组织模式上进行新探索，改变"叠床架屋"式的科研组织模式，有效解决决策程序冗余、过程僵化和效率低下等问题，明确企业、高校、科研机构等创新主体在创新链不同环节的功能定位，激发各类主体创新激情和活力。

5. 加快新型创新基础设施建设

科学技术是第一生产力，而创新基础设施则是科学技术重要的生产力。在新科技革命和产业变革背景下，全球技术进步和迭代加速，我国自身也进入必须依靠创新驱动经济发展和产业升级的新发展阶段。建设全球领先的新型创新基础设施，对于推动中国科技水平不断逼近世界前沿、建设创新强国、实现经济高质量发展意义重大。新型创新基础设施是一个复杂系统，应该将公共资源集中于重大科学装置、超级科学工程和稀缺验证平台的建设上，构筑创新基础设施的核心主体。推进科技与产业良性互动，强化科技创新，发挥高校、科研机构和大企业牵引作用，组建技术产业联盟，加强联合科研攻关，突破和转化一批原创性、引领性、标志性技术，不断提升科技创新竞争力。要做大数智产业规模，各地要因地制宜加快新型创新基础设施建设和产业布局，改造提升传统产业、发展壮大新兴产业、培育扶持未来产业，加快形成新质生产力。

前瞻布局创新基础设施，实现分级分类推进。根据不同区域的实际情况，把握新基建发展规律，加快建设信息基础设施，全面发展融合基础设施。强化重大工程项目与配套政策的协同，强化新基建和城乡建设规划的协同，尽可能实现通信网络、数据中心等设施的共建共享，实现整体性规模效益。加快制定各类新型基础设施标准体系及评价体系，加强对各领域新基建的动态监测与综合评估。

（三）科技创新环境的优化

随着新一轮科技革命和产业变革深入推进，新技术不断涌现，科技产业快速发展，我国经济发展环境发生变化，特别是生产要素相对优势出现变化。科学技术的重要性全面提升，科技创新已成为大国博弈的主战场，各国争相强化顶层设计和战略部署，加大对科技创新的投入，积极构建创新生态系统，力争在科技领域取得领先地位。

1. 统筹推进各类科技人才队伍建设，深化科技人才体制机制改革

推动多学科交叉和跨界合作，营造有利于科技创新的环境和氛围。鼓励创新思维，容忍失败，鼓励尝试新方法，吸引各领域具备创新思维和实践能力的人才大胆探索新领域、新赛道。制定科学精准的政策更好推动科技创新和产业发展，推动新领域、新赛道的孕育、研究、开发、转化各个环节，激发创新主体积极性。最大限度地用好全球创新资源，深入参与全球科技创新治理，在国际大科学计划和大科学工程中更多承担主导责任和协调作用。继续实施“一带一路”科技创新行动计划，支持各国优秀科学家来华工作，促进更加开放包容、互惠共享的国际科技创新交流。健全科研评价机制，弱化“帽子”、论文、专利等定量指标，避免简单以学术头衔、人才称号确定薪酬待遇、配置学术资源的倾向。健全不同领域科研人才分类评价机制，完善以价值、能力、贡献为导向的评价体系，加强对青年科技人才在推动科学技术进步、促进经济社会发展、支撑国家战略安全等方面的贡献评价。

加快重大科技项目立项和组织管理方式改革，实行“揭榜挂帅”“赛马”等制度，健全奖补结合的资金支持机制。作为新型科研组织模式，“揭榜挂帅”针对制约创新发展的重大科技难题，把攻关任务张榜公布，公开遴选战略科学家揭榜完成，具有目标清晰、需求明确、导向鲜明、开放参与等特点。在基础研究、应用研究、前沿技术开发、关键核心技术攻关时，要继续积极探索“揭榜挂帅”制度。整合优化科技资源配置，广泛汇聚优势研发力量，把蛰伏的巨大科技创新潜能有效释放出来，有组织、高效率地破解科技难题。各方面在组织关键核心技术攻关、破解“卡脖子”技术难题“揭榜挂帅”时，要充分发挥新型举国体制优势，推进“产业链–创新链”深度融合、“锻长板–补短板”相互结合，要不拘一格降人才，使一批战略科学家、科技领军人才、创新团队脱颖而出，重大科技成果持续涌现，最终形成“科学发现—技术发明—产业创新”良性路径。

2. 建立健全创新协同激励机制

以创新生态系统驱动的创新活动，表现为主体间复杂的竞合共生关系。在创新过程中，异质性主体通过开放合作、信息交换、资源互补等，促进有效协同创新，实现价值共创与共享。面对新技术、新产品和新服务需求，需不断突破原有的地理和组织边界，构建深度融合的产学研协作新模式，健全科技创新激励机制，建立科学公平的利益共享机制和风险共担机制，制定和完善诚信制度以及知识产权保护制度，增强创新主体间的信任，营造安全稳定的融通创新氛围，进而通过发挥创新主体各自优势，在攻克关键核心技术中形成强大合力，推动创新生态系统创新效率和能力持续提升。创新“人才 + 重大工程 / 任务”激励模式，探索在重大任务中历练人才的容错机制，将各类人才培养、引进、支持计划适度向青年科技人才倾斜。

同时，进一步强化技术创新激励机制，凝聚科技创新发展大合力。技术创新激励机制是凝聚人才合力、激发人员效能的重要抓手，一方面，要开辟通道，让青年人才脱颖而出。调动科研院所、高校培养和激励青年绿色低碳科研人才的主动性，给予他们更多发展机会和成长通道，提供更加充足的经费和资源，鼓励其真正在科研工作中唱主角、挑大梁。另一方面，要减负松绑，保证科研人员工作时间，实施减负行动、经费“包干制”、人才评价改革等一系列举措，精简优化各项科研评审评价流程，保障科研人员心无旁骛地从事科研工作。

3. 强化政策支撑，优化科技创新市场环境

适当对企业投入基础研究实行税收优惠政策，支持企业通过研发合作、平台共建、成果共享等方式参与国家实验室建设，通过国家科技成果转化引导基金等支持科技型中小企业转移转化科技成果。强化国家科技人才计划加强对企业科技领军人才和重点领域创新团队的支持，加快落实国有企业科技创新薪酬分配激励机制，对符合条件的国有企业科技人才实行特殊工资管理政策。落实国有科技型企业股权和分红激励政策，研究评估并适时推广上市高新技术企业股权激励个人所得税递延纳税试点政策。开展校企、院企科研人员“双聘”等流动机制试点，推广企业科技特派员制度。推动研发费用加计扣除、高新技术企业税收优惠、科技创业孵化载体税收优惠、技术交易税收优惠等普惠性政策“应享尽享”。完善落实国有企业创新的考核、激励与容错机制，健全民营企业获得创新资源的公平性和便利性措施，形成各类企业“创新不问出身”的政策环境。

加快建设世界重要人才中心和创新高地，以制度建设激发创新人才活力。面对人才链与产业链深度融合发展需要、激励创新的体制机制亟须完善等情况，瞄准国家战略目标和世界科技前沿，加强顶层设计的战略性和前瞻性，建立长期稳定的科技前沿人才培养、激励、评价等政策，尊重科技人才的科研自主权，充分激发科技人才创新创造活力。为突破我国重点领域“卡脖子”技术和关键核心技术瓶颈，鼓励跨体制、跨行业、跨部门、跨地区联合攻关研究。同时，还要鼓励青年科技人才挑大梁、当主角，努力发掘和培养一线经验丰富、科研素养深厚、前瞻性目光敏锐、学科交叉能力突出的“大兵团作战”领军人才。

4. 完善科技创新融资机制

整合财政科技资金，以股权投资、补助等方式支持创新，提高研发资金使用效率。支持符合条件的创新创业企业通过发行债券、资产证券化等方式进行融资。支持商业银行积极探索投贷联动、股债结合的模式，为科技成果转移转化提供组合金融服务。此外，还应加快社会信用体系建设，拓展信用信息的采集与应用领域，增强信用的激励与约束作用。拓展应收账款、动产融资质押登记平台接入主体，增强信息登记的强制性、全面性和准确性，为企业提供融资便利。

构建多层次资本市场，支持资金投向国家重点科技领域。推动科创型企业贷款持续保持较高增长速度，把科技创新作为信贷支持的重点，不断提升多层次资本市场直接融资功能，鼓励更多的科创型企业发行上市。进一步发挥保险和融资担保机构的风险分担作用，不断优化金融支持科技创新的配套政策，鼓励科创型企业充分利用国际资本市场，加强银政企对接和科技共同信息的分享，完善知识产权质押融资等配套政策。统筹金融支持科技创新和防范金融风险，按照市场化、法治化原则，指导银行业等各类金融机构严守风险底线，重点督促落实好风险防范的主体责任，坚持自主决策、自担风险，使得金融创新、风险防范形成一个逻辑整体。

（四）科技成果的普惠性

1. 强化科技创新惠及民生，让共同富裕真实可感

习近平总书记强调，要让人民群众真真切切感受到共同富裕不是一个口号，而是看得见、摸得着、真实可感的事实。对于科技创新来说，就要让科技发展成果更多、更公平地惠及全体人民，推出更多涉及民生的科技创新成果，坚持以人民为中心的发展思想，围绕人民群众关心的生命健康、生态环境、公共安全、养老安居等领域，着力破解制约社会发展水平提升的关键瓶颈问题，形成改善人民生活品质的技术路线和系统解决方案，进一步提升科技惠民的能力和水平，实现人民群众更高品质的生活。以创新促进就业持续扩大，对现有科技创业孵化体系提质增效，推动各类创业孵化载体提供更高端、更具专业特色和定制化的增值服务，以孵化器及孵化企业带动更多就业。引导龙头企业在扩大就业容量、提升就业质量上发挥积极作用，支持龙头企业扶持各类主体创业，并提供多样化的创新技能、职业技能培训。推动高水平科研平台、科研报告、科研数据、科研仪器设施、实验室等进一步向企业、社会组织和个人开放，创造更多创业机会。

2. 推动更多科技创新便利化政策向重大民生关切领域倾斜

围绕基本生活、生命健康、交通出行、住房医疗、上学就业、气候环境等重大民生关切领域，不断增加技术研发和技术开发投入，引进更多企业、平台参与民生领域科技创新，提高民生科技输出质量，扩大示范范围和应用广度，全面提升全体人民的生活品质。同时，也要着力推动更多科技创新便利化政策向民营科技企业倾斜，推动民营企业创新力量不断发展壮大，并发挥民营科技企业同国有企业、政府、高校、科研机构的协同作用，推动创新主体在创新链、产业链上的融合，壮大创新联合体，形成创新合力。另外，还要提升科技服务水平，不断提高教育、就业、社会保障、医疗卫生、养老住房等基本公共服务均等化程度，不断满足人民群众多样化、多层次、多方面的生活精神文化居住需求，切实增强人民群众的获得感、幸福感、安全感，最终达到实现人的全面发展和促进社会全面进步的目标。

3. 坚持民生导向，提升保障和改善民生的水平

进一步转变科技创新理念，把改善民生作为创新的重要标尺，推动社会包容、均衡、全面发展。将市场与人民需求相统一，生产与民生相关的科技产品，提升保障和改善民生的水平。通过配套资金、入股、奖励等方式，持续增强企业的创新意识和创新能力，持续加强对民生领域的科技创新。根据市场需要、人民需求，大力培植企业贴近民生、创新创业的氛围，筑牢企业创新创业基础，让企业在民生科技创新的大潮中唱主角，不断为人民提供更高质量的科技生活服务。加强政府对科技创新成果的应用，使科技创新成果助力公益事业，建设民生改善型基础设施，更好地保障和改善民生。加强对科技创新型企业的扶持，尤其是对医药类企业的支撑，拓展医学科技创新平台。推动科技产业转型升级，发展人工智能等技术，加强科技扶贫。加强大气污染防治，推动大气环境污染联防联控制度深入实施。加快国际科技创新中心建设，努力形成科技创新产业新生态，健全更多创新创业政策制度。

4. 推进新技术创新应用，提高公共服务便利共享水平

推进新技术创新应用和数字化服务普惠应用，充分运用大数据、云计算、人工智能、物联网、区块链等新技术手段，鼓励支持新技术赋能，为人民群众提供更加智能、更加便捷、更加优质的公共服务。促进“互联网＋公共服务”发展，推动线上线下融合互动，支持高水平公共服务机构对接基层、边远和欠发达地区。促进人工智能在公共服务领域推广应用，鼓励支持数字创意、智慧就业、智慧医疗、智慧住房公积金、智慧法律服务、智慧旅游、智慧文化、智慧广电、智慧体育、智慧养老等新业态、新模式发展。促进公共服务与互联网产业深度融合发展，大力培育跨行业、跨领域的综合性平台和行业垂直平台。探索“区块链 +”在公共服务领域的运用，加快信息无障碍建设，切实解决老年人等特殊群体在运用智能技术方面遇到的突出困难，帮助老年人、残疾人等共享数字生活。充分发挥全国一体化政务服务平台一网通办枢纽作用，推动更多公共服务事项网上办、掌上办、一次办，持续提升公共服务数字化、智能化水平。

第五章

科技创新赋能新时代文化建设

一、科技赋能文化建设的理论内涵

科技创新能力已经成为衡量一个国家和民族生产力水平的重要标志。一个国家和民族如果想取得跨越式发展，就必须在科技创新领域有所突破，发挥科技创新对经济、文化、民生等领域的推动作用。当下，随着互联网、智能化、数字化等高新技术的出现和发展，科技创新与文化的交融渗透愈加紧密，尤其是在一些发达国家，科技创新不仅能改造提升传统文化产业，而且能够催生一批新的文化形态和文化业态。推进科技创新与文化融合发展，以科技创新提高我国文化产品科技含量和文化产业的附加值，抢占文化创新发展制高点，以科技创新重塑我国文化生产传播方式，扩大中华文化影响力，提升人民文化自信，推动社会主义文化繁荣发展，赋能社会主义文化强国建设，就具有了十分重要的意义。

（一）科技创新推动文化产业发展

科技创新从某种程度上改变了文化产业的结构，丰富和更新了文化产业的内容，同时不断创造着新的文化产业形式，推进着文化产业的发展。在文化产业中，媒体产业是其重要组成部分，包括新闻、出版、广播、电视、电影、音像等产业形式。[①]科技创新是媒体产业产生与发展的动力，媒体产业的发展又促进了科技的传播与发展。随着科技的飞速发展，科技特别是高新技术，已经越来越广泛地渗透到文化产业领域，使得文化产品的科技含量越来越高、文化娱乐方式不断变换，传统文化产业得以更新并产生新形态。文化产业的发展道路同时也是文化领域科技创新的发展道路。党的二十大报告提出，推进文化自信自强，铸就社会主义文化新辉煌。发展文化产业是满足人民多样化、高品位文化需求的重要基础，也是激发

① 周城雄. 推动科技创新与文化产业融合发展的思考［J］. 中国科学院院刊，2014，29（4）：474-484.

文化创造活力、推进文化强国建设的必然要求。习近平总书记多次就文化产业发展作出重要指示，强调“文化和科技融合，既催生了新的文化业态、延伸了文化产业链，又集聚了大量创新人才，是朝阳产业，大有前途”，指出“要顺应数字产业化和产业数字化发展趋势，加快发展新型文化业态，改造提升传统文化业态，提高质量效益和核心竞争力”。落实好习近平总书记重要指示要求，更好促进文化和科技深度融合，是科技创新赋能文化产业高质量发展的方向，也是面对科技、文化发展新局面必须破解的新课题。

1. 文化产业与科技的融合：新兴文化产业的崛起

科技和智力融合文化形成的创意产业，是将文化、智力（创意）、科技三者结合，由这三者深度结合形成的产业集群。当前最引人关注的文化现象，莫过于各种男团、女团，他们充分昭示了文化随着互联网等科技手段的进步而显示出的更强生命力、活力。没有网络、手机等新的通信科技，活动就不可能有如此大的影响，就无法带来全国大范围“丝”“迷”的参与，也就没有男团、女团品牌的巨大价值。科技创新为文化产业的发展提供了强大的技术支持。事实表明，科技的进步与创新不但丰富了文化产业的内涵，并且正在不断形成新的文化产业形式，进一步拓展了文化产业的领域。科技一旦与文化紧密结合，将极大地拓展文化产业的领域和范围，增添其活力。

当前互联网、大数据、云计算、人工智能、区块链等技术加速创新，科技创新当中数字文化产业发展动力最为强劲，文化消费新场景层出不穷，新兴业态不断涌现。数字化是近年文化产业发展的重要趋势，相关部门对此高度重视并在政策方面给予了一系列支持：2020 年 11 月，文化和旅游部发布《关于推动数字文化产业高质量发展的意见》，提出培育数字文化产业新兴业态，如云演艺、云展览和沉浸式业态等。争取到 2025 年，培育 20 家社会效益和经济效益突出、创新能力强、具有国际影响力的领军企业，持续涌现各具特色、活力强劲的中小微企业，打造 5 个具有区域影响力、引领数字文化产业发展的产业集群，建设 200 个具有示范带动作用的数字文化产业项目。2023 年 2 月，中共中央、国务院印发《数字中国建设整体布局规划》，对数字经济发展进行了全面布局和统筹。在国务院机构改革方案中，组建国家数据局，统筹推进数字中国、数字经济、数字社会规划和建设等，数字经济具备了进一步发展的利好条件。

科学技术改造了传统文化产业的整个产业链，反映了科学技术对促进文化产业发展的乘数效应和叠加效应。在传统文化产业中，传统产品最重要的功能是输出单向信息。而在数字经济时代，文化产业的体验价值不断上升，并成为整个行业的重要趋势，产生了大批科技创新与文化产业结合的新兴产业：运用大数据、5G、云计算、人工智能、区块链、超高清等科技创新手段推动文化娱乐、出版发行、影视制作、工艺美术、印刷复制、广告会展等传统文化产业升级和改造，演出、娱乐、艺术品展览等传统文化业态实现线上线下融合发展，促进其内容生产和传播手段现代化，重塑传统文化发展模式。通过基于虚拟现实的舞美设计与舞台布景技术、声光电综合集成应用技术、移动舞台装备制造技术、演出院线网络化协同技术，调整和优化传统文化演艺产业结构。通过新媒体集成管理与分发传播技术、影视生产与集成制作技术，提升影视制作质量和效率，促进广播影视文化产业升级换代。人与人、人与物、人与环境之间通过数字技术进行互动交流的频率和体验不断提升。人与内容的跨屏交互，将逐步改变传统的单向内容呈现，使交互感成为文化数字化场景的重要特征。通过建设适用于平板电脑、手机等各种终端设备的数字出版体系，促进传统新闻出版产业的数字化转型升级。通过数字印刷和绿色环保印刷技术，促进传统印刷设备的升级改造和节能减排，进而推动产业的快速发展。新一轮科技革命和产业变革迅猛发展，网络互联的移动化、泛在化，以及信息处理的高速化、智能化，正在推动新一代数字技术与文化产业深度融合，重塑文化产业发展方式，重新定义文化产业生态。

2. 创意产业的发展：科技赋能下的创意设计、动漫游戏等

创新、创造、创意是发展动漫游戏产业的原动力。当前动漫产业形势呈现出以下特点：动漫产品种类丰富，产量庞大，创作中的主流价值观和国风日益强劲，逐步走向高质量发展，社会影响力不断提升。同时，产业链外延宽广，新技术驱动产业发展日益明显，正在形成以网络平台为核心的跨界融合发展格局。动漫游戏产业是现代科技与文化艺术高度融合的产业，更是与群众的文化需求捆绑最紧密的产业，也是新兴的文化创意产业和新的经济增长点。特别是近年来，各级地方政府高度重视文化创意产业，鼓励企业通过产学研合作创作开发研究高质量的功能游戏，通过 IP（知识产权）多元融合发展，促进网络游戏、文学、影视、动漫、综艺等各领域相互交融，打造全新的产业发展平台。在不断做大整个产业规模的同时，也为消费者提供了融合式消费场景。目前全国有网络游戏用户近 6.6 亿人，仅在江苏省，就有游戏出版单位 12 家，游戏运营企业 600 余家。[①]相对于传统线下文化产业，以互联网原生内容为主的数字文化产业迅猛发展。随着科技创新的推动，内容形态边界融合，长短视频、直播、游戏、影视、文学等不同内容形态 IP 联动成为主流，融合多形态元素的内容新物种涌现。例如，云游戏的升温扩展、网络电影的精品化发展、虚拟主播等形态的虚拟文娱、叠加 IP 元素的竖屏短剧等网络视听新现象，不断创造文化消费新热点和增长动力。平台走向综合性生态布局，推动数字文化产业不断突破天花板。

科技创新加快发展网络视听、移动多媒体、数字出版、动漫游戏、文化创意、立体电影和巨幕电影等新兴文化产业。以网络信息集成传播技术及前沿引导技术为基础，带动网络文

① 刘国庆. 2020 年度江苏省游戏产业发展报告正式发布［EB/OL］.（2020-10-27）［2024-07-21］. https://new.qq.com/rain/a/20201027A0H7VJ00

学、网络影视、网络音乐等新兴文化产品创作与传播。通过移动互联网、信息集成技术带动短视频、视频弹幕网站等新兴文化平台发展。以动漫游戏与虚拟仿真技术为基础，加强动漫衍生品综合开发及文化娱乐装备的集成制造，促进动漫创意文化元素与相关产业的融合发展。通过构建专业化媒体超算与协同式创意设计云服务平台，提升文化创意设计的表现力和创作力，提高新兴文化设计效率和质量。加快文化产业数字化布局，鼓励各种新兴文化产业运用数字化手段创新表现形态、丰富数字内容。

2023 年 5 月，2023 第 2 届世界元宇宙生态博览会在广州广交会展馆举行。虚拟现实数字技术研究院（哈尔滨）有限公司携“VR 湿地展示系统”惊艳亮相，该系统承载了黑龙江省七星河湿地概况、数字动物志、数字鱼类志、数字鸟类志、数字植物志等众多内容，将黑龙江丰富的科教资源与深厚的创新底蕴有机结合，以科技化手段激发文旅消费潜能。[①]在新冠病毒疫情期间，大众对于线下文化娱乐服务的需求线上化，倒逼线下供给侧转型，推动逆向 O2O（offline to online，线下到线上）发展，多元扩充线上数字化的文化供给品类，引发“云上文化”热议。例如，长短视频平台纷纷联合线下文化机构推出“云演出”“云看展”“云旅游”等新型文化消费场景，包括传统剧团、乐队等线下演出行业，也将舞台艺术作品向视频平台迁移，开启付费直播新模式。院线电影探索疫情期间的网络首发模式，为疫后复苏期院线发行和线上放映的平衡开拓试验田。截至 2020 年 4 月 21 日，“云游敦煌”小程序上线仅两个月，就在线接待游客超 1200 万人次，该平台还同步提供购票、导览等智慧文旅服务。[②]

3. 新兴文化消费模式：科技创新带来的消费变革

近年来，在互联网、大数据、人工智能、虚拟现实等高科技引领下，消费方式和消费场景不断推陈出新，许多文化产业新业态正在崛起，新型文化消费模式快速发展。随着人们生活水平的普遍提高，文化需求正在发生新的变化，更具个性、参与性和互动性的文化活动更加受到人们欢迎，体验经济应运而生。体验式文化消费的卖点是提供新奇有趣的文化娱乐体验，实景游戏、陶艺手工、民俗文化游、沉浸式戏剧等都属于体验式文化消费。从创造作品到提供体验，从单向传播到双向互动，体验式文化消费为文化产业提供了新思路，开辟了新天地。2019 年中国实景游戏体验馆消费人次达 280 万，门店超过 1 万家，市场规模逼近 100 亿元。在《明星大侦探》等热播综艺节目助推下，在形如沉浸式戏剧《不眠之夜》等玩法不

① 蒋平. 黑龙江：“数智”技术赋能创意设计［EB/OL］.（2024-01-15）［2024-07-21］. http://www.hlj.xinhuanet.com/20240115/d00998c312494e0ea7ed33d83c098a42/c.html

② 刘洋. 上线两月，“云游敦煌”在线接待游客 1200 万人次［EB/OL］.（2020-04-23）［2024-07-21］. https://cn.chinaculture.org/pubinfo/2022/07/22/200001016/cac626319932438cac2f7c1d0557d5a8.html

断创新下，2021年春节假期，实景游戏体验馆呈现一票难求的火爆场面，真人实景游戏成为文化消费新风口。①

增加文化消费总量，提高文化消费水平，是推动文化产业繁荣发展的内生动力。②科技创新催生新商业模式，扩大文化消费市场，培育新的文化消费增长点。文化机构运用网络平台、电商平台、直播带货等方式拓宽文化产品内容分发渠道，加强供需调配和精准对接，培育新用户群体，扩大了文化产业经营业务规模。大数据、人工智能等技术搭建文化数据服务平台，介入文化产品流通过程和消费者消费习惯画像，加强了对消费者文化内容需求的实时感知、分析和预测。提升文化资源和文化内容的搜索查询、匹配交易、结算支付等服务，精准数据分析与互联网消费平台衔接，为文化消费提供数据服务。借助虚拟呈现、信息交互等新型体验技术打造线上线下一体化、虚实相结合的文化体验消费新模式，不断开发特色文化消费，提供个性化、分众化的文化产品和服务。通过数字电视、数字投影等“大屏”和移动终端等“小屏”进行文化产品宣传，促进“客厅消费”、亲子消费、网络消费、定制消费等新型文化消费发展。将线上消费、移动支付等数字化技术运用到学校、影剧院、新华书店等文化教育设施与公共场所，搭建文化消费新场景。

（二）科技创新提升文化教育质量

党的二十大报告中明确指出：教育、科技、人才是全面建设社会主义现代化国家的基础性、战略性支撑。首次将“实施科教兴国战略，强化现代化建设人才支撑”单独作为一个部分，将教育、科技、人才作为一个整体进行论述，彰显了国家建设教育强国、科技强国、人才强国的坚强决心。并对完善科技创新体系，加快实施创新驱动发展战略，深入实施人才强国战略作出专门部署，为新时代科教兴国战略指明了发展方向，提供了根本遵循。

科技发展，人才是第一要素，教育又在人才培养中发挥着基础性作用。高等教育作为教育、科技、人才的关键联结点和交汇处，必须贯彻落实党的教育方针，为加快建设教育强国、科技强国、人才强国贡献更大力量。高等学校作为培养科技创新人才的主力军，更要把学习贯彻落实党的二十大关于科教兴国的重要论述作为当前和今后一个时期的首要政治任务，担负起高校作为国家战略科技力量所肩负的历史使命和时代责任，准确把握新形势、新任务，加快提升科技创新能力，加快实现高水平科技自立自强，引领高等教育高质量发展。

---

① 李冬阳. 不了解新兴文化消费模式 怎融入文化产业发展浪潮［EB/OL］.（2021-03-15）［2024-07-21］. http://www.ce.cn/culture/gd/202103/15/t20210315_36381390.shtml

② 贾淑品. 科技创新赋能社会主义文化强国建设［J］. 甘肃社会科学，2024（1）：42-52.

1. 优质教育资源的共享：在线教育平台的发展

科技创新对于教育质量的提高起到至关重要的作用。在科技飞速发展的今天，不仅可以利用现有的技术手段提高教学效果，而且可以逐步开发出更加先进的科技创新产品来实现更高水平的教育教学。在教育体系的各个环节，科技创新都能够起到一定的推动作用，从而促进教育的发展和进步。科技的快速发展在各个领域产生了革命性的影响，特别是在教育资源共享方面。在线学习平台的兴起为广大学生和教师提供了便利的学习和教学环境，同时也改变了传统教育的模式和方式。在线教育作为一个主要创新项目，已成为教育实践的核心组成部分。通过在线教育平台，学生可以获得高质量的教育资源，无论时间和地点如何，都能够自主学习。

一直以来，我国高度重视并积极推进信息技术与教育教学的深度融合，推动广大教师和学生投身新时代教与学变革实践，以“学习革命”推动高等教育人才培养的“质量革命”。教育部在总结慕课与在线教学发展经验的基础上，于 2022 年 3 月建设上线了国家高等教育智慧教育平台（简称“智慧高教”）。目前，该平台已成为覆盖高等教育人才培养全过程的综合平台，面向高校师生和社会学习者提供 2.7 万门优质慕课以及 6.5 万余条教材、课件、案例等各类教与学资源，并提供全流程教学服务、个性化教师专业发展等支持服务。平台上线以来浏览量稳步增加、关注度持续走高、品牌效应明显增强。据统计，学习者中高校师生占 90%，社会学习者占 10%，国际用户覆盖 146 个国家和地区。[①]中国的在线教育市场呈现出爆炸性的增长。根据中国互联网络信息中心的数据，从 2017 年开始，我国在线教育用户规模逐年上升，2019—2020 年期间更是增长了 63.7%，占据了整体网民的 40.5%。特别是在 2020 年，受到疫情的推动，在线教育的增长速度远超其他互联网应用。[②]

2. 教育模式的创新：科技赋能下的个性化、智能化教育

个性化学习的兴起也是科技创新的产物，通过智能教育技术，可以根据每个学生的学习需求和兴趣，提供个性化的教育体验。虚拟现实技术则提供了全新的学习维度，通过沉浸式体验，学生可以更深入地探索抽象或虚构的概念。科技创新为学生提供了前所未有的丰富教育资源。学习材料，如在线课程、数字化图书和教育应用程序，以开放和灵活的方式呈现，为学生提供了广泛的选择。个性化学习则利用大数据和机器学习算法，为学生提供定制化的学习路径。这种个性化方法强调学生的独特需求和学习风格，有助于改善学生的学术表现。个性化学习还强调学生的参与和互动，通过个性化反馈和任务，鼓励学生更深入地参与学习

① 教育信息化资讯. 教育部：持续加强线上教育教学管理，推进优质教育资源共建共享［EB/OL］.（2022-09-26）［2024-07-21］. https://www.edu.cn/xxh/focus/zc/202209/t20220926_2247657.shtml

② 中国互联网络信息中心. 第 46 次《中国互联网络发展状况统计报告》［EB/OL］.（2020-09-29）［2024-07-21］. https://www.gov.cn/xinwen/2020-09/29/content_5548176.htm

过程，从而改善他们的学习体验和成就。在线学习平台汇集了全球各地的教育资源，包括教师创作的教学视频、电子书籍、在线课程等。学生可以根据自己的兴趣和学习需求，选择适合自己的学习资源和课程。与传统教育相比，在线学习平台提供了更多样的学习内容和学习方式，可以满足不同学生的学习需求，包括各种兴趣爱好、技能培养和专业方向等。

人工智能催生个性化、智能化教育的兴起。智能教育以人工智能、大数据、云计算等技术为支撑，利用智能化系统和工具，重构教育内容、教学方式和评价体系，实现教育过程的智能化和个性化定制。这主要体现在两个方面：一方面，个性化辅导借助人工智能技术，对学生的学习数据进行深度分析，量化学生的学习习惯和学习能力，为学生提供个性化的学习建议和辅导方案。通过人工智能算法不断优化学习路径，精准把握学生的学习需求，提升学习效率，实现更好的学习结果。另一方面，智能化教育平台，如智慧课堂、在线学习系统等，借助人工智能技术实现了教学过程的智能化管理和个性化指导。教师可以通过这些平台获取学生的学习数据和反馈信息，更好地了解学生的学习情况，针对性地调整教学内容和方法，提高教学效果和学习成绩。个性化教育可以更好地满足学生需求，提高学习效果，进而提升教育质量。

3. 文化素养的提升：科技助力全民学习

依托信息化与数字化技术，推动文化馆、图书馆、美术馆、博物馆、非遗馆等公共机构的传统公共文化资源向数字化与云建设转变，拓宽公共文化资源服务范围。广播电视无线发射台站的建设，可以通过广播电视直播卫星公共服务进行升级，整合有线电视网络建设和数字化双向化改造，实现广播电视节目户户通。科技化手段促进城乡公共文化资源一体化发展，创新公共阅读和艺术空间，探索公益电影多样化供给方式。农家书屋数字化的建设将公共文化资源向困难群体倾斜。通过电信网、广电网、互联网三网融合，发挥各类信息网络设施的文化资源传播作用，积极发展公共文化云展览、云阅读、云视听、云体验，提升公共文化资源到达率、及时性。从而通过科技创新优化基层公共文化服务网络，扩大公共文化资源覆盖面，增强人民群众文化获得感。

通过打造公共文化数字资源库群，建设国家文化大数据体系，打通各层级公共文化信息平台，方便公共文化信息的获取，破除公共文化信息分配不均衡的状况。对全国公共文化机构、文化生产机构、高等教育机构的各类藏品和资料进行信息化采集，建设文化信息大数据体系并向全社会免费开放，解决公共文化信息垄断的问题。通过建设智慧图书馆体系和国家公共文化云，打造智慧广电、电影数字节目管理等信息化服务平台，并把服务城乡基层特别是农村地区作为公共文化信息化建设的着力点，不断缩小城乡之间的文化信息差距。建设具备云计算能力和超传播能力的文化信息服务体系，布局具有模式识别、机器学习、情感计算等功能的区域性集群式智能信息中心，为公共文化信息化获取提供低成本、广覆盖、更安全的服务。以科技创新推动公共文化信息化建设，提供基本公共文化信息标准化、均等化服务，更好保障人民公共文化信息获取的便捷性、公平性。

（三）科技创新促进文化传承与创新

在新时代背景下，应运用科技创新优秀传统文化传承保护载体，在保护性传承中推动优秀传统文化的创新性发展，并借助数字技术转化优秀传统文化资源，建立数字文化档案。随着时代发展与环境变化，优秀传统文化在当代的传承与传播面临复杂形势，尤其是不可再生类的文化遗产资源难以得到有效留存。在科技赋能下，历史文化遗产能够依托数字化扫描、影音设备等方式得以储存，并结合数字文化档案的建立实现优秀传统文化资源的永久性保存，结合优秀传统文化数字资源库的建设，全方位、多角度地呈现历史文化遗产，以图片、录像、动画模拟等方式为优秀传统文化注入活力。此外，相关主体可考虑从优秀传统文化传承保护载体创新、优秀传统文化展现形式变革、优秀传统文化产业链条延长等角度入手，充分发挥科技助力作用，进而为优秀传统文化注入时代活力，彰显时代价值。

1. 非物质文化遗产的保护与传承：科技创新在非遗领域的应用

非物质文化遗产是指各族人民世代相传并视为其文化遗产组成部分的各种传统文化表现形式，以及与传统文化表现形式相关的实物与场所。非物质文化遗产作为民族文化的标志与人类智慧的结晶，具有重要的历史研究价值、教育价值、传承价值等，已成为向世界展示中国的独特名片。在新时代背景下，非物质文化遗产的传承和传播需要持续发扬光大，以实现增强人文底蕴、提升国家文化软实力的目标。随着我国相关保护工作的不断探索实践，非物质文化遗产的发展逐渐转向创新融合，新信息技术的高速更迭推动了非物质文化遗产的保护和发展逐步进入数字化时代。

大数据技术的应用给社会经济发展、人民生活带来了众多影响。在非物质文化遗产领域，借助大数据技术可以实现对非物质文化遗产信息的采集、存储、传播、利用与传承等，无疑可以更为迅速地传播相关内容，使非物质文化遗产的传承更为广泛、科学。管理部门与非物质文化遗产传承主体可以运用信息化管理方式与先进的资源检索方式加强对资料的管理，必要时还可成立专门的数据技术部门，为非物质文化遗产相关信息的存储和管理服务，确保非物质文化遗产信息化系统的正常使用。基于此，与非物质文化遗产相关的文本、视频、图像等皆可纳入大数据信息采集系统，通过专业人员对相关资料进行加工存储和转换传播，完善非物质文化遗产传承数据库。比如，针对蜀锦、手绘团扇等民俗手作，可以将相关传承人的信息数据、不同年代的传承人的技艺风格，及其在当代的运用场景等作为数据信息进行存储和管理，包括将成都大运会等相关活动中对蜀锦和手绘团扇等非物质文化遗产元素的运用作为重要素材，纳入传承数据库中，便于专家学者和后续传承人进行研究学习。与此同时，相关管理部门可以搭建非物质文化遗产大数据平台，充分发挥传承人、专家学者等权威人士的信息资源优势，解决各地区层级存在的信息孤立、数据壁垒、信息碎片化等问题，借助大数据技术高效整合来自各方面的信息资源，健全非物质文化遗产大数据平台。此外，平台运营维护者应定时整理非物质文化遗产大数据平台的访问人次、反馈信息、人气指数等数据，以科学分析发展新动态，便于进一步完善非物质文化遗产传承数据库。①

2. 传统文化的创新演绎：科技赋能下的跨界融合

近年来，通过持续的探索以及试错，传统文化与数字技术深度融合，进一步丰富了文化形态，使传统文化在当代的感知度愈发明显，同时也在主流年轻群体中掀起了传统文化热。他们不仅参与其中、自主传播传统之美，还积极参与到文创中来，其惊人的创造力引领了新的潮流趋势。借助于互联网、大数据、人工智能、虚拟现实等前沿新兴技术，传统文化的传承与弘扬也迎来了新的机遇，通过创新演绎与流行再造，传统文化开始与潮流体验进行有机融合。

发展至今，以往适用于传统文化的语境土壤和当下截然不同，因此用当代的话语体系展现传统之美尤为重要。在守正创新的前提下，剖析传统文化的新时代魅力，找到与当代的契合点，才能让传统文化真正在我们身边“活起来”。近年来，我们能够看到，电影《哪吒》走向海外、民乐在全球掀起热潮。在国内，故宫文创品成为网红热卖、敦煌文化通过“云游敦煌”小程序被更多人看见。在科技飞速发展的当下，借助于新形态媒介，传统文化在当代也有了新的表达方式，穿过大街小巷、走进普罗大众，在新时代开出了灿烂的花朵。例如，腾讯的《王者荣耀》游戏携手越剧展开深度文化跨界合作，塑造了传统文化在当代的形态。《王者荣耀》联合浙江小百花越剧院以及中国戏剧家协会副主席茅威涛，将百年非物质文化遗产越剧重新带进年轻人的视野。不同于以往的是，这次双方不仅打造了一款越剧文创皮肤，更是全力打造了一个全新的数字文化 IP——越剧虚拟演员“上官婉儿”，将传统艺术与数字文化创新融合再造，成为流行文化，带动了越剧破圈。②2019 年 11 月 8 日，“上官婉儿”作为越剧演员还从幕后来到台前，通过全息幻影成像技术，创新演绎了越剧经典剧目《梁祝》，并且未来“上官婉儿”也将常驻小百花越剧场进行演出。对于《王者荣耀》与越剧双方而言，此次“上官婉儿”越剧演出都是一次突破性尝试，更是科技与文化深度融合创新的典范。

---

① 赵慧颖. 以数字技术赋能非遗创新发展［EB/OL］.（2023-10-10）［2024-07-21］. https://www.cibexpo.org.cn/ppzx/1253.jhtml

② 夏奕宁. 浙江小百花携手王者荣耀，“上官婉儿”拜师茅威涛［EB/OL］.（2023-10-10）［2024-07-21］. https://www.thepaper.cn/newsDetail_forward_4926059

3. 科技创新增进文化影响力：促进中国文化传播

当今时代，讲好中国故事、传播好中国声音、展现可信、可爱、可敬的中国形象，离不开科技创新的助力。党的十八大以来，中国文化的国际传播效果和影响范围与日俱增，其中，科技创新的支撑作用功不可没。从高技术集成的熊猫模型和舞蹈机器人在平昌冬奥会闭幕式上共塑的“北京 8 分钟”，到北京冬奥会开幕式“人类的雪花”对人工智能、云计算、数字孪生等技术的成规模应用，再到中央广播电视总台“央博”数字平台用前沿科技传播中华优秀传统文化的不懈探索，无不展现出科技创新助推中国文化辐射全球的强大力量。未来，在建设中华民族现代文明的使命感召下，我们还要顺应国际传播移动化、社交化、可视化的趋势，综合运用元宇宙、生成式人工智能、5G、虚拟现实、裸眼 3D 等各种前沿科技成果，不断更新和丰富传播手段、传播形式，以海外受众乐于接受和易于理解的方式多模态呈现中国文化的精神标识和文化精髓，填平文化鸿沟，打破文化壁垒，推动中国文化走出去，让世界读懂今天的中国、了解今天的中国。

依托人工智能技术优势，改变中华文化资源的空间表现形式，突破传统文化与大众之间的单向互动模式，实现“单一线下”向“在线在场”的跨时空化传播。云展览、数字博物馆、全息幻影成像展示等模式应运而生。近年来，国潮文化受到社会各界的广泛关注，中华文化的发展和传承也取得显著效果，这与依托人工智能技术优势，实现中华文化跨时空化传播密不可分。国潮文化是依托于中国文化元素，将传统文化和现代潮流审美相结合的一种文化形式。这种文化形式不仅具备中国文化传统基因，而且与当下潮流相融合，被绝大多数受众所喜欢。2022 年，百度集团制作的虚拟数字人国风少女“元曦”，成为中国日报首位数字员工，以“中华文明探源者”的身份在全球亮相。“元曦”身着雪花纹中国风服饰，齐颈短发带着一缕绚丽的紫色挑染的国潮扮相，在元宇宙中带领大家探索源远流长、博大精深的中华文化。她带领大家体验远古先民们刻在岩石上的艺术瑰宝——贺兰山岩画，穿越 3300 年带领大家探源中国汉字源头——甲骨文，走进剪纸世界，感受中国民俗文化的无限魅力。此外，还有以敦煌文化为灵感，从传统文化中汲取养分，并将其进行融合创新，设计出来的大气典雅、独具中国古典美学特色的敦煌“天好”，她将敦煌壁画里的巾舞完美呈现，上线仅一个多月，全网视频播放量就超过 8000 万，抖音主话题阅读量超 1 亿[①]，给海外观众呈现了传统文化的饕餮盛宴，向世界传播了中华文化。科技的力量还革新了文化故事叙述与演绎呈现的方式，实现了中华文化与受众的双向交互，助力文化探源溯源。通过科技的力量同历史对话，可以揭示中华文化起源、形成和发展，为重现中华文化的灿烂成就贡献力量。人工智能

---

① 廉佳. 人工智能技术赋能中华文明世界传播［EB/OL］.（2023-10-25）［2024-07-21］. https://www.cssn.cn/skgz/skwyc/202310/t20231025_5692688.shtml

技术的加持使得厚重的历史文化变得生动有趣，跨时空互动让中华优秀传统文化与现实生活形成更紧密的关联。

二、赋能新时代文化建设的科技制高点

随着大数据、人工智能、虚拟现实（VR）、区块链、元宇宙等新技术加速革新，数字技术在文化、经济、政治、社会、生态等领域得到广泛应用，表明数字化与智能化并行的数智时代已经来临，智能技术驱动文化创新与社会变革的力量持续增强。[①]当前，科技创新赋能文化建设一方面体现在利用数字化发掘、储存和传播等技术，夯实中国式现代化数字文化强国的数据资源基础。数字化和大数据技术包含 3D 场景建模、数字遥感测绘、智能知识图谱等多个方面，应用这些技术可以对优秀文化资源进行数字化采集、梳理、开发，对已实现数字化的文化资源进行拆解、归类、标准化及储存，形成中华文化标本库、基因库、素材库。另外，运用智能媒体、文化数据服务平台，可以实现更广泛、更高效、更具影响力的传播，增强文化体验感、真实感、获得感。另一方面，还可以利用科技创新推进文化产业创新，巩固中国式现代化数字文化强国的经济基础。

在新时代建设社会主义现代化强国的发展要求下，数字化的兴起与广泛应用成为文化现代化和文化强国建设的重要推动力。通过数字技术系统化地疏通文化产品生产流程中的信息流、技术流、知识流、物流，可以推进文化生产的分工体系、分工机制、产业治理体系的跃迁发展，促进文化产品供给与生产模式实现智能化产品制造、在线化布局分工、专业化高端供给。依托低延时、大容量的 5G 技术，实现精准分发的智能算法技术，保障数字交易的区块链技术等，能够协同驱动文化产品流通向在场化、即时化、智能化方向迈进。在数字化技术高速发展的时代，科技与文化的结合体现在多个方面、多个领域。而在科技赋能文化建设的具体领域中，有关科技对文化建设的促进和提升作用可以分成以下几个方面：数字技术对传统文化传承和创新的助力与推进、互联网平台对优秀文化成果的传播和推广，以及虚拟现实等技术所带来的文化新鲜感和文化体验升级。

（一）数字化技术的应用：传统文化的数字化传承与创新

当今世界，科技发展与文化发展呈现出前所未有的紧密、深度融合发展态势，科技成为文化创新、发展、展示、传播、消费、交流的重要动力和手段。以互联网、数字化、大数据、虚拟技术等为代表的新一代科技的快速发展和广泛应用，对传统文化的保护、传承产生

① 解学芳，高嘉琪. 数智时代文化科技伦理隐患形成机制及中国式治理图景［J］. 南京社会科学，2023（6）：139-149.

了一定的冲击。但与此同时，我们也应当看到现代数字技术对传统文化的保存、保护、传承和创新的助推作用。将数字技术融入传统文化的传承与创新有其逻辑上的必然性和路径上的必要性，当前我国传统文化在可持续发展的过程中面临一系列的问题，需要现代数字技术的帮助以谋求长远发展和新的活力。

1. 中华优秀传统文化存在传承的碎片化、单一化、断层化问题

中华优秀传统文化资源体系庞杂，缺乏科学全面的系统梳理，各地区、各类型的传统文化遗存各自为政，缺乏稳固有效的基础支撑。碎片化困境导致中华优秀传统文化传承集约化、整合能力不足，文化资源式微、价值体系消解、保护举措缺乏，制约了中华优秀传统文化的可持续发展。当前中华优秀传统文化传承人，尤其是非物质文化遗产的手艺人普遍年龄较长，更倾向借助传统传承手段，依赖口耳相传、口传心授的方式进行文化传承，传承理念较为单一。在科学技术主导的全媒体时代，单一僵化的传承方式必将限制中华优秀传统文化传承的广度和深度。此外，从优秀传统文化的传承路径来看，当前中华优秀传统文化传承对数字媒介运用不足，或仅将数字媒介作为单一的展示手段，缺乏与中华优秀传统文化的深度结合。从传承内容来看，闻名遐迩的文化品牌较少，题材还不够丰富多彩，文化符号较为单一，对大众吸引力有限。随着传承人数量的日益减少，加之涌现出一批为攫取经济利益批量复制传承路径的谋私者，这种蓄意炒作与利益驱动，导致文化传承展演空间被不断挤压。随着老一辈传承人相继离世，传承后继乏人、传承体系断裂的困境将成为中华优秀传统文化发展的主要阻碍。

2. 数字技术对传统文化的创新与推动发展作用

在万物皆媒、一切皆可数字化的时代，科学技术日益成为文化发展的重要助力，对于畅通文化信息渠道、增强文化感召力、扩大文化辐射范围等具有重要意义。①数字化所具有的资源整合型特征可以为大众突破障碍、获取信息提供便利，数据采集、资源检索、云计算智能推送等技术使人们可以从海量信息流中快速获取传统文化的相关内容，能够激起人们对传统文化内容的兴趣，并使人们可以迅速定位和搜寻感兴趣的相关内容。基于社会化媒体、移动互联、传感器、大数据、智能化的文化呈现模式，为受众搭建文化传承空间的方式，打破了横亘在受众与传统文化之间的知识壁垒，使得原本晦涩的文化经典经由科学技术手段加工再现后变得简明畅达，受众可以更轻松地理解其中奥义，实现文化效能最大化。因此，数字化为中华优秀文化传承提供了多元化的手段，能够有效改变以往单一化的传承方式，为中华优秀传统文化传承和传播提供更为广阔的空间。

数字化所具有的广受众性特征契合当代潮流，影响更为广阔。中国国际电视台、腾讯社会研究中心与上海大学曾军教授团队共同发布的《数字新青年研究报告》显示，受访者中近

① 周建新. 中华优秀传统文化数字化：逻辑进路与实践创新 [J]. 理论月刊，2022（10）82-88.

90%的青少年对传统文化感兴趣，其中4/5的年轻人借助网络了解传统文化。[①]这种“信息中心”逐渐让渡给“用户中心”的模式，使用户成为接收、传播信息的重要节点。加之互联网技术在吸引用户流量、激发创作者能动性等层面显示出的巨大变革力量，使得中华优秀传统文化在文化传播与艺术体验上真正实现了当代表达。可见，数字化突破了时空的限制，为中华优秀传统文化提供了无边界的传播，增强了文化辐射的广度。数字技术原生的资源整合性、易理解性、强传播性，能够打破时间与空间壁垒，实现文化资源高频度、全方位、低成本的数字化传承效果，使接受者能肆意遨游于中华优秀传统文化的汪洋大海中。

3. 数字化技术推动中华优秀传统文化传承与创新的实践路径

中华优秀传统文化的传承与保护是事关民族永续发展的重大事业工程，数字化技术对传承和创新的助力与支持是时代背景下重要的手段和方法。二者的结合是一项复杂的系统工程，在具体的实践过程中，要对二者关系的原因、本质、特点、局限等进行科学的总结，以达到二者结合的最好效果。[②]国家和政府需要引导、投资与鼓励相关部门和平台创建多元化的传统文化虚拟空间，从文化群体、文化场景、文化传播秩序等方面给予充分的培养建设与支持，并形成以政府为主导、科研机构为技术支撑、公司企业为宣传平台的传统文化元宇宙开发共同体，激发传统文化参与主体的个体力量，使得文化参与群体不仅在传统文化的虚拟空间中得到满意体验，还能在非虚拟的物理空间中延续其文化体验的现实价值。在虚拟与现实的双重空间之中完成传统文化的现代性重构，才能使传统文化在数字化时代拥有持续发展的生命力与现代话语权。[③]

在传统文化的有效传承与创新实践中，不仅需要数字技术的强大助力，而且还要深化精神内核的挖掘。数字技术是优秀文化传播的有效动能，而精神内核直接关乎传统文化的传播品质。有关传统文化的传承事业涉及多个领域的多个方面：传统文化数字化技术体系的构成、哪些数字化技术适用于传承传统文化、不同数字化技术适用于传承哪种类型的传统文化、不同类型的数字化平台和媒介与文化结合的优缺点等，都是我们在利用数字技术对传统文化进行传承和创新过程中需要思考的问题。数字化技术在当今世界科技化、智能化发展的浪潮中也亟待取得更大的突破和创新，从而使修复和传承中华优秀传统文化的步伐一直跟随时代发展的潮流。通过深化国家、地方政府、专业机构、企业、学术界、文化精英、普通群众在传统文化数字化技术传承中的角色定位、作用发挥的认识，以及对文

① 马爱平.《数字新青年研究报告》：打开数字新青年的正确方式[EB/OL].（2019-11-10）[2024-07-21]. https://www.stdaily.com/index/kejixinwen/2019-11/10/content_812823.shtml

② 莫代山.少数民族优秀传统文化数字化技术传承研究[J].中华文化论坛，2018（1）：67-74.

③ 许昕然，李琼.从文化空间到元宇宙：传统文化空间的数字化再生产[J].广州大学学报（社会科学版），2023，22（2）：62-70.

化、科技、财政、法律、人力、广电等相关部门责任担当的认识，更好地实现中华文化的传承与海外传播。

（1）运用大数据技术协同文化资源整合，打破“信息孤岛”

当前，在中华优秀传统文化数字化建设进程中，各机构及传统文化资源保存地常出现“交流不畅”的“信息孤岛”局面，所搭载的数据库通常仅供本单位、本部门使用，不仅造成人力、物力、算力多重资源浪费，而且不利于文化资源可持续利用。因此，梳理中华优秀传统文化资源脉络、统筹开发数字化工程与数据库内容、构建国家文化资源数字化平台体系刻不容缓。通过打造专门的传统文化传承与创新数字化平台，可以从权威媒体、地方媒体、少数民族文化展示平台、民间平台等多个方面完善中华优秀传统文化传承数字平台体系。

国家级媒体具有受众性广、权威性高、影响力度大等特性，想要实现传统文化平台的扩展性和延伸性，可以先在国家级媒体中尝试建立两到三个专门从事传统文化传承的专业平台。如现中央广播电视总台传统文化类节目分散于综合频道、戏曲频道、纪录片频道、国际频道、综艺频道等多个频道，建议可整合相关资源，将戏曲频道改设为或新开通为传统文化频道，将其打造为以传统文化记录、制作、传播、交流为宗旨的权威平台。可由国家民族事务委员会建设一个权威性的中华优秀传统文化网，专门从事传统文化的知识普及、新闻、视频、虚拟体验、互动等活动。

发挥地方在传统文化资源挖掘、整理、采集和文化保护中的基础作用。积极鼓励有基础和条件的各省市和自治区发展多种形态的传承平台，对条件不成熟的地方，可整合相关资源建立一个本级综合性的传承平台，并在技术和资金上予以重点倾斜，按照平台建设水平和功能发挥水平分配支持资金。加强对民间平台的引导工作，在技术、资金、文化、资源等方面予以适当支持，从而发挥普通群众、民间组织和机构对文化知识的了解更为直接、收集文化信息更为便捷、传递文化信息更为及时的特点。并在中国最有影响力的网络搜索平台如百度、360 搜索、夸克上，开设“民族文化”搜索专栏，使广大网民关注传统文化、接受传统文化知识更为便捷和专业。

（2）加强专业技术人才培养和技术创新

由于我国的传统文化传承人大部分年龄较大且缺乏运用数字技术的意识和应用数字技术的环境，因此需要培养专门的传承传统文化的数字化技术人才，帮助优秀传统文化更好地传承与发展。可以通过开设传统文化数字传承相关专业，如在高校建设中，开设文化数字化或文化信息化等相关专业，培养文理兼容，同时精通数字化技术和文化学、社会学、民族学、文献学相关学科知识的人才。除了对学生群体的培养外，还可以通过开设相关研修班，在高水平大学中组织地方各级文物工作者、文化工作者、非遗传承人和其他具有较高水平的从业者，以及企业、学术机构的业务骨干和部分管理人员，进行为期一个月左右的短期学习。通过专业知识学习、课堂研讨、创作实践等，帮助他们提高技能、开阔眼界、丰富创新、解决难题、拓展应用空间。

（3）加强文化交流互鉴，吸收西方传承传统文化数字化技术应用与管理的经验

欧美发达国家对应用数字技术保护和创新本土传统文化开始的时间较早，也展示了很多宝贵的成功经验。1999 年，欧盟国家启动了一项名为“内容创作启动计划”的项目，明确规定将文化遗产数字化作为基础性内容，需要进行大力挖掘。法国和意大利的传统文化资源丰富，在数字化保护与管理方面取得了很多有益的经验，如联合推动了欧盟文化遗产数字化项目、集中力量构建了文化遗产数字化保护的技术体系和规范流程。以美国、英国、法国等为代表的西方发达国家已经在传统文化数字化保护的数据采集与数据模型、数字化方法、场景构建、虚拟现实、信息共享、公众制图服务等方面取得了重要的进展，为我国优秀传统文化的数字化保护与创新提供了诸多宝贵的可供借鉴的经验。

（二）互联网平台的推广：让优秀文化成果惠及更多人

在“互联网 +”背景下，新媒体平台的出现和大数据技术的应用使得人们接触到优秀文化成果的机会增加，文化与受众之间的壁垒逐渐消失。新媒体时代信息传播矩阵一般包括社交平台、客户端、微信等不同形式的流媒体平台，这些平台可以共享内容、用户，进而形成一个强大的新媒体传播网络，让文化传播实现用户覆盖最大化。随着大数据技术的进一步提升和互联网平台推动作用的增强，线上文化产业开始兴起并占据一席之地，线上与线下文化结合推广的模式开始成为主流传播模式。在文化推广过程中，互联网不受限于时间与空间，使得文化产业与文化成果的传播空间变得更加广泛。新媒体时代文化传播方式的变化，使文化建设和传播在保持传统传播流程的同时，要针对不同新媒体平台的特点生产差异化的文化内容，避免将同一类型、同一风格的文化内容放在不同的互联网平台上这种简单化操作。在文化传播的过程中，相关的文化企业和有关部门要充分考虑不同新媒体平台的优势和区别，充分结合新媒体和互联网平台的信息前沿性和传播高速性对符合传播条件的文化内容进行适当加工，以图片、文字、互动游戏等差异化内容推送给不同平台，让观众以不同的形式接触这些优质内容，让不同平台用户在沉浸式体验中接触文化、学习文化。

1. 整合平台传播渠道，提高平台的传播和推广效率

当前，新媒体平台众多，在扩大受众量和传播范围的基础优势上，也存在多平台内容重复、传播效率不高的劣势。如果将各新媒体平台的内容整合，在满足传播渠道多元化的同时实现内容的多样化，对优秀文化成果的传播将带来更大的优势和益处。利用互联网和新媒体平台进行传播时要坚持个体与集体协同、自主与规范兼顾、内部与外部共生的原则，积极打造个人、团队、组织机构等多元协同的参与格局。

第一，发挥明星效应和优秀人才的引领作用。地方政府和相关新媒体平台应实现政府和企业间的相互结合和共同促进作用，主流大势平台用户数量多、基数大的几个新媒体平台应牢牢抓住国家要求的文化发展方向，设置相关的平台优惠和鼓励政策，推动当代年轻人通过拍摄短视频、发布相关博文等方式传播优秀文化内容，培育文化传播先锋并形成合适的文化传播网络。

第二，发挥文化类组织的支撑作用。令文化爱好者、民间自发文化社团、官方文化部门、文化企业和各类文化传承人等个人与组织机构主体，依托集体优势打造具有辨识度的适合发布在新媒体平台上的作品或作品组合，提高各类优秀文化精品的传播合力。

第三，发挥政府部门的保障作用。各级政府管理部门要明确在文化传播过程中新媒体和互联网平台的功能定位，挖掘整合民俗、乡约、家风等优秀文化现实资源，为相关个体或组织提供丰富的文化创作素材；还可组织开展新媒体平台应用培训、竞赛活动，为各类应用新媒体的文化创作者提供多方支持，通过内部引导和外部推广完善保障体系。新媒体平台的兴起进一步拓展了中华文化传播的实践渠道，培育广大民众共同参与文化创作，是中国式现代化建设中文化现代化建设与传播的根本驱动。

2. 保障新媒体平台发布的文化内容质量，促进长效发展

无论数字化与大数据技术如何演进、新媒体与互联网平台如何发展，内容为王始终是“第一定律”。利用新媒体促进文化传播的创作者必须加强内容的思想建构和价值延展，确保优质输出与长效供给。一方面，创作者要平衡好主题内涵与质量间的关系，精准表达主题、精巧设计形式、灵活处理素材，避免陷入视觉误区和无效信息的陷阱中。另一方面，创作者需平衡好内容与形式的关系，既要深入挖掘自身感兴趣文化中的优秀元素，全面呈现新时代中华文化的风貌，又要创新表达形式、讲究叙事技巧，全面激活受众浏览观看并参与的内驱力，广泛达成新时代社会主义文化价值共识。此外，创作者还需处理好感性表达和理性阐述的关系，在以感性表达引发受众情感共鸣的同时，注重内容真实、阐述客观，由此确保新媒体平台产出的长效供给，避免陷入情感疲劳并影响受众认知。

（三）虚拟现实技术的应用：身临其境的沉浸式文化体验

沉浸式体验是借助现代信息技术模拟真实环境或情景，营造特定的氛围，让观众产生一种置身其中的感觉，并与之互动的一种全新体验方式。沉浸式体验一般使用增强现实（AR）、虚拟现实、声光电等技术来模拟真实环境，让观众能够感受到真实的氛围或情感，进而让观众获得更好和更加真实的场景体验或消费体验。[①]沉浸式体验作为一种全新的技术

---

① 甄伟锋，李超杰. 新媒体时代纪录片对传统文化的创新传播——以《可爱的中国》为例 [J]. 中国广播电视学刊，2024（2）：53-56.

手段已经在游戏、文化、旅游、娱乐等诸多领域实现了广泛应用。电视节目和各类线下文化展会也紧紧跟随技术革新步伐，将沉浸式体验应用于节目生产和文化成果展示过程中，给观众带来了更加真实的场景体验。线上节目的沉浸式体验主要通过高清晰度、立体音效等技术配合真实场景、真人演示来实现。在传统电视平台和新兴新媒体平台中营造真实的氛围，关键是逼真的画面和声音，高清晰度、色彩丰富的画面和立体音效，能够将观众带入拟真场景，让观众获得身临其境的真实体验。

近年来，虚拟现实技术在与电视文化综艺节目的耦合中取得了显著效果，一批展现中华优秀传统文化的视听节目脱颖而出，为文化类综艺节目树立了新标杆。例如，中央广播电视总台的文博类节目《国家宝藏》采用全息影像技术等多种现代化数字科技，为观众打造出了立体、沉浸式的情境舞台，呈现出无与伦比的视听奇观。舞台中央的巨型电子屏，营造出强烈仪式感；九根冰屏柱交错而立，呈现出立体的视觉盛宴；全息影像技术，打破空间桎梏，将国宝的三维画面悬浮在展示柜中，并对国宝进行全方位、多角度的展示，使尘封已久的文化遗产再次绽放新的光彩。文化类综艺节目《典籍里的中国》依托中华丰富的典籍资源，借助古今对话的叙事方式，讲述典籍的诞生源起和流转传承。在古今对话的意义表达过程中，节目组创造性地设计了 270° 环幕投影舞台，并借由甬道将历史场景与现实空间进行了有意义的交汇。在舞台演绎过程中，增强现实技术和实时跟踪技术推动了历史与现实空间的自然转换，营造出沉浸式的意义场域，让观众置身于历史与现实，情与景的交融中，从而建立起了有关传统文化的“想象的共同体”，加深了人们对民族历史的集体记忆。数字媒介所提供的“全息幻境”技术，让观众体验到超真实的唯美图景，更易读懂中华优秀传统文化中的民族精神，从而成为文化的传播者。①

文化参与主体，即文化受众通过沉浸式体验将传统文化中所包含的过去的历史重现，实现了传统文化空间的具象化与现实化，是比单纯的文字与口头记忆历史更鲜活的纯真性体验。这种“过去重现”亦是一种对涵盖了古代生活环境的集体记忆的文化景观重构，是文化遗产及其民族语言、文字、舞蹈、音乐……与景观等生活场景被民族核心价值体系或者意识形态框架转变为的意义符号。三维的沉浸式体验超越了二维的图形交互阶段，通过感官触动、手势动作、肌电融合等多种方式，实现了人体脑神经信号与媒介中表体建模的信息动态转化。这种人机共生的具身智能交互，重塑了在传统文化空间中自然景观的物理传统结构，通过具身智能交互的直接关联强化乃至创造了存在于虚拟空间中的“现实”自然景观，使任何传统文化空间的意愿参与者都能获得理想化的全景式沉浸体验。同时，这种沉浸式体验还会促进各类传统文化景观的资源整合，并通过创建相关文化产业链，以及各类网络平台和新

① 赵红勋，付月. 数字化时代传统文化的视听传播策略探析 [J]. 当代电视，2021（11）：54-58+62.

媒体技术，实现传统文化更广泛和快速的多面传播，有利于传统文化景观的当代数字化保护发展与传承。

1. 讲好文化故事，做好文化场景

好的文化体验需要依托具体场景，多模态展示方式能快速调动大众的文化感知力，以便更好开展信息交流与空间共享。而丰富中华优秀传统文化体验的最优解是将其纳入全景呈现视野中，使受众可以通过互联网在线上传统文化意义空间中虚拟漫游、交互共享。一方面，应完善文化新基建、文化大数据、文化数据资产化、文化体验场景化等路径建设，实现中华优秀传统文化立体重构与生动再现。另一方面，应在传承中华优秀传统文化时借助数字化技术和信息手段虚拟跨域时空、延展传承空间、增加传承时间，为中华优秀传统文化注入新鲜血液与力量。既有的中华优秀传统文化主要通过语言表达意义，实现文化传递与传承，而当前数字化语境下多模态化内容赋能，逐渐成为文化传承实践的新常态。如短视频、中长视频、直播、沉浸式演艺等模式取代了原有的干瘪枯燥的说教形式，以更契合当下互联网用户信息获取习惯的方式呈现传统文化，满足了受众日益多元的文化审美需求。

《“十四五”文化发展规划》中提出：“鼓励沉浸式体验与城市综合体、公共空间、旅游景区等相结合。”相比纯娱乐性的体验感受，融入文化的沉浸式体验，在发展消费新业态、拉动消费升级、推动数字文化产业发展以及满足人们文化需求方面，有着十分重要的意义。文化体验是消费者积极参与文化项目并相互作用后形成的心理和生理感受。比如2021年，敦煌研究院推出“点亮莫高窟”创意互动，使受众跨越地域限制，沉浸式感悟敦煌之美；再如腾讯联合《光明日报》推出“国宝全球数字博物馆”小程序，运用腾讯多媒体实验室研发的高清拼接等数字化技术，再现了海外博物馆300余件中华瑰宝的独特风貌。对于中华优秀传统文化爱好者而言，音视频、声光电等多模态展示技术搭建了文化意义空间，虚实相生的数字空间有助于文化主体塑造文化归属感、认同感与传承信念感。

2. 实现文化内容创新与前沿技术的相互结合

沉浸式体验在不断集成大量科技成果的同时，对文化创意内容的开发提出了越来越高的要求。近年来，文化产业领域的沉浸式体验之所以获得飞速发展，就在于技术集成与内容创新的结合，不断地突破平衡，暴露出彼此的差距，又不断地融合创新，找到彼此的契合点，从而日益广泛地应用于多个领域。沉浸式文化体验对文化的内容和科学技术的发展都提出了更高要求，每一种新技术手段在沉浸式体验中的应用，都必须承载相应的文化创意内容，反过来说，每一种新的叙事结构和主题设计，都必须获得新技术手段的强有力支持和表达。沉浸式体验处在科技与文化的交叉点上，又通过创新灵感和交叉思维进行产业化运作，培育和壮大了新的文化产业形态。

沉浸式文化展览通过光影、味道、装置艺术及舞蹈表演等，将特定的内容展现给观众。它利用光影与互动技术，将以往观赏为主的展览内容升级为体验度更高的经历。正如多位会展界的专家所指出的，当代展览业突破了传统的展厅布陈方式，正在进入全景式、互动型、震撼式的新时代，也就是“大展览时代”。而沉浸式展览具有华丽的展示效果和全方位的感官体验，成为“大展览时代”最吸引眼球的展出形式之一。与传统展览相比，沉浸式展览能够更好地传播精神、烘托主题，通过设置互动体验环节增强参观者的参与感、体验感，使其对展览内容及主题产生共鸣。比如由绽放文创投资有限公司携手敦煌研究院举办的“神秘敦煌”文化展，以全球最大的涅槃卧佛，呈现出震撼人心的感官体验。更让人叹为观止的是，在敦煌现场都未必能观赏到的7个极具艺术意义的1∶1复原石窟，在“神秘敦煌”上灿烂展出。它们有别于以往纯平面、静止型的观展方式，而以360°的动感飞天壁画给予参观者沉浸式的感官震撼，成为用现代科技手段演绎世界文化遗产，推动中国文化走向世界的一个成功案例。

3. 高度关注年轻群体的文化需求与文化体验，激发年轻一代的文化兴趣

当前，随着新媒体平台的大规模兴起和大数据的定点推送与追踪技术的发展，文化传播的速度越来越快，涉及文化消费的种类越来越多，年轻一代消费群体对数字化技术的熟练应用使得他们逐渐成为我国文化市场消费的主流。我国人口众多，拥有数量庞大的潜在沉浸式文化消费群体，新媒体和互联网时代下成长起来的年轻一代，是沉浸式消费的中坚力量。这一批年轻群体在文化消费方面具有接受多元、喜爱刺激、迎合时尚、泛娱乐化、喜欢互联网、愿意为优质文化服务付费等鲜明特点。有鉴于此，中国在发展沉浸式体验时，应把本土和相关国家的年轻人作为最主要的目标群体，加快进入这一具有重要市场价值和社会意义的蓝海空间。

在数字化时代，信息飞速发展，消费者和观众面对的各类信息呈持续化增长态势，所以消费者对自身消费过程中的消费体验和消费过程后的消费持续性追踪产生了更多要求。基于此，在文化传播、扶持文化产业和促进文化消费的过程中，不能再把消费者和观众简单地当成文化输出的被动接受者，而应将消费者当成文化传播的参与者和创造者。这种创造性参与体验的重要方式是“角色代入”，即将消费者置身于某种文化场景中，扮演某种角色，通过互动体验来深入了解展出文化背后的历史和时代内涵。通过“角色代入”式创造性参与，消费者可以充分感受到消费背后的历史情境和文化精神，从而更加深刻地理解文化输出的价值和意义。这种互动体验也能够增强消费者的兴趣和参与度，提高数字化文化传播的吸引力和有效性。符合年轻一代消费群体的消费需求，在提升年轻群体消费体验的同时，能够激发他们投身文化建设的进取心，成为助力我国建设社会主义文化现代化强国的内生动力。

4. 持续开发前沿技术，实现多学科与多领域资源集聚

文化与科技的融合创新，是当代世界探索的前沿领域。它依托三个基本条件：一是高度依赖优质资源，即把文化资源、资本资源、技术资源、制度资源等进行优化整合，以满足市场的需求。二是高度依赖人才，积极发挥知识型人才的想象力和创造力，形成绵绵不绝的内生动力。三是高度依赖对开放和多元的包容，以促进不同文化基因的交汇，形成融合发展的竞争力优势。①在互联网、大数据、区块链和5G时代，我国必须应用多渠道、多语种、全媒体、多品种、全链条的立体网络，依托产业基地、高等学校、专业论坛、研发平台、战略联盟、科创板等节点，吸引全球创新资源集聚和整合，推动我国文化消费市场的转型升级。

在文化和科技融合的大背景下，我国必须通过技术集成和文化内容的有机结合，突破沉浸式体验所涉及的信息技术核心与关键技术瓶颈，才能在全球沉浸式技术和产品市场中具有发言权，从而为增强文化软实力的输出提供有力支撑。科技创新作为新生产力要素，对于数字文化生产方式与生产关系的形塑至关重要。新兴数字技术可以引领消费者进行消费方式的升级，增强现实、虚拟现实等技术是文化与科技创新结合的前沿领域，是可以延伸文化产品的体验式消费。通过人工智能算法实现个性化消费、通过物联网技术对文化产品进行溯源消费，营造良性文化生态，是科技赋能文化建设的具象体现。

三、科技创新赋能新时代文化建设的路径

当前，新一轮科技革命和产业变革突飞猛进，科技创新和社会发展加速渗透融合，以科技创新赋能文化建设已经成为一种世界潮流和时代要求。党的二十大又为社会主义文化强国建设指明了新方向、提出了新要求。因此，在新的历史起点上，我们要继续推进科技创新赋能社会主义文化强国建设，为实现社会主义现代化强国建设、中华民族伟大复兴注入强大精神力量。随着文化在中国特色社会主义事业中的作用日益凸显，科技创新在文化建设中的价值越来越重要，实现科技创新赋能文化建设的结合作用被提升至越来越重要的位置上。在实现科技创新赋能文化建设的现实路径上，可以从政府、企业和社会三个方面进行相关的提升和展现。

（一）政府层面：政策扶持、资金投入与人才培养

政府在科技创新与文化建设的结合方面主要起到一个把控全局和政策引领的作用，表现在对科技创新的思想引领、战略引领、总体部署与规划、目标管理与绩效考核等方面，以及

① 花建，陈清荷. 沉浸式体验：文化与科技融合的新业态 [J]. 上海财经大学学报：哲学社会科学版，2019，21（5）：18-32.

对相关文化建设的政策支持，部署相应的资金投入和培养相关的优秀人才，实现科技赋能文化建设的内生动力。在政府层面，应充分加强顶层设计，谋划科技创新赋能新时代文化建设的战略性发展。政府要充分认识到新时代文化建设的重要性以及建设社会主义现代化强国离不开文化现代化的必要事实，更要充分认识到在当今数字化与大数据技术飞速发展的状态下，科技创新可以促进文化建设的真实性和必然性，以及加快科技创新赋能文化建设的紧迫性和严峻性，把科技创新作为实现社会主义现代化文化建设发展的基础，予以谋划。将科技创新列入科技赋能文化建设的总体发展规划布局中，实现文化建设与科技创新的和谐共生、互促互进。把科技创新作为文化建设的内生动力进行培育，推动新时代文化建设的可持续性健康发展。

1. 强化政策支持，提高办事效率

在政府工作过程中，要加快推动建立完善的工作机制。加强政府各决策和办事部门间的有效对接，及时了解相关数据、信息，掌握决策需求，组织相关人员开展需求调研，促进资源共享、共用。强调问题引导、供需引导，健全激励关怀机制，落实好已有的文化发展政策和科技创新政策。监管部门要充分发挥自身的作用，认真监督政策的执行。在政策允许的范围内，政府可以积极帮助文化产业企业和科技前沿企业争取经费支持和税费减免等福利待遇，为相关企业能够持续健康发展创造良好条件，从而营造和谐的文化建设氛围。

通过战略规划和具体政策推动文化和科技融合。党中央可以出台一系列的指导意见，明确全国科技赋能新时代文化建设的主要目标、重要任务、重点工程、保障政策等具体内容，就我国文化科技融合到2035年所要达到的战略目标进行规划，大力推进文化和科技融合创新发展。这些战略规划旨在促进科技和文化事业、文化产业重点领域的全面深度融合，催生文化新业态，延伸文化产业链。针对数字化技术的进步和所属前沿领域，可以专门设立相关文件，文件的主旨在于促进文化和科技融合提升，构建线上线下、在线在场的数字文化生态体系，做强超高清视频产业集群，培育沉浸式交互性业态，大力发展数字文化制造业。这些战略规划在制度和机制方面，可由原先单一的文化部门负责文化科技融合，转变为由科技、宣传、文旅、网信、广电、财政、金融等多部门协调联动，推动文化科技融合由单一行业发展向多行业发展，取得重大创新和进展。

文化和科技融合作为新兴行业，催生了一系列新业态、新模式、新产业，但在发展过程中也会遇到新的问题，因此知识产权、金融创新、营商环境等方面需要完善的政策体系来保障和实现。相关部门要配套出台实施办法，形成数字文化产业政策体系。拓宽文创产业链条，支持企业实现垂直、细分、专业发展，形成以数字技术创新为驱动，以内容和创意为主体的新型文创企业集聚高地。推进领先优势的文创企业强链、延链，要加快传统文创产业提质改造力度，以数字技术为引擎，助推地方特色文化产业建链、补链，推动文创产品由低附加值向高附加值演进，提升文创产品竞争力。在知识产权保护方面，不仅要落实已有的《中华人民共和国著作权法》《中华人民共和国专利法》《中华人民共和国商标法》等法律，在此基础上，各级地方政府还可以出台适合本地区的政策措施，不断加大对知识产权的保护力度。通过构建相关的公共服务政策体系和平台，展示 5G、大数据、云计算、人工智能等技术在文化领域的集成应用和创新，展示科技赋能文化产业的新应用、新业态、新模式。

2. 加大科技文化事业支出，对相关企业进行资金倾斜

数字生产与服务常态化是数字时代的基本标志，也是公众的现实需求。而且，无论是企业创新链，还是供应链、价值链，均离不开新型基础设施建设的基本支撑。优质网络设施同样是数字文化产业发展的刚需，因此我们需要持续提高此类设施的发展速度，从而增强数字系统整体供给能力，提升服务水准。同时，应开发一批以数字技术作为支撑的中华优秀文化数据库和创新项目。此外，还应建设我国文化遗产元素数据库，发挥智库力量，对我国地方戏剧、古建筑等文化遗产进行数字化采集；建设前沿数字创意元素数据库，构建现代数字艺术、前沿科技文化新技术、新创意元素数据库；设立全国数字创意科技专项项目，支持虚拟现实、增强现实、全息幻影成像、裸眼 3D 显示、文化资源数字化处理、人工智能等前沿技术研发及应用；建设一批数字型跨界企业研究院、创新平台，为数字文化行业的稳定发展提供科技与智慧支撑。

加大资金投入，设立专门用于扶持科技创新与文化融合、建设社会主义现代化强国的科技文化领域发展专项资金，加大支持力度，增强发展内力和后劲。加大对有影响、有分量、有深度的基础研究和文化成果的支持和奖励力度。同时，对后续效果突出的文化产业科技合作平台进行奖励，提高积极性。持续加强文化和科技融合关键核心技术攻关，同时注重提高文化科技创新成果转化和产业化水平，促进创新链与产业链有效对接融合。加快推动 5G、超高清视频、新型显示、虚拟现实、工业软件、人工智能和区块链等科技成果在文化领域的转化示范和应用推广，提升文化领域相关设备、软件和系统的自主性、安全性和可靠性，提高文化创作生产、流通、消费管理各环节的数字化和智能化水平，进一步强化科技对文化产业发展的支撑能力。

加大对文化产业科技型企业的支持力度，颁布实施公开透明的政策，对符合要求的文化产业科技型企业给予发展所需的资源要素支持。发挥文化产业科技型企业作为文化科技融合创新主体的作用，支持更多文化产业科技型企业加入文化科技基础研究、技术创新、成果转化、产业化过程中。持续完善文化领域技术创新中心、重点实验室、新型研发机构、工程技术中心、协同创新中心等研发平台体系，建立文化科技融合实验室，畅通产学研用协同创新循环，为文化科技关键核心技术攻关提供有力的平台支撑。

3. 建设文化科技复合型人才队伍，强化文化和科技融合的人才保障

人才是中国式现代化发展的第一战略资源，顺利实现科技赋能文化建设应首先把人才队伍建设提上日程，在建设科技创新人才队伍的基础上，增加文化研究人才所占的比重。通过有效举措吸引、聚集一大批文化领域的高端人才，支持建立一大批文化骨干服务力量，努力形成一支充满活力和创新精神的文化人才队伍。以重大项目为纽带，调整优化人才结构，将其进一步细分为若干研究团队，打造多元化、前沿性、高质量人才队伍。培养的科技人员与文化工作者必须恪守职业精神，不为名利而附庸迎合，不为虚名而哗众取宠，既能出谋划策，又能针砭时弊。坚持引资、引才、引技并举，充分利用后疫情时代我国对全球科技资源和文创资源的吸引力，加快引进和培养文化科技融合创新领军人才和高技能人才，特别要加快对复合型、专精特新型、外贸型文化科技跨界人才的培养，加强示范基地内企业与高等学校、科研机构开展协同攻关、融合创新方面的合作。

瞄准高质量建设社会主义现代化强国的目标，加大对文化科技高层次人才培养引进工作力度，积极增设文化科技交叉学科，设立相关专业领域博士点与博士后科研流动站，建设文化和科技融合高端人才创新工作室，逐步扩大文化和科技融合型本科生和研究生培养规模。文化和科技融合示范基地、领军企业、科技孵化载体和文化产业园区等应与高校、科研机构共同培养创新型、复合型、外向型文化科技跨界人才和高技能人才队伍。加强智库建设，以及对文化和科技融合发展现状、趋势的研究，分析研判国际文化和科技融合新方向，定期发布国内外文化和科技融合创新动态，提供科学准确、及时和具有前瞻性的政策建议。探索建立文化科技新业态人才职称评定和职业资格认证机制，开展文化科技领域的职称评定和职业资格认证工作，对作出突出贡献的高层次文化科技人才，经有关程序后可破格参加高级专业技术职称评定。

（二）企业层面：科技创新与文化产业的紧密结合

在科技创新驱动的3.0时代，文化创意产业与城市经济发展进入全面融合阶段，在诸多生产要素上的协同创新，逐步实现了资源优化再生、企业技术提升、产业结构升级、产品附加值增加与人民生活水平的提高。[①]通过全面梳理和系统分析目前国内科技企业资源状况和文化产业发展现状，关注全国文化产业“资源—创意—生产—传播—体验”链条各环节的技术需求和特点，我们可以总结出为促进科技创新与文化产业紧密结合的具体实施办法：一方面，应加强对文创产业支撑技术的研究，促使文创产业增长与技术创新周期相融合；另一方面，应立足文化和科技融合产业与企业具体需要，依托文化科技相关园区、

① 俞锋，伍俊龙. 把握数字经济趋势：加快文化科技融合新业态发展的策略选择［J］. 艺术百家，2022，38（2）：42-50.

基地等载体，通过政府引导，搭建文化和科技协同创新平台，促进科技企业创新链和文化产业链的精准合作对接。

1. 推动科技文化产业集群，拓宽科技与文化融合发展的新空间

重视文化科技企业与其他各类产业的集群式发展，进一步培育优势文化科技企业，实现资源要素共享，提升文化产业竞争力。充分发挥国家级文化和科技融合示范基地的平台辐射和带动作用，引导文化科技企业向示范基地集聚，形成具有区域带动作用和国际竞争力的文化科技产业集群，加速培育符合各示范基地重点发展的新业态集群和核心产业链。按照完整产业链建设规律，通过完善财税、金融、科技、人才、投资、产业、贸易、消费等各方面扶持政策，加快推动文化科技企业、创新创意研发机构、国内外创新创意团队快速向示范基地集聚，加紧打造如马栏山视频文创产业园等国家级示范基地这样的各文化行业小类新业态发展高地。着重建设好文化科技公共管理服务交易平台，对于共性技术研发、数字化项目孵化、数字资源共享、信息交流平台、创新成果应用推广、知识产权保护、产权交易、质押融资等文化科技企业的共性需求，构建集创新服务、政策扶持、人才培养、投资融资、品牌运营、成果推广于一体的文化科技融合发展配套服务体系。

强化企业技术创新主体地位和主导作用，加快培育具有国际竞争力的文化科技领域领军企业，引导企业加大研发投入和开展创新活动，全面推进技术、组织、品牌和商业模式创新，提升文化科技企业总体创新实力和水平。在建好国家级示范基地的同时，逐步加强示范基地对周边文化科技融合欠发达区域的辐射作用，构建梯度化的文化科技成长拓展空间布局，增强这些周边地区的文化科技融合新业态与示范基地的衔接，拓宽产业链的价值创造范围。通过文化科技融合新业态的延伸和拓展，推动全国文化产业的普及覆盖与梯次升级，不断壮大提升文化产业资源的开发能级和综合效能，突破性地提高文化产业对国家经济总量和软实力的贡献能力。

2. 推动文化产业数字化，加快推进科技创新与文化产业的融合步伐

数字技术在文化产业的广泛应用，重塑和升级了文化产业链条，将文化服务转化为商品，使流程工业化，提高了效率并降低了成本，大大缩短了从创意到产品的转化周期，颠覆和重构了传统文化业态并推动文化新业态迅速发展，极大地提升了文化行业的生产效率。因此，推动文化产业数字化、网络化和智能化发展势在必行。目前，我国电子信息产业发达，超高清视频、5G 等领域处于国际领先地位，拥有腾讯、华为等数字经济龙头企业，集聚了一批数字文化中小企业，数字文化基础雄厚，具有发展数字文化产业的巨大优势。通过打造引领全国的文化科技新兴业态，加快发展元宇宙、智能出版、动漫、网络游戏、网络文化、数字娱乐等数字文化新业态、新模式。此外，还应支持线上比赛、直播和培训等业态的发展，创新发展在线展览，拓展网上云游，研发沉浸式全景在线产品；借助元宇宙营销文化品牌，显著提升文化产品附加值，增进文化消费水平；大力提倡文创企业，以数字技术为基本支撑，全面促进品牌创新力提升，构建特色文化品牌（科技＋文化）。

好的创意创造生意，可谓点石成金。故宫文创的蓬勃发展为我们提供了有益的借鉴。故宫文创团队通过对馆藏品进行创意设计和创意营销，成功塑造了故宫文创这一大 IP，取得了良好的经济效益和社会效益，并有力地推动了国内文化消费热潮。面对文化、创意、技术日益融合的场景，应积极鼓励文创企业探索元宇宙营销，大力提倡应用数字技术创新中华优秀文化。一方面，要把新时代正能量传播与优秀文化正气传播相结合；另一方面，应借助互联网、大数据、云服务等数字技术，对我国文化遗产进行数字化，孵化更多体现中国传统文化特色的文创 IP。

以新经济形态、新技术为基本支撑，全面提升消费体验。大力推广区块链技术在数字文创企业中的运用，加强文化 IP 的知识产权保护力度，创作高品质文化 IP，开展品牌传播途径探索。培育壮大文化科技新兴产业，加强超高清内容生产、传播能力以及芯片和关键设备研发能力，做强超高清视频产业集群。推动文化装备制造数字化、智能化、高端化发展，加强数字文化标准、内容和技术装备的协同创新，研发影视虚拟制作技术装备，开展绿色印刷、数字印刷、新型影院系统、智能家庭娱乐系统创新，加大可穿戴设备、沉浸式体验平台研发，推动工艺美术、艺术陶瓷等领域的数字化、网络化和智能化改造。

基于新技术（虚拟现实、增强现实等）支撑，拓展文化品牌普及途径（短视频、客户端等），满足消费者互动共享与即时体验的需求。对互联网消费者的偏好给予更多关注，基于影像支持将文化品牌故事讲好。一方面，创新数字技术与中华优秀文化相融合的消费场景——街区、园区、景区、山区等，助推夜间、乡间、网间文创消费。依托街区、园区、景区、山区等地的文旅资源，以数字文化产业为先导，注入政务直播出品、创意设计、知识共享传播、电商直播孵化、IP 内容生产、互娱游戏体验等多种业态，创新数字技术与中华优秀文化相融合的消费场景，在虚拟现实中再现中华优秀文化经典，给顾客带来沉浸式文旅消费体验。另一方面，创新数字技术与中华优秀文化相融合的在线文化消费模式。借鉴李子柒推广中国乡村文创的成功经验，通过“网红＋直播＋电商”新业态、新模式，拓展乡间文创产品的消费市场；实施“数字技术＋文化＋N”战略，打造多样化数字文化产业链条。建设以电竞文化为特色的产业，形成融电竞专业赛事、相关休闲娱乐、度假旅游为一体的综合性特色公园，覆盖游戏开发、直播、俱乐部、场馆运营、赛事执行以及动漫影视等上下游企业，促进网络文化消费。

（三）社会层面：营造良好的文化创新氛围

在中国式现代化的建设体系中，文化现代化和科技创新占有极其重要的位置，是支撑未来建设社会主义现代化强国发展的动力源泉。科技与文化的性质决定了这是一项隐性的工作，短时间内不易取得成效，建设起来需要长期的、艰辛的培育过程。科技创新与文化建设融合的沃土夯实不仅需要加强多元的科技载体建设，而且需要引导全社会对于创新树立宽松、包容、理性的心态。

1. 强化科技文化信念共同体共识，增强文化自信底座

科技文化最深刻的力量来自共同体文化内在的信念和共同体对自身文化的深层次认同。制度的本质应该是一种信念共同体，现实世界中所有可观察的显性组织和规则都只是某种更本质、更高阶的信念共同体的投影，缺少信念共同体支撑的表层工具性规则很难良好运转。之所以科技创新和文化自信对社会主义现代化强国建设的重要性越来越大，是因为科技创新和文化自信最本质的一些特征均体现在精神层面和信念层面。因此，全面挖掘、汇聚我国目前现有的科技资源，并持续性追踪与开发前沿技术，让其成为新时代文化建设的不竭源头，能够为我国文化现代化的发展提供可持续性动力。

应宣传科技界正面案例和反面典型，滋养全社会以创新为己任的文化氛围和民族自信，营造健康的创新文化氛围。应积极倡导全社会对创新活动秉持理性、开放、包容的态度，探讨建设有效的创新容错机制，才能真正促进公众参与科技创新，让公众对科技创新和科技活动有浓厚的兴趣、正确的认识和理性的态度，使科技工作成为极具吸引力的职业。创新文化建设需要深入研究并广泛弘扬具有新时代特征的创新文化价值内核，在科技界打造以中国科学家精神为基底的中国特色科学文化底色，在全社会提升以科学精神为核心内容的科学文化素质，营造创新友好型社会文化。

要进行文化创新，最根本的就是要充分激发和调动文化主体——人民群众的创新创造活力。因此，我们必须坚持以人民为中心的文化价值导向，始终坚持文化创新依靠人民、为了人民、服务人民，文化创新成果由人民共享，为人民过上美好生活提供丰富的精神食粮的文化创新原则。以此谋划文化改革，优化文化体制机制，使思想更解放，改革更深入，措施更精准，工作更扎实，顺应历史大势，把握时代潮流。我国应全面深化文化体制改革，紧紧抓住文化供给侧结构性改革这条主线，聚焦人民美好的精神生活需要，精准持续用力，不断提高文化创新供给质量与效益，不断探索文化创新发展的新模式、新业态、新体制、新机制、新载体，激发全民族文化创新创造活力，使蕴藏在人民群众中的创造潜力与创新动力得到充分释放，凝聚起文化创新的磅礴中国力量，推动中国特色社会主义文化创新，以高质量的文化供给，增强人民群众文化获得感、幸福感。

2. 提升科技文化价值，使科技创新精神深度融入文化产业价值链中

从创意的产生到创新的实现，无不体现着人的创造性。人才是科技价值的最终创造者，科技文化建设最终也将体现到创新链的参与个体——人的思想意识中。尤其是数字经济时代，在科学发现、技术创新、模式创新、组织创新等各种创新过程中，创新链各环节必然要求全面融入人本、人文的科技文化价值观。把科技文化价值全面融入包括科学研究、技术开发、工程设计、成果转化等创新链的全过程中，是科技文化建设的首要任务。科技文化建设需要把外在主义的社会干预和内在主义的伦理等广泛意义的文化因素嵌入科技创新过程中。其中，内在主义强调从创新的设计开始，在设计思路上体现价值观，在设计过程中直接嵌入道德价值等文化元素，总之要在产品中解决或引导科技创新的伦理等文化问题。[①]

创新文化建设要为科技治理现代化的进程提供价值引导，需要秉持以“科技向善”为出发点的文化与伦理主张。一是应积极开展国内外研究，建立科技伦理共识，加强科技伦理的学科建设，促进科技工作者伦理意识的提升，跟踪国外科技伦理和科研诚信研究进展与创新实践，针对中国科技伦理和科研诚信相关问题进行与时俱进的研究和教育。二是应在科技界加强科技伦理研究方向建设和通识教育，提高研究生和科技工作者，特别是未来科学家的伦理判断力和意志力，确保科技创新在伦理规范之内发挥有效活力。三是要不断完善科技伦理政策法规制度体系，从法律法规、部门规章、机构制度到行业准则、标准、规范等多方面，建立健全相关制度规范。明确科研机构在科技伦理建设中的主体责任，加强高校、科研单位、出版机构，以及资助机构、管理机构之间的协同联动，实现针对科技活动所涉及伦理问题的有效治理。

3. 强化科技教育与传播，提升科技文化链协同发展水平

进一步加强科学技术创新的传播与普及，把科技文化建设融入科学研究、学校教育和社会大众素质提升的全过程中。科技文化传播普及既要着重突出其价值体系，普及科学精神、科技价值观等文化核心理念，也要贯穿于科技文化链的各个环节，促进科技文化链的协同发展。从近代牛顿科学革命以来，科学技术及创新发展日益朝着体系化、融合化、生态化方向转变，单一性地依靠科学领先（如英国）或技术领先（如日本）都难以保持科技发展的领先地位。相应地，单一性地依靠科学文化、创新文化、工程师文化或技术模仿文化也难以支撑科技创新强国的稳定与韧性发展。科学文化、技术文化、创新文化、知识产权文化既有个性的内容，也有共性的内容；既各有侧重、区别，也相互联系，且处于不断融合的动态发展之中。中国作为一个文化大国，在现代科技文化体系建设中有足够的条件把科学文化、技术文化、创新文化、知识产权文化等各自独特的内容和相互交叉的内容进行一体化布局，充分发挥科技文化的互补效应，增强科技创新的体系化效能。

加强科技史和本土科技成果、科技名人等内容的展示宣传，重视科技创新相关的纸媒、新媒体等多元渠道建设，培养创新文化传播人才，增加科技创新要素在正规教育、社会教育、家庭教育中的比重。鼓励扶持有条件的媒体、高校、科研机构、企事业单位、全国学会和协会等建立创新文化与科学文化教育研究基地，鼓励高校、科研机构、企业等主体研究创新文

① 李春成. 支撑科技强国建设的现代科技文化体系的内涵特征、建设框架及路径 [J]. 创新科技，2023，23（9）：1-12.

化，通过学术研究启发创新实践。加大各类媒体报道科技创新的力度，保证媒体对科技创新的报道数量和质量，采用公众喜闻乐见的传播方式，注重对科技热点问题的追踪与关注。

建设宽容失败、理解失败的文化。在科技创新的驱动阶段，应鼓励冒险、宽容失败，这样才能激励敢于创新的情怀。任何领域的科技创新活动都是存在风险的，尤其是基础研究和前沿科技领域，可能面临收入小于投入成本、需要经历大规模的失败后才能得出正确结论的情况，科技创新更可能在支持创新、宽容失败及创造性尝试被奖励的情境中出现。在这种文化情境下，创新主体的积极性得到正向激发，创新主体间的协作与融合才更易于开展。宽容失败还需要有强大的舆论媒体的导引，对于创新行为的报道要与一般的报道区别开来，多做正面分析，这并非要掩盖失败，而是要帮助科技创新领域建立起对待失败的正确态度，使得科技创新能够顺利赋能新时代的文化建设。

4. 建设多元共生的科技文化氛围，保障发展的内部环境

随着对科学技术认知的不断深化，对于科学技术的传统认识也发生了深刻变化。人们的科学观、技术观、创新观都不再是单向的、绝对的，而是多向的、相对的。科学的客观性和真理性、技术的自主性和中性论等，都不再具有某种绝对性。我们应坚持科学理性与人文精神相结合，消弭科技与人文之间的裂缝，大力推进各种人性化的技术创新与工程实践，从而实现科技文化与非科技文化的对话与沟通。科技创新从一开始就以开放和交流为前提，随着科学技术研究领域的扩展，开放合作的范围与规模均呈现扩大趋势。在科技文化的内涵上，应大力发展适应“政产学研用金服”等科技创新多元主体协同创新发展所需要的开放创新文化、合作创新文化、跨界融合文化、协同共生文化等。

在数字化、网络化、智能化的高科技时代，科技文化需要促进科技创新内部以及科技创新与外部的交流互鉴、合作协同、跨界融合，建立新的关系文化与行为文化。要加强全国创新文化教育基础设施均衡建设，建立完善创新中心、体验中心等新型创新文化载体，探索在现有博物馆、图书馆、文化馆等公共文化基础设施中增加科技创新要素。鼓励科技创新大众化与精英化并存发展，让广大公众更广泛地参与到科技创新的过程中。进一步促进科学技术的社会化融合，扩大科学共同体建制的参与范围，由科学共同体、技术共同体扩展到科技创新共同体。在科技文化内部以及现代科技文化与传统科技文化、科技文化与非科技文化的互补互鉴中，不断发展中国科技文化，为科技强国建设提供充足的文化养分。

中华文明生成于东方世界的前现代性社会，成长于中国式现代化的发展过程中，具有与西方文明不同的民族风格和民族特色，唯有通过与高新技术的融合发展，中华文明才能与世界文明相接轨，才能用世界听得懂的语言、方式讲述中国故事，展现中国风貌，传播中华文明。因而，就创新的文化基因来说，新一轮科技革命和产业革命带来了文化的综合创新，不仅文化的内容和表现形式发生了变化，而且文化的传播方式也因为科技的进步而更新了。

第六章

科技创新促进人与自然和谐共生

一、科技促进生态文明建设的理论内涵

（一）科技发展与生态文明理念的关系

近年来，数字技术在全球范围内迅速发展，成为21世纪的关键经济推动力。中国作为全球最大的经济体之一，数字经济已经成为带动全国经济增长的核心动力。2022年，我国数字经济规模为50.2万亿元，占GDP的41.8%（图6-1）。数字技术的飞速发展深刻改变了消费、投资以及进出口格局。随着大数据、物联网、区块链、人工智能等数字技术的不断涌现和更新数字技术逐渐渗透到政府治理、企业生产以及居民生活的各个领域，经济社会正经历着深刻转型。中国积极推动数字技术的发展，特别是在互联网、大数据、人工智能、5G等领域。这些技术的广泛应用正在推动产业转型和产业创新，并对中国经济的增长和国际竞争力的提高产生了深远的影响。

2015—2020年全国生态状况变化调查评估结果显示，我国生态系统质量持续提高，区域生态保护修复成效显著，生物多样性保护水平逐步提高。但仍然存在生态环境监测与防治技术水平和效率较低、传统生态环境修复技术难以满足山水林田湖草沙系统治理的要求、常规污染物和新污染物问题叠加、环保技术装备产业竞争力不强和新技术与生态环境领域融合不足等挑战。2022年，科技部、生态环境部、住房和城乡建设部、气象局、林草局联合发布了《“十四五”生态环境领域科技创新专项规划》，指出当前建设美丽中国需要加快生态环境科技创新，构建绿色技术创新体系，推动经济社会发展全面绿色转型。在“十四五”美丽中国建设时期，利用数字技术赋能生态环境治理，在解决污染治理中难啃的“硬骨头”的同时提升环保产业竞争力，并在应对气候变化等全球共同挑战中提出中国方案是发展绿色数字生态文明的核心需求。

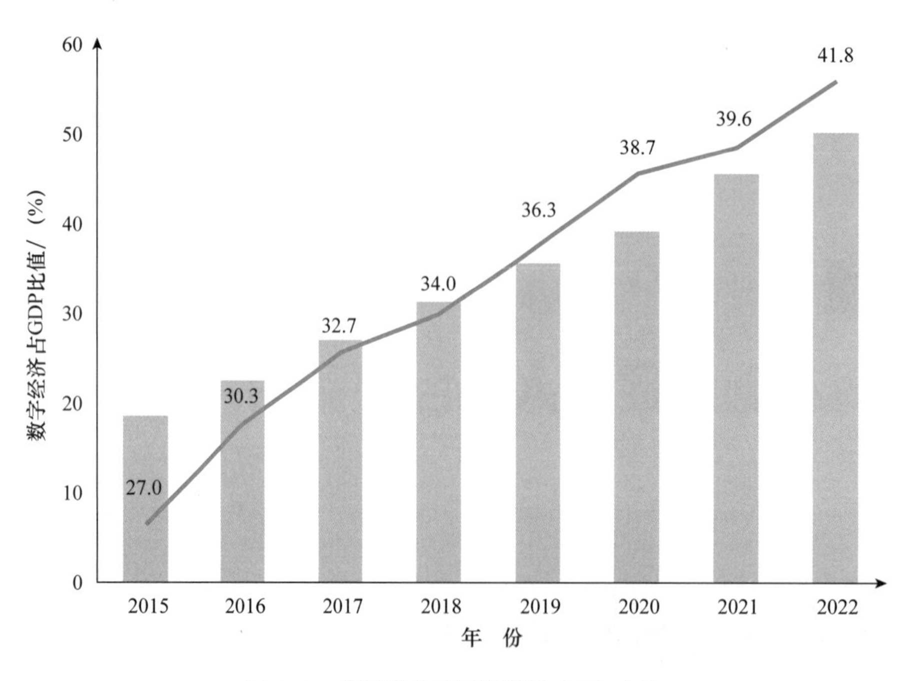

图 6-1 中国数字经济规模及 GDP 占比

数据来源：中国信息通信研究院

一方面，以数字技术赋能绿色智慧的生态文明是建设人与自然和谐共生美丽中国的必然要求。数字时代下的环保工作需要创新生态文明建设模式，通过数字化转型提升生态环境治理效能，提高生态产业数字化水平，构建智慧高效的生态环境信息化体系，推动形成绿色智慧的生产方式和生活方式。数字技术需要围绕生态环境监测、污染防治、固废减量与资源化利用、生态系统保护与修复、应对气候变化与履行国际生态环境公约等场景探索绿色化应用。以人工智能的应用场景为例，通过大数据分析和机器学习，人工智能可以相对准确地监测和预测水源地的水质状况、空气污染程度、植被覆盖率等生态系统变化情况，及时发现和预警生态环境问题。在建立合理算法和模型的基础上，为政府和环境管理部门提供资源合理配置、环境治理方案的优化等决策支持，并在无人机和遥感技术的支持下实现生态环境的自动化监控和控制，从而采取及时的保护措施。

另一方面，数字技术产业高速发展在带来巨大的社会和经济效益的同时，自身也伴随着环境负外部性的产生，在一定程度上导致了能源消费的增加和碳排放的上升。数字技术部门主要由电信、软件和信息技术服务以及互联网部门等行业驱动，具有较高的电力消费强度，以 ChatGPT 为代表的人工智能大模型在引发经济社会巨大变革的同时，也因为高能耗、高碳排放而饱受争议。与此同时，数字技术产业的发展高度依赖稀有金属和矿物的开采，这将导致资源的加速消耗。我国数字经济的规模较大，在发展数字经济的过程中，除了要关注产业数字化带来的生产效率的提升外，数字经济对环境可持续发展的问题也值得关注。2022 年 6 月 23 日，国务院印发了《关于加强数字政府建设的指导意见》，2023 年 2 月 27 日，中共中央、国务院印发了《数字中国建设整体布局规划》，对智慧中国和美丽中国建设的战略目标和整体布局作出了系统谋划和科学部署，提出“全面推动生态环境保护数字化转型”“提高自然资源利用效率”“推动绿色低碳转型”等，加快绿色智慧的数字生态文明建设。

运用数字技术提升生态环境的治理效能，是实现人与自然和谐共生的中国式现代化的内在要求。《数字中国建设整体布局规划》提出“建立绿色智慧的数字生态文明”。“绿色”是生态文明的底色，象征着一种新的发展理念；“智慧”则作为数字文明的表征，代表着一种先进的社会生产力。“绿色”与“智慧”相互依存，双向赋能。在生产实际中，“智慧”能够促进“绿色”的转化，使单位生产量的能耗、物耗大幅度下降，开拓新的能源和材料，降低生态治理成本，实现低投入、高产出的理想发展模式。同样，“绿色”也能够助推“智慧”往更有利于人类发展和人与自然和谐共生的方向升级迭代。

（二）科技支撑绿色低碳循环发展的理论依据

1. 建设绿色智慧的数字生态文明

数字生态文明以习近平生态文明思想和习近平总书记关于网络强国的重要思想为指导，充分发挥信息化驱动引领作用，运用大数据、人工智能、区块链等数字技术推动山水林田湖草沙一体化保护和系统治理，以生态环境综合管理信息化平台为统领，为全面推进美丽中国建设提供有力支撑。[①]例如，福建省的“生态云”平台，将环境全要素一体融合，转化为实时更新的海量数据，为环境保护撑起智慧网。又如，浙江省的甬江流域数字孪生平台，实现了对洪水演进的仿真预演，提高了风险管控能力。构建美丽中国数字化治理体系，建设绿色智慧的数字生态文明，是深入打好污染防治攻坚战的重要支撑，是全面贯彻网络强国战略的重要内容，是建设人与自然和谐共生的现代化的必然要求。

近些年来，伴随着可持续发展战略和新时代生态文明建设的不断深入，“绿色”早已超越其原始词义，在内涵和外延上不断丰富，成为生产者、消费者和管理者等共同追求的目标理念，并在新的社会条件下衍生出“绿色经济”“绿色城市”“绿色出行”等诸多形态，在改变人们生产、生活方式的同时，也深刻影响和调节着人与自然的关系。以互联网为代表的通信技术的快速发展和广泛应用意味着数字化时代的正式到来，技术变革带来的“智慧”感弥散于社会结构的各个要素中，“智慧物流”“智慧治理”“智慧教育”等一系列数字化产品的出现极大地促进了社会的高效化、智能化运转，加速了物质与精神财富的全面生产。

随着环境问题的日趋复杂化、系统化，传统的“人力治理”模式已经无法适应当下生态治理的要求，想要提高生态治理现代化、精细化水平，就必须借助卫星遥感、雷达走航等尖

---

① 张波，王媛祺，吴班，等. 数字生态文明的内涵、总体框架和推进路径［J］. 环境保护，2023，51（21）：34-38.

端数字科技进行“精确问诊”和“靶向治疗”。同样，抛弃了“绿色”的实践推动，“智慧”也终将沦为人类破坏和征服自然的工具。美国马萨诸塞大学阿默斯特分校的研究人员发现，训练一台大型人工智能机器产生的碳，平均下来是一个人终其一生驾驶汽车产生的排放量的5倍。在生产实际中，应将“智慧”与“绿色”相结合，助推人与自然和谐发展。

2. 实现可持续发展与智慧生态平衡

建设绿色智慧的数字生态文明，为精准识别、实时追踪环境数据和及时研判、系统解决生态问题提供有力技术支撑，为促进经济社会发展全面绿色转型、建设人与自然和谐共生的现代化提供强劲动能。智慧生态平衡是指在利用现代信息技术实现快速、高效信息采集、传输和处理的基础上，通过建立生态监测预警系统、生态价值评估体系以及生态决策机制，实现生态管理智能化、资源利用高效化和区域生态系统优化的目标。智慧生态平衡的实现需要依靠智慧城市和智慧农业的联动发展，建立全方位、多层次的生态系统服务功能与经济社会发展的优化模式。这种模式强调对自然环境的保护、生态资源的合理利用以及经济社会的可持续发展，从而推动人与自然的和谐共生。

绿色智慧的数字生态文明通过运用数字技术，推动生态环境保护的数字化转型，实现生态环境信息的实时监测、分析和预警，促进了可持续发展与智慧生态平衡。例如，在智慧农业领域，利用物联网技术对农田进行实时监测，通过大数据分析预测作物生长趋势和病虫害发生概率，从而精确施肥和施药，减少了化学农药和化肥的使用量，提高了农产品的质量和产量。同时，数字技术也在可再生能源领域发挥了重要作用。通过智能电网和储能技术，可以实现对可再生能源的稳定并网和调度，提高能源利用效率和可再生能源的占比，有助于减少化石能源的使用和碳排放。在城市规划和管理方面，通过建立智慧城市管理系统，可以实现对城市资源的优化配置和高效管理，具体包括智能交通、智能安防、智能环保等方面。这不仅提高了城市居民的生活质量，而且有助于降低城市运行成本和资源消耗，促进城市的可持续发展。在生态保护方面，通过卫星遥感和无人机技术，可以实现对森林、湿地等生态系统的实时监测和保护，及时发现和制止非法采伐、排污等行为。这不仅有助于保护生态系统，而且有助于维护生物多样性和生态平衡。

3. 推动绿色技术创新和经济转型

数字技术是现代化的重要支撑，生态文明建设是现代化的必要条件，而绿色智慧的数字生态文明则构成了推进中国式现代化的重要途径。以绿色智慧的数字生态文明推进人与自然和谐共生的中国式现代化，需要推动数字技术和生态文明深度融合，促进中国式现代化走向数智化。一是要加强数字技术与环保产业相融合。通过发展数字技术，加速数字化转型，推动智能制造、智慧城市、智能交通等数字化应用向生态友好型转型，以技术创新优化生产、提高效率，减少对环境的影响。二是要加强数字技术与环境治理相融合。通过数字技术实现对生态环境的全方位监控和数据分析，优化资源配置，不断提升环境治理效能。三是要加强数字技术和生态文明教育相融合。培养符合社会主义核心价值观的数字生态文明建设的人才队伍，推动数字教育向绿色智慧的数字生态文明转型，使数字技术更好地服务于人类社会的可持续发展。四是要加强数字技术和生态治理双向融合的制度保障。在制定环境法典的进程中，注重数字元素的植入，将数字技术嵌入环境标准、环境影响评价、环境污染防治等领域的制度规范中，促进数字生态文明建设有法可依。

二、促进人与自然和谐共生的科技制高点

党的十八大以来，党中央以前所未有的力度抓生态文明建设，全党全国推动绿色发展的自觉性和主动性显著增强，美丽中国建设迈出重大步伐，我国生态环境保护发生历史性、转折性、全局性变化。[①]但是，我国生态环境结构性、根源性、趋势性压力尚未根本缓解，与美丽中国建设目标要求及人民群众对优美生态环境的需求相比还有不小差距。

“十四五”期间，我国生态环境领域科技创新面临新的挑战，包括解决污染治理难题、环保产业发展痛点、应对气候变化和提升生态环境健康风险应对水平等，具体可以从以下几方面展开。一是生态环境监测、多污染物协同综合防治技术水平尚无法支撑更高效率、更加精准地深入打好污染防治攻坚战。二是传统生态环境修复技术难以满足山水林田湖草沙系统治理的要求。三是常规污染物和新污染物问题叠加，环境健康和重大公共卫生事件环境应对等研究需要加强。四是部分环保装备国产化水平不高，环保技术装备产业竞争力不强。五是生态环境新材料、新技术整体处于跟跑阶段，新技术与生态环境领域融合不足。六是温室气体减排压力空前突出，支撑碳达峰碳中和目标如期实现和应对气候变化面临重大技术挑战。

数字技术是推进生态文明建设的新动力源，能有效发挥在生态文明建设中的“助推器”作用。利用遥感、卫星监测和大数据分析等手段，实时、精准地监测和评估环境状况，能够有效提高环保工作的效率和精度。数字技术发展不仅帮助实现精准定位污染源，进行精细化治理，而且能促进公众参与环保，推动绿色经济发展。近年来，全球主要国家的大气、水、土壤和固体废物污染防治向全过程精细化转变，实现精准施策。生态环境监测向高精度、动态化和智能化发展，基于大数据和人工智能的定向、仿生及精准调控资源技术成为重要战略发展方向。信息技术在生态环境监测、智慧城市、生态保护和应对气候变化等领域得到广泛应用。环保装备向智能化、模块化方向转变，生产制造和运营过程向自动化、数字化方向发

① 刘毅，寇江泽. 美丽中国建设，有了新的时间表[EB/OL].（2021-12-20）[2024-07-21]. https://www.gov.cn/zhengce/2021-12/20/content_5662031.htm

展。[①]本节内容将绿色智慧的数字生态文明建设技术根据数据运用的三个阶段分为绿色数据收集、绿色数据管理和绿色数据分析进行论述，以准确把握中国式现代化建设中人与自然和谐相处的科技制高点。

（一）绿色数据收集技术：生态监测途径更加多样

在当今环境科学与管理领域，绿色数据收集技术正发挥着日益重要的作用。这些技术不仅提升了我们对生态环境状态的认知水平，而且为环境问题的科学治理提供了坚实的数据支撑。短短十几年，被称作环境管理“耳目”的环境监测，已经由手提目测到自动在线，实现了质的飞跃。我国空气质量监测能力已达到国际先进水平，可以和美国、日本、西欧国家相媲美。我国地表水质的监测系统也同样实现了科学化和现代化。环境监测手段的现代化，使环境管理和环境决策更加科学准确。本小节将对智能传感器嵌入生态监测、空气质量检监测技术、入河入海排污口检测技术、危险废物处置转移检测技术技术、国家民用空间基础设施体系和钢铁行业全流程超低排放技术等关键领域技术进行简要介绍，并探讨它们在推动中国式现代化绿色发展中的综合作用。

智能传感器嵌入生态监测技术，通过实时监测生态系统中的关键参数，为生态保护提供了及时、准确的数据支持。空气质量监测技术则通过精准测量大气中的污染物浓度，为空气质量预警和污染治理提供了科学依据。入河入海排污口检测技术的运用，有效监控了水体污染源头，为防止水污染扩散提供了技术保障。危险废物处置转移检测技术则通过追踪危险废物的流向，确保废物处理过程的安全与合规。国家民用空间基础设施体系通过遥感卫星等手段，对地表环境进行宏观监测，为政策制定和灾害应急响应提供了重要信息。钢铁行业全流程超低排放技术的应用，则体现了工业领域在绿色转型方面的积极探索与实践。

这些绿色数据收集技术不仅各自发挥着重要作用，而且通过相互之间的协同作用，共同构成了绿色发展的技术支撑体系。它们的应用不仅提升了环境管理的精细化水平，而且为实现可持续发展目标提供了有力的技术保障。未来，随着技术的不断进步和应用领域的拓展，绿色数据收集技术将在推动生态文明建设中发挥更加重要的作用。

1. 智能传感器及其嵌入生态监测的主要模式

智能传感器及其嵌入生态监测模式是当前生态环境保护的重要手段。通过利用先进的数字技术，如物联网、大数据和人工智能等，我国能够实时、精准地监测和评估环境状况，为环境保护提供有力支持。其中，主要模式包括区域流域生态环境系统性治理、生态环境治理体系与治理能力现代化、应对气候变化等全球共同挑战，以及提升生态环境健康风险应对水

---

① 科技部，生态环境部，住房城乡建设部，等.“十四五”生态环境领域科技创新专项规划［EB/OL］.（2022-09-19）［2024-07-21］. https://www.gov.cn/zhengce/zhengceku/2022-11/02/content_5723769.htm

平等。这些模式的实施有助于提高环境保护工作的效率和精度，推动绿色经济的发展，为建设美好的生态环境作出积极贡献。

（1）区域流域生态环境系统性治理模式

以数字技术为支撑，突破生态环境协同治理与绿色发展技术，强化生态环境监测监管科技创新。通过重点开展细颗粒物（$PM_{2.5}$）和臭氧（O_3）协同防治、土壤–地下水生态环境风险协同防控、减污降碳协同等关键技术研发，加强多污染物协同控制和区域协同治理，守住自然生态安全边界，促进区域流域自然生态系统质量整体提高，形成多介质生态环境污染的综合防治能力。①2023年，数字孪生长江建设取得重要成果，数字孪生汉江、丹江口、江垭皂市先行先试任务全面完成，全国首个数字孪生流域建设重大项目——长江流域全覆盖水监控系统建设项目开工，流域L2级底板地理空间数据建设工作基本完成，流域水文站网全线提档升级，智慧水文监测系统全面投产。②

（2）生态环境治理体系与治理能力现代化模式

智能传感器在生态环境治理体系与治理能力现代化中的应用，不仅体现在实时监测与数据收集上，而且在数据协同技术方面展现出了强大的潜力。数据协同技术是指通过整合、分析和利用来自不同传感器、不同部门和不同区域的生态环境数据，实现数据的高效共享与协同应用。与美国等其他发达国家相比，中国在这方面的进展和应用仍具有一定的差距，因此需要对国际形势进行分析和比较，以更好地推动中国生态环境治理的发展（表6-1）。

表6–1　中美生态治理在数据协同技术层面的详细对比

技术内容	美　国	中　国
智能传感器技术	传感器种类丰富，技术成熟度高； 高精度、高稳定性，长期运行可靠； 广泛部署，形成全国性的监测网络	传感器技术快速发展，种类逐渐增多； 精度和稳定性不断提升，但仍需加强； 正在构建全国性的监测网络，覆盖面逐渐扩大
大数据分析技术	大数据分析框架成熟，处理速度快； 强大的数据挖掘和模式识别能力； 能够处理海量数据，提供精准决策支持	大数据分析技术快速发展，处理能力提升； 数据分析算法不断优化，应用场景扩大； 正在加强数据整合和挖掘，提升决策支持水平
云计算技术	云计算基础设施完善，计算能力强大； 能够实现数据的高效存储和共享； 为大数据分析和决策提供支持	云计算技术快速发展，计算能力增强； 逐步建立云计算平台，推动数据共享； 在数据协同方面发挥越来越重要的作用
数据共享与协同机制	建立完善的数据共享机制； 不同部门、不同区域之间数据流通高效； 实现数据的实时更新和协同应用	数据共享与协同机制正在逐步建立； 跨部门、跨区域的数据共享和协同应用正在加强； 仍需完善数据标准和共享流程

① 科技部，生态环境部，住房城乡建设部，等.“十四五”生态环境领域科技创新专项规划［EB/OL］.（2022-09-19）［2024-07-21］. https://www.gov.cn/zhengce/zhengceku/2022-11/02/content_5723769.htm

② 王浩. 2023年数字孪生长江建设取得重要成果 河湖库保护治理将全面加强［N］. 人民日报，2024-01-26（2）.

续表

技术内容	美　国	中　国
技术研发与创新	投入大量资源进行技术研发和创新； 在传感器、大数据、云计算等领域取得突破； 与高校、科研机构等合作紧密，推动技术创新	加大技术研发和创新力度； 在关键技术和应用领域取得重要进展； 加强与国际合作，引进先进技术和管理经验

在空气质量监测方面，美国等发达国家已经建立了较为完善的智能传感器网络，实现了对大气污染物的实时监测和分析。而中国虽然也在积极建设智能传感器网络，但在数据协同技术方面还存在一定的差距。这使得中国的空气质量监测结果可能存在一定的差异性和局限性。在水环境治理领域，中美两国都面临着水环境污染问题。美国通过加强数据共享和协作机制的建设，推动了各地区水环境治理工作的协调发展。中国在水环境治理方面也取得了一定的进展，但相较于美国而言，在数据协同技术方面仍然存在不足。这使得中国在水环境治理过程中可能无法充分整合不同地区的资源，难以形成统一的水环境管理标准。未来，中国需要继续加大研发投入力度，提升自主创新能力，加强国际合作与交流，完善法律法规和政策支持等方面的工作，以缩小与国际先进水平间的差距，推动全球环境保护事业的共同进步。

构建服务型科技创新体系，提升环保产业竞争力。针对固废资源属性识别不足、风险溯源与精准调控困难，难利用固废产排量大、资源化利用率低，新型废旧物资报废问题凸显，环保产业高质量发展不足等短板，应积极推动产品生态设计、过程清洁生产、产业链接利用、区域废物协同处置利用等重大技术创新与转化应用，建立废物源头减量与多层次资源高效循环利用技术体系，发展环境生物、环境材料、智能环境等前瞻新技术，提升支撑生态环境治理与高质量发展的环保装备产品供给能力，壮大环保产业。[①]目前，我国环保设备在大气污染防治设备、水污染治理设备和固体废物处理设备三大领域已经形成一定的规模和体系。2017—2020 年，我国环保设备市场规模由 3438.1 亿元增至 3789.4 亿元，年均复合增长率 3.3%，环保设备销量基本呈上升趋势（图 6-2）。中国环保设备专利申请在 2020 年达到顶峰，专利申请数量为 11 116 项，从 2021 年开始呈现下降趋势，2022 年中国环保设备专利申请数量为 4706 项，说明我国环保设备技术逐渐走向成熟。

① 科技部，生态环境部，住房城乡建设部，等. “十四五”生态环境领域科技创新专项规划［EB/OL］.（2022-09-19）［2024-07-21］. https://www.gov.cn/zhengce/zhengceku/2022-11/02/content_5723769.htm

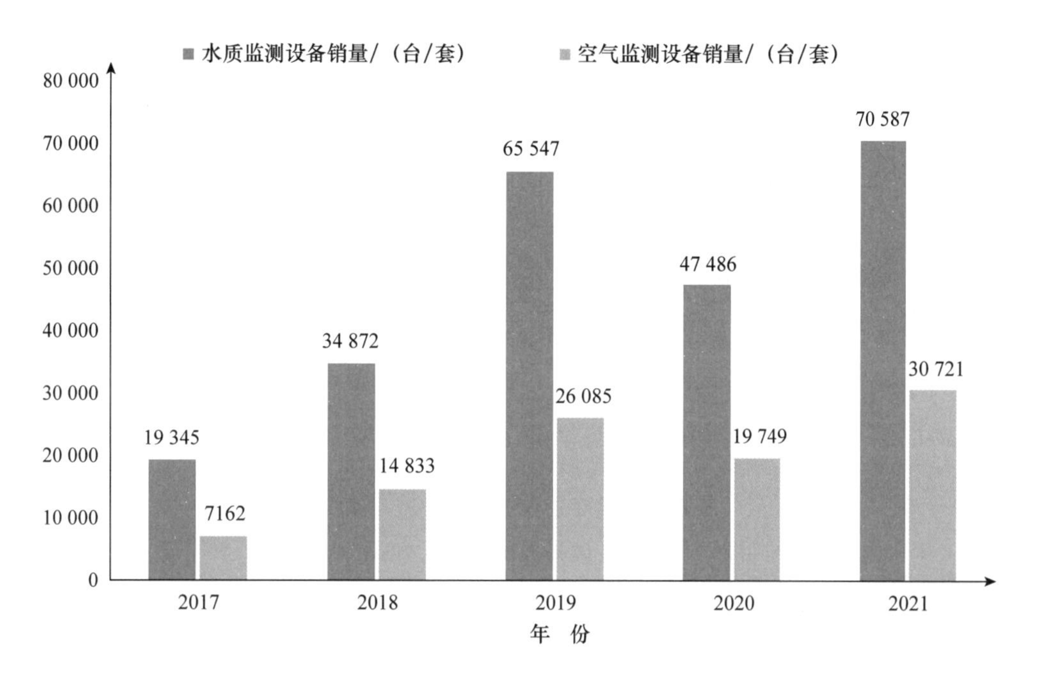

图 6-2 2017—2021 年中国环保设备销量变化情况

数据来源：中国环境保护产业协会

（3）应对气候变化等全球共同挑战模式

随着全球气候变化问题的日益严峻，各国政府和科研机构正积极寻求有效的技术手段来监测和应对这一挑战。在这一背景下，智能传感器嵌入生态监测技术凭借其高效、精准的特点，正逐渐成为应对气候变化等全球共同挑战的重要工具。智能传感器嵌入生态监测技术通过部署大量的传感器节点，能够实时监测环境中的温度、湿度、风速、气压等关键参数，并通过人工智能算法对这些数据进行处理和分析。这种技术不仅提供了准确的环境监测数据，还能够对未来的气候变化趋势进行预测，为政府决策和科学研究提供了重要的参考依据。在应对气候变化方面，智能传感器嵌入生态监测技术可以实时监测温室气体排放情况，为制定减排政策提供数据支持。同时，该技术还能够监测极端气候事件，如暴雨、洪水、干旱等，为灾害预警和应急响应提供及时、准确的信息。

我国高度重视应对气候变化工作，实施应对气候变化国家战略，宣布碳达峰碳中和目标，构建完成碳达峰碳中和“1+N”政策体系，推动产业、能源、交通运输结构调整，采取节能减排、提高能效、建立完善市场机制、增加森林碳汇等一系列措施，应对气候变化，并取得了积极进展。2022 年，我国碳排放强度比 2005 年下降超过 51%，非化石能源消费占能源消费总量比重达到 17.5%。截至 2023 年 6 月底，全国新能源汽车保有量达 1620 万辆。全国碳排放权交易市场平稳运行，低碳试点示范有效开展，适应气候变化能力持续增强，全社会绿色低碳意识不断提升。[1]智能传感器在碳市场中发挥着至关重要的作用。它们能够实时监测和记录温室气体排放数据，为碳配额分配和交易提供基础，同时确保数据的准确性和可靠性，维护碳市场的公平性和透明度。此外，智能传感器还能追踪产品的碳足迹，优化能源管理，降低能耗和排放，推动企业实现绿色生产和可持续发展。随着技术的不断进步，智能传感器在碳市场中的应用前景将更加广阔，为应对气候变化和推动全球可持续发展作出重要贡献。国际碳市场可以为各国减排政策的制定和实施以及生态文明治理提供国际对比视角。[2]纵观世界典型国家或地区碳市场建设历程可以发现，欧盟、美国、新西兰碳市场已经历了发展初期，中国碳市场当前发展步伐同样相对稳健（表 6-2）。

表 6-2 国际主要碳市场发展期情况

国际碳市场	国家或地区减排目标	碳排放配额分配方式	配额核算方式
欧盟碳市场	到 2030 年温室气体排放量比 1990 年至少减少 55%，在 2050 前实现碳中和	第一阶段（2005—2007 年），95% 的初始配额免费发放，其余 5% 拍卖给后进入市场的企业；第二阶段（2008—2012 年），以免费配额为主，但比例降至 90% 左右；第三阶段（2013—2020 年），以拍卖为主，拍卖比例增加到 57%	第一阶段和第二阶段，采取历史排放法；第三阶段，以行业基线法为主；第四阶段（预计 2021—2030 年），预计 2027 年前实现全部碳排放配额拍卖交易
美国碳市场	到 2030 年将温室气体排放量较 2005 年减少 50% ～ 52%，到 2050 年实现碳中和	主要以拍卖形式进行分配，比例约占 90%，采取统一价格、单轮密封投标和公开拍卖的形式	由各州的配额总量加总确定，各成员州根据历史碳排放情况设定各自初始配额总量
新西兰碳市场	2030 年碳排放较 2005 年减少 30%，2050 年实现碳中和	2008—2020 年较大比例的免费分配 + 固定价格出售；2021 年取消固定价格，引入拍卖机制；2025 年考虑以碳税形式将农业排放纳入碳定价机制	2021 年前不设置配额总量限制；2020 年通过应对气候变化修正法案；2021 年开始实施碳配额总量控制
中国试点碳市场	争取于 2030 年前达到碳排放峰值，2060 年前实现碳中和	现阶段为 100% 免费发放，之后将逐步提升有偿分配比例	当前主要采用行业基准线法和历史强度下降法，当基础数据充足时，将全部采用基准线法

（4）生态环境健康风险应对模式

提高生态环境质量、保障公众健康需要依靠科技创新提升生态环境健康风险应对水平。在生态环境健康风险应对中，智能传感器嵌入生态监测技术通过实时、准确地监测环境中的多种参数，为评估生态环境健康风险、制定风险应对措施以及保障人类健康提供了强有力的

---

① 刘毅. 我国应对气候变化取得积极进展［N］. 人民日报，2023-11-02（13）.

② 彭宜钟，孟泽. 国际比较视域下中国“双碳”目标的对接与政策跟进［J］. 东北财经大学学报，2022（6）：85-96.

支持。一方面，智能传感器嵌入生态监测技术能够提供高时空分辨率的环境参数实时监测，这意味着我国能够更准确地了解生态环境健康风险的分布和演变情况，从而制定出更加精细的风险管理策略。例如，在发现某个区域的污染物超标时，可以迅速启动应急响应机制，采取有效的治理措施，防止风险扩散。另一方面，智能传感器嵌入生态监测技术还可以与其他技术相结合，形成综合性的生态环境健康风险应对体系。例如，通过与遥感技术、地理信息系统等相结合，我国将实现对大范围生态环境的实时监测和预警，挖掘出更多潜在的生态环境健康风险，并制定出更加科学的风险管理策略。

2023 年我国持续强化大气污染综合治理和联防联控，加强细颗粒物和臭氧协同控制，北方地区清洁取暖率达到 70%。整治入河入海排污口和城市黑臭水体，提高城镇生活污水收集和园区工业废水处置能力，严格土壤污染源头防控，加强农业面源污染治理。继续严禁洋垃圾入境，有序推进城镇生活垃圾分类，推动快递包装绿色转型，加强危险废物、医疗废物收集处理，研究制定生态保护补偿条例。落实长江十年禁渔，实施生物多样性保护重大工程，持续开展大规模国土绿化行动，推进人与自然和谐发展。①

2. 空气质量监测技术的发展

空气质量监测技术的发展和监测站数量的变化，是反映空气质量状况和环境治理成果的重要指标。通过持续的技术创新和监测站点拓展，能更全面地了解空气质量的整体状况和变化趋势，精确识别污染物的来源和分布情况。

（1）空气质量监测技术概况

随着环境保护意识的日益增强，空气质量监测与评估已经成为全球关注的重点。为应对这一挑战，世界范围内涌现出众多先进的空气质量监测技术。这些技术不仅提升了空气质量监测的精度和效率，而且为环境保护决策提供了有力的数据支撑。传统光学检测、差分光学吸收光谱方法、PM_{10}（可吸入颗粒物）检测、车载遥感监测以及无人机空气质量传感器等技术各具特色，它们分别利用不同的原理和方法，实现对空气中多种污染物的快速、准确检测。这些技术的结合使用，为全面、系统地评估空气质量提供了可能。我国研发出了新一代 $PM_{2.5}$ 和臭氧协同控制激光雷达监测仪、基于 X 射线荧光光谱技术的便携式重金属监测仪、基于光谱技术和机器学习算法的移动式监测车等空气质量监测仪器，这些仪器不仅提高了监测的准确性和可靠性，而且为环境治理和公共健康提供了更有力的支持。此外，在区域联合监测方面，我国也有长足的发展，例如在京津冀地区建立了空气质量监测网络，通过实时监测和数据分析，实现了对区域内空气质量的全面掌握和污染物的协同控制。

---

① 李克强在政府工作报告中提出，加强污染防治和生态建设，持续改善环境质量［EB/OL］.（2021-03-05）［2024-07-21］. https://www.gov.cn/xinwen/2021-03/05/content_5590461.htm

（2）监测站数量变化及其收集到的关键指标变化

空气质量监测站是对存在于大气中的污染物质进行定点、连续或者定时地采样、测量和分析的设备，是对空气质量进行控制和合理评估的重要平台，也是促进城乡空气环境保护的基础设施。近年来，得益于国家支持环保设备的国产化，空气质量监测站市场份额逐步向本土企业集中，进口品牌开发中国市场的难度上升，市场占有率有所下降。2022 年，中国空气质量监测站产量为 6945 套。2023 年，中国 339 个地级及以上城市平均空气质量优良天数比例为 86.3%；$PM_{2.5}$ 平均浓度为 27 μg/m^3，同比下降 3.6%；PM_{10} 平均浓度为 48 μg/m^3，同比下降 5.9%；臭氧平均浓度为 149 μg/m^3，同比上升 6.4%；二氧化硫平均浓度为 8 μg/m^3，同比下降 11.1%。从重点区域看，2023 年前 10 个月，京津冀及周边地区“2+26”城市平均优良天数比例为 66.0%，$PM_{2.5}$ 浓度为 40 μg/m^3。长三角地区 41 个城市平均优良天数比例为 82.0%，$PM_{2.5}$ 浓度为 29 μg/m^3。汾渭平原 11 个城市平均优良天数比例为 66.6%，$PM_{2.5}$ 浓度为 41 μg/m^3。[①] 深圳环境空气质量 6 项污染物浓度全面达标，除臭氧浓度外，其他 5 项均达到有监测数据以来的最低水平。其中，$PM_{2.5}$ 浓度从有监测数据以来最高的 62 μg/m^3 下降至 16 μg/m^3，稳定达到世界卫生组织第二阶段标准，接近国家一级标准。[②]

3. 入河入海排污口监测技术的发展

世界先进入河入海排污口监测技术正处于不断演进和优化的阶段，融合了无人机航测、无人船航测、同位素解析和图谱比对等多种高科技手段。这些技术的综合应用，显著提升了排污口监测的精确性和效率，有效克服了传统方法中的局限性和不足。通过这些技术，我们能够实现对排污口的快速识别、精准定位和实时监测，为水环境保护提供强有力的技术支持。在持续推进碧水保卫战的行动中，我国入河入海排污口的排查取得了显著成效。截至 2023 年 2 月，全国累计排查 24.5 万 km 河湖岸线，查出入河入海排污口近 23 万个，其中约 1/3 完成整治。[③]长江、渤海排污口溯源任务完成 9 成以上，推动解决 2 万多个污水直排、乱排问题。[④]“十四五”国家地表水环境质量监测网共设置 3641 个地表水国控断面（点位），其中，在 1839 条河流上设置水质监测断面 3293 个，覆盖了长江、黄河、珠江、松花江、淮河、海河和辽河七大流域，浙闽片河流、西北诸河和西南诸河，太湖、滇池和巢湖三湖的环

① 刘温馨. 前 10 月城市平均空气质量优良天数比例为 86.3%［EB/OL］.（2022-11-28）［2024-07-21］. https://www.beijing.gov.cn/ywdt/zybwdt/202211/t202211

② 窦延文. 深圳 $PM_{2.5}$ 浓度创新低［EB/OL］.（2023-01-13）［2024-07-21］. http://www.sz.gov.cn/cn/xxgk/zfxxgj/zwdt/content/post_10381710.html

③ 张倩楠. 全国已排查入河入海排污口近 23 万个，约三分之一完成整治［EB/OL］.（2023-02-27）［2024-07-21］. https://www.jiemian.com/article/8948555.html

④ 盛云，蒋晓平. 生态环境部：全国水生态环境质量持续改善［EB/OL］.（2023-02-22）［2024-07-21］. https://www.news.cn/2023-02/22/c_1129386574.htm

湖河流等；在太湖、滇池、巢湖等210个重点湖泊水库设置监测点位348个，包括在86个湖泊中设置的200个点位和在124座水库中设置的148个点位。此外，还在224条入海河流上设置了230个入海水质监测断面。

2023年，3641个国家地表水考核断面中，水质优良（Ⅰ～Ⅲ类）断面比例为89.4%，同比上升1.5%；劣Ⅴ类断面比例为0.7%，同比持平（图6-3）。主要污染指标为化学需氧量、总磷和高锰酸盐指数。①

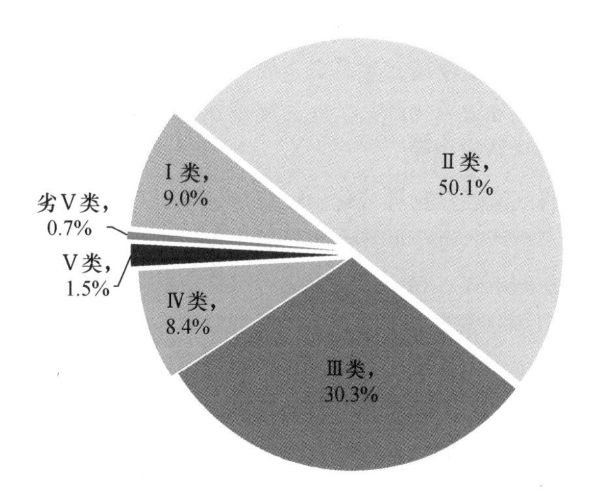

图6-3　2023年1—12月全国地表水水质类别比例

数据来源：生态环境部

4. 危险废物处置转移监测技术的发展

危险废物，行业习惯简称为“危废”，是指列入《国家危险废物名录》或者根据国家规定的危险废物鉴别标准和鉴别方法认定的具有危险特性的固体废物。危险废物的综合利用一般是指对危险废物进行回收再生利用，或者从危险废物中提取有用物质作为原材料，生产贵金属、金属盐、酸、碱等资源化产品，即资源化处理。危险废物无害化处置一般是指将危险废物焚烧或用其他改变工业危险废物的物理、化学和生物特性的方法，达到减少或者消除其危险成分的目的，或者将危险废物置于符合环境保护规定要求的填埋场中，即无害化处置。在危险废物处置转移监测领域，世界先进技术正逐步实现对危险废物的全面、精准和高效管理。通过集成卫星定位与追踪、物联网架构、大数据分析、智能传感器监测以及视频监控等多种科技手段，这些先进技术不仅提升了危险废物处置转移过程的安全性和合规性，而且显著增强了保护环境的能力。这些技术的应用，确保了对危险废物的有效追踪、精准监控和科学决策，为防范环境污染和维护生态安全提供了有力保障。

---

① 张蕾. 2023年全国地表水环境质量状况公布［N］. 光明日报，2024-01-26（8）.

我国对工业危险废物的处理方式目前主要以综合利用和无害化处置为主（表 6-3）。历史上曾存在倾倒丢弃的方式，但随着环保意识的增强和国家环保治理的决心更加坚定，自 2013 年起，我国杜绝了倾倒丢弃工业危险废物的方式。2022 年，我国工业危险废物产生量为 9514.8 万 t，综合利用处置量为 9443.9 万 t。①

表 6-3　工业危险废物的主要处理方式

处理方式	技术原理		优　点	缺　点
综合利用	循环再生	将危险废物分类、整理，分解提炼高价值物质，生产贵金属、金属盐等资源化产品，成为制备新化学品的过程	防止潜在可用资源的浪费、赚取资源二次利用的加工费	技术复杂、成本高
	回收利用	将废液经过物理或化学反应等处理后回收进行循环利用，属于废液的净化过程，可减少生产过程中新溶液的使用量	实现资源循环利用	技术较为复杂，成本较高
无害化处置	焚烧	利用高温分解和深度氧化，使可燃性危险废物氧化分解，达到减少容积，去除毒性的效果	工艺简单、处理量大、减排效果好	投资运营成本高，最终产生的飞灰、炉渣等仍需填埋
	填埋	将危险废物倒入具有地形特征的场地中，通过采取防渗、覆土和气体导排设施等，消除对地下水源和大气的污染	处理量大、能耗小	建设要求严格、容易造成地下水源和土壤的污染
	物化	利用化学或物理方法将危险废物与能聚结成固体的某些惰性基材混合，从而使危险废物固定或包容在惰性固体基材中，使之具有化学稳定性或密封性	工艺、设备相对简单，材料与运行费用较低	适用种类少，还需二次处理；固化体破解后，废物会重新进入环境

近年来，我国工业生产规模扩大，对资源需求量增大。一方面，我国资源人均占有量低于世界其他国家；另一方面，由于传统的粗放型经济增长，国有工业生产效率和资源利用率与发达国家相比存在较大差距。因此，通过回收工业危险废物中的可利用物质，提取有价金属，可以提高我国资源的利用率。目前，危险废物资源化、无害化在危险废物总产量中的占比分别为 60%、40%，地方政府纷纷出台政策，力图在未来将危险废物无害化处理率达到 100%。②因为资源化处理能够给产废企业带来额外收益，而无害化处理则需要额外收费，因

① 中国再生资源回收利用协会. 2022 年中国生态环境统计年报：工业危险废物产生量为 9514.8 万吨，利用处置量为 9443.9 万吨［EB/OL］.（2024-01-18）［2024-07-21］. https://www.sohu.com/a/752716314_745358

② 中投顾问. 中投顾问观点 | 2024—2028 年中国危废处理行业市场规模预测［EB/OL］.（2024-05-24）［2024-07-21］. https://www.sohu.com/a/781183427_255580

此企业对于可以资源化的危险废物有一定的自行处置意愿，该部分产能供给具有自发性。

在危险废物处理行业，99% 的企业为民营企业，年平均处理能力仅为 3 万 t，但处理能力 3 万 t 以下的企业占比高达 73%，大部分企业危险废物处理规模小于 50 t/d。[①]据统计，行业前十企业的市场占有率不足 10%，能处理 25 种以上危险废物的公司仅占全国总数的 1% 左右，处理种类小于 5 种的公司占比达到 88%。[②]大部分企业技术、资金、研发能力较弱，处置资质单一，危险废物处理企业“小、散、弱”的劣势异常明显。

5. 国家民用空间基础设施体系监测技术的发展

国家民用空间基础设施体系在环境保护领域的应用，展示了其高度的专业性和精确性。通过整合卫星遥感、通信广播和导航定位等尖端技术，这一体系为环境保护提供了强有力的数据支撑和技术保障。卫星遥感技术通过精准观测地球表面，为环境监测提供了翔实的数据基础，有助于及时发现环境问题并采取相应的应对措施；通信广播技术则确保了环境信息的实时传输和广泛共享，加强了各国在环境保护领域的协同合作；而全球导航定位系统的应用，则提高了环境监测的精确度和效率，为环境保护工作提供了有力的技术支撑。

2023 年 8 月 21 日，世界首颗进入工程实施阶段的高轨合成孔径雷达卫星——陆地探测四号 01 星，经过 4 次变轨后，顺利进入工作轨道，合成孔径雷达天线成功展开，完成了卫星入轨初期飞控试验的主要工作。随着该卫星的“上岗”，我国以卫星遥感、通信广播和导航定位为主体的国家民用空间基础设施体系初步形成。陆地探测四号 01 星可以提高灾害异常变化信息的识别精度和效率，提升自然灾害综合防治能力，服务地震监测、国土资源勘查及海洋、水利、气象、农业、环保、林业等行业的应用需求，是我国目前行业用户最多的遥感卫星。该卫星在投入使用后，将进一步完善我国天基灾害监测体系，丰富我国重点区域观测手段，全面提升我国防灾减灾救灾综合水平。

陆地探测四号 01 星是《国家民用空间基础设施中长期发展规划（2015—2025 年）》中的遥感科研卫星。2023 年，我国共发射 200 余颗卫星。在国家民用空间基础设施体系初步形成后，我国将持续完善国家空间基础设施建设，推动卫星遥感、通信广播和导航定位融合技术发展，加快提升泛在通联、精准时控、全维感知的空间信息服务能力。

6. 钢铁行业全流程超低排放技术改造

钢铁行业作为碳排放的主要行业之一，绿色低碳已经成为该行业所有企业都需要面对的新赛道。钢铁行业全流程超低排放改造是指对企业所有生产工序，包括铁矿采选、原料场、

① 张鑫. 中国危废处理行业核准产能、利用量及竞争格局分析，行业整合加速[EB/OL].（2020-06-09）[2024-07-21]. https://www.huaon.com/channel/trend/620632.html

② 胡惠雯，刘海军，曹阳，徐岩. “吃不饱”又“放不下”危险废物如何安身[EB/OL].（2020-03-20）[2024-07-21]. https://huanbao.bjx.com.cn/news/20200320/1056447.shtml

烧结、球团、炼焦、炼铁、炼钢、轧钢以及大宗物料产品运输等，通过配备高效环保设施、加强环境管理、提高清洁运输比例等方式，全面达到超低排放水平，实现全负荷、全时段、全流程污染排放有效管控。具体来说，包括以下几点：一是烧结机机头和球团焙烧烟气中的颗粒物、二氧化硫、氮氧化物排放浓度小时均值应分别不高于 10、35、50 mg/m^3。其他主要污染源颗粒物、二氧化硫、氮氧化物排放浓度小时均值原则上分别不高于 10、50、200 mg/m^3。二是达到超低排放的钢铁企业污染物排放浓度小时均值每月至少 95% 以上时段满足上述指标要求。2023 年，累计有 78 家钢铁企业的 3.9 亿 t 粗钢产能完成全流程超低排放改造，重点行业主要污染物和二氧化碳排放强度持续下降。①

钢铁行业在追求全流程超低排放的过程中，积极运用和创新了一系列先进技术，如实时排放监测系统、颗粒物在线监测技术、气体成分分析技术、污染源识别和定位技术，以及数据集成和管理系统等。这些技术的引入和应用，不仅提供了准确全面的排放数据支持，还为钢铁企业优化生产流程、减少排放、提高能源利用效率提供了科学依据。当前，这些技术正朝着更加智能化、自动化的方向发展，借助物联网、云计算和大数据等新一代信息技术，钢铁企业能够实现实时数据采集、传输和分析，提高数据处理效率。

我国钢铁行业在超低排放技术的发展方面具有显著优势，如政府的大力支持、庞大的市场需求和产业链优势，以及多年的技术积累等。然而，也存在一些劣势，如与国际先进水平的技术差距、高端人才短缺以及资金投入压力等。为了克服这些劣势，我国需要继续加大政策支持力度，加强技术研发和创新力度，培养和引进高端人才，并为钢铁企业提供必要的专项资金支持。未来，随着科技的不断进步和环保要求的不断提高，钢铁行业将继续深化数据监测技术的应用，推动行业向更加环保、高效的方向发展。同时，我国钢铁行业也应抓住发展机遇，充分发挥自身优势，积极应对挑战，为实现全球环保目标作出积极贡献。

（二）绿色数据管理技术：管理效率和安全性提升

1.“东数西算”工程建设

“东数西算”工程建设涉及的绿色数据管理技术是一套严谨而高效的系统，其核心在于实现数据中心的节能减排、提高能效和确保数据的安全可靠。这些技术包括节能技术的应用，如高效制冷和节能供电，旨在降低数据中心的能耗；可再生能源的利用，如太阳能和风能，为数据中心提供清洁的能源来源；优化数据中心的布局，减少数据传输的延迟和能耗；数据压缩和去重技术，有效减少存储空间和传输带宽，降低运营成本；完善的数据备份和恢复机制，确保数据的安全性和可靠性；智能化运维管理，实现实时监控和预警，提高数据

① 工业和信息化部. 我国工业绿色转型取得显著成效［EB/OL］.（2024-02-19）［2024-07-21］. https://www.gov.cn/yaowen/shipin/202402/content_6932068.htm

中心的运行稳定性和可靠性。这些技术的综合应用，不仅有助于降低数据中心的能耗和碳排放，而且提高了数据中心的运行效率和可靠性，为“东数西算”工程建设的可持续发展提供了坚实的技术支撑。

目前，“东数西算”工程已经从系统布局阶段进入全面建设阶段，在已经开工的8个国家算力枢纽中，2023年新开工的数据中心项目近70个。其中，西部新增数据中心的建设规模超过60万机架。上架率是数据中心实际使用机架数与总机架数的比值，能在一定程度上反映出数据中心的运营效率与盈利能力。《2021年中国数据中心市场报告》显示，华东、华北和华南地区数据中心上架率为65%～68%，西北、西南地区分别为34%和41%。近年来，西部地区上架率有所提升，但整体上依然处于较低水平，产业发展也面临“存得多、算得少”“冷数据多、热数据少”“基础设施多、产业转化少”等瓶颈。“东数西算”工程尚处于建设初期，应以发展的眼光看待当前建设中存在的堵点。

一方面应加快从低成本要素驱动向市场驱动转型。位于宁夏的中卫数据中心产业发展起步较早，市场化程度相对较高。为防止数据中心企业“单纯盖楼”虚假装机，当地在机柜、机电安装完毕之后才计入装机能力。这促使相关企业在建设前就要“算账”，以客户需求为导向，实现数据中心“建一栋、满一栋”。截至目前，当地累计安装机柜6万多个，上架率超70%。[①]另一方面应以“东数西渲”“东数西训”等应用场景为切入口，开展测试验证。西部地区可围绕影视渲染、人工智能训练等应用场景，积极与东部算力需求用户对接合作，在此过程中发现技术瓶颈、探明机制缺陷、寻找落地痛点。同时，可进一步针对各行各业深挖应用场景，如城市算力网等，在西部地区调动中小企业参与积极性。

2.“两地三中心”推广

在数据中心的架构设计中，“两地三中心”作为一种高级别的灾备和数据管理方案，与其他传统架构有着明显的不同。传统的数据中心架构，如单中心架构或简单的双中心架构，往往侧重于满足基本的业务运行需求，而对于灾难恢复和持续业务能力的考虑较少。相较之下，“两地三中心”架构通过同城双中心和异地灾备中心的构建，提供了更强的数据可用性和灾难恢复能力。这意味着在遭遇自然灾害、人为错误或技术故障时，企业能够迅速切换到备用中心，确保业务的连续性。在绿色数据管理技术的应用上，“两地三中心”架构同样展现出其先进性。除了传统的节能技术和可再生能源利用外，该架构还通过智能化运维管理、数据压缩和去重等手段，进一步提高能效和降低运营成本。这种综合性的解决方案不仅有助于减少数据中心的能耗和碳排放，而且可以通过优化数据处理流程，提高整体运行效率。

---

① 萧海川，梁军，许晋豫，等.“东数西算”，堵在哪儿了？［EB/OL］.（2024-01-16）［2024-07-21］. https://finance.sina.com.cn/jjxw/2024-01-16/doc-inactkkx7430627.shtml

在我国当前的“两地三中心”建设情况中，随着数字化转型的加速和信息安全意识的提升，越来越多的企业开始认识到这种架构的重要性。政府也通过政策引导和技术支持，推动“两地三中心”架构在关键行业和领域的应用。[①]不过，值得注意的是，建设“两地三中心”并非一蹴而就的事情，它需要企业投入大量的资金、技术和人力资源。因此，在推进过程中，需要综合考虑业务需求、技术可行性和成本效益等因素，确保建设的合理性和有效性。

（三）绿色数据分析技术：生态治理更加精准高效

绿色数据分析技术，依托物联网技术、电力参数传感技术等先进科技手段，在环境管理领域展现出了精准化、自动化和高效化的显著优势。该技术不仅通过实时监测和数据分析为环境管理提供了科学依据，而且通过自动化监控和预警系统提高了管理效率，降低了管理风险。在空气质量提高方面，该技术通过地理信息系统制图实现数据的可视化，并结合深度分析算法，为政策制定提供了科学依据。在污染管理方面，该技术利用环保大数据分析系统，结合网格化信息反馈渠道，实现了对污染源的精准监控和快速响应。在雨洪管理领域，该技术则通过综合数据分析，精准预测雨洪流量和流向，为灾害防控提供了有力支持。这些技术的应用不仅提高了环境管理的效率和准确性，而且为推动环境保护和可持续发展注入了新动力。今后，绿色数据分析技术将继续在环境管理领域发挥重要作用，为构建绿色、低碳的未来社会贡献力量。

1. 空气改善精准化

“十四五”规划纲要提出，深入打好污染防治攻坚战，推进精准、科学、依法、系统治污，不断提高空气质量。精准治污和科学治污是应对重污染天气的关键，离不开先进技术的支撑。对此，长沙市基于地面固定监测站点，结合卫星遥感、激光雷达等现代感知技术，构建了“天空地”一体化生态环境监测体系和信息化监管体系。2023年以来，借助卫星遥感监测技术，当地对裸露黄土问题实施了动态复核、及时交办。截至2024年3月，有400多万 m^3 的裸露黄土披上了“绿衣”，全面巩固“复绿覆盖控尘”整治成果。[②]“天”就是指卫星遥感监测技术，利用卫星搭载的高空间分辨率大气污染传感器，通过差分吸收光谱和算法反演获得二氧化氮（NO_2）、O_3、PM_{10}、$PM_{2.5}$ 等污染物的近地面浓度。“空”就是大气颗粒物雷达探测技术，设置好的气溶胶激光雷达能对长沙市主城区及主要传输通道进行全天候、全覆盖扫描，可以直观连续观测颗粒物超标范围和污染扩散趋势，建立长沙市城区颗粒物雷达组网扫描数据分析系统，并与长沙市大气污染监测预警与决策支撑平台连接。“地”则是通过空气质量标准化街镇站进一步细化空气质量监测空间尺度，提升全市空气污染成因、重污染过

① 韦宇星. 广西政务云“两地三中心”多服务灾备设计与实现［J］. 无线互联科技，2022，19（23）：75-77.

② 刘立平，李翔宇. 长沙精准治污用了哪些“黑科技”？［N］. 中国环境报，2024-01-30（2）.

程轨迹分析、空气质量预报预警及污染管控措施效果评估能力，并为建立健全街道、乡镇、园区考核机制提供数据支撑，进一步压实治理责任。

2. 污染管理自动化

污染精细化管理是提高城市管理效能的重要举措，是改善城市生产、生活环境，提升城市品位的重要抓手，也是绿色智慧城市建设的重要内容。提高污染管理水平，要在数字化、科学化、智能化上下功夫。以网格化作为污染精细化管理的最佳途径，以数字化实现污染精细化管理的有益提升，综合应用计算机技术、无线网络技术、信息化技术、空间地理信息集成技术等数字技术，通过重点污染源企业实现自动监测、固体废物企事业单位数量系统化管理等方式，形成污染管理运行新模式。

2022 年，全国机动车（含汽车、低速汽车、摩托车、挂车与拖拉机等）四项污染物排放总量为 1466.2 万 t。①其中，一氧化碳（CO）、碳氢化合物、氮氧化物、颗粒物排放量分别为 743 万 t、191.2 万 t、526.7 万 t、5.3 万 t。汽车是污染物排放总量的主要贡献者，其排放的 CO、碳氢化合物、氮氧化物和颗粒物占比超过 90%。其中，柴油车氮氧化物排放量超过汽车排放总量的 80%，颗粒物超过 90%；汽油车 CO、碳氢化合物排放量超过汽车排放总量的 80%。此外，非道路移动源排放对空气质量的影响也不容忽视。非道路移动源排放的二氧化硫（SO_2）、碳氢化合物、氮氧化物、颗粒物分别为 17.6 万 t、42.5 万 t、473.5 万 t、23.2 万 t；氮氧化物排放量接近于机动车。其中，工程机械、农业机械、船舶、铁路内燃机车、飞机排放的氮氧化物分别占非道路移动源排放总量的 28.5%、34.9%、32.5%、3.1%、1.0%。2022 年，各地按照党中央决策部署，统筹开展“车–油–路–企”行动，在推进运输结构调整、提升新生产机动车污染防治水平、规范在用机动车排放检验、强化非道路移动机械和船舶环保监管、开展车用油品质量专项检查、建立完善移动源污染治理体系等方面取得了积极成效。

为推动大气环境质量持续提高，保障人民群众健康，杭州市打造了移动源智慧化污染管控应用系统，实现机动车、移动检测设备、移动终端应用程序与计算机的实时交互，并有效对移动源排放进行实时监管，精准监控机动车路网上实时工况和排放情况。通过排放检验远程审查强化机动车闭环管理和事中、事后监管，积极建设车载排放诊断在线接入、尾气遥感监测、视频监控自动巡检等信息化管理体系，探索出了移动源智慧化管控新模式。截至 2020 年 4 月，该系统已接入重型柴油车 3.6 万余辆，累计上传数据量达 28 亿余条，收到预警数据 3.5 亿余条，排查异常车辆 4584 辆次。②

---

① 生态环境部. 中国移动源环境管理年报（2023 年）[EB/OL].（2023-12-07）[2024-07-21]. https://www.mee.gov.cn/ywgz/dqhjbh/ydyhjgl/202312/t20231207_1058461.shtml

② 浙江省环境科学学会. 蓝天保卫战典型案例 | 杭州打造移动源智慧化污染管控应用系统 [EB/OL].（2020-04-28）[2024-07-21]. https://www.thepaper.cn/newsDetail_forward_7182774

3. 雨洪管理高效化

在“双碳”发展的背景下，现代城市建设的一个重要内容就是改善城市的排水状况，优化城市建设的力度，使城市能够更好地为社会服务。海绵城市不仅可以解决当前城市内涝灾害、雨水径流污染、水资源短缺等突出问题，有利于修复城市水生态环境，而且可以带来综合生态环境效益。通过城市植被、湿地、坑塘、溪流的保存和修复，可以明显增加城市蓝绿空间，减少城市热岛效应，改善人居环境。同时，为更多生物特别是水生动植物提供栖息地，提高城市生物多样性水平。

海绵城市是新一代城市雨洪管理概念，是指城市能够像海绵一样，在适应环境变化和应对雨水带来的自然灾害等方面具有良好的弹性，也可称之为“水弹性城市”（表 6-4）。银川把海绵城市建设作为“一号城建工程”，通过全域系统性的海绵建设，逐步搭建起了雨水下渗、蓄滞、净化、回用、排放的海绵系统，缓解了道路积水及污水厂超负荷运行等问题，有效控制了合流制溢流污染，同时补充涵养了地下水水源，城市生态环境得到有效改善性修复，城市应对洪涝灾害的弹性和韧性明显提高。截至目前，银川市区 30% 以上的建成区面积达到 30 年一遇内涝防治标准，城区内 93% 的内涝积水区段被消除，初步实现了“小雨不积水、大雨不内涝、水体不黑臭、热岛有缓解”的海绵城市建设基本目标。[①]

表 6–4 海绵城市建设主要项目

项目类型	简 介
老旧小区改造	通过对老旧小区进行雨污分流管网改造、建设下沉式绿地和雨水花园、增加透水铺装等，提升小区景观和绿化水平，解决小区雨季容易积水的问题
海绵型公园绿地	通过对公园绿地进行下沉式改造、修建植草沟、增加生态湿塘等，提升公园绿地蓄滞、净化雨水的功能
海绵型道路广场	通过对人行道、停车位进行竖向改造、增加透水铺装等，减少道路和广场的地表径流和对市政排水管网的压力
水系治理	通过对河流、湖泊进行生态驳岸改造，提升岸边带的雨水下渗和水质净化功能
雨水调蓄设施或调蓄空间建设	通过新建雨水调蓄池、恢复自然湖泊、湿地调空间等措施，增加雨水调蓄容积
雨水管网及泵站改造与建设	通过雨污分流改造、新建和改造泵站等，提升市政管网排水能力
管网排查与修复	通过对城市管网进行系统排查和修复，提升市政管网排水能力
智慧监测平台建设	搭建海绵城市智慧水循环监测系统、海绵城市可视化指挥系统、传感器在线状态监测系统等，实现区域水质水量和降水信息实时监测、联动调度管控等
其他	如水利防洪项目等，防止汛期洪水对城市排涝工作造成影响

① 银川市住房和城乡建设局. 银川市多措并举全力推进重点项目建设“四个示范引领”促城市建设上“快车道”[EB/OL].（2023-12-07）[2024-07-21]. https://zjj.yinchuan.gov.cn/xwdt/zjdt/cxjs/202310/t20231019_4317251.html

三、科技创新促进人与自然和谐共生的路径

（一）技术创新驱动绿色发展

实现绿色低碳高质量发展，科技创新是关键，必须坚持创新驱动，推进高水平科技自立自强，促进信息技术与传统行业深度融合，构建市场导向的绿色技术创新体系，为绿色发展打牢坚实技术基础。

1. 智慧绿色发展理念的推广

中国式现代化中的智慧绿色发展理念在经历了从提出与探索到技术创新与绿色低碳循环发展，再到国际合作与全球治理的转型过程后，在生态文明建设与美丽中国梦的追求中得到了进一步强化。这一理念的不断发展和完善，为中国式现代化注入了新的活力和动力，推动了中国经济社会的可持续发展。

（1）发展理念转型

中国式现代化智慧绿色发展理念经历了四个阶段：

第一，理念的提出与探索。自改革开放之初，我国就深刻认识到经济发展与环境保护之间的紧密关系。在这一背景下，我国政府开始提出可持续发展的理念，强调在追求经济增长的同时，必须注重生态环境的保护。这一理念的提出，标志着中国开始关注并探索如何在现代化进程中实现经济与环境的协调发展。在这一阶段，我国政府开始加强对环境保护的监管和治理，推动了一系列环保政策的制定和实施。同时，我国也积极参与国际环保合作，借鉴国际经验，探索适合自己的绿色发展道路。这些举措为智慧绿色发展理念的深入发展奠定了坚实的基础。

第二，技术创新与绿色低碳循环发展。随着科技的不断进步和创新，我国在绿色技术领域取得了显著的突破。通过加强绿色技术的研发和应用，我国推动了清洁能源、节能环保等领域的产业升级和发展。例如，我国在太阳能、风能等可再生能源领域取得了重要进展，有效降低了碳排放和能源消耗。同时，我国还积极倡导绿色低碳循环发展的理念，推动形成绿色低碳循环发展的经济体系。在这一理念指导下，我国鼓励企业采用环保技术和生产方式，推动循环经济的发展，实现资源的有效利用和废弃物的减量化、资源化。这些措施不仅有助于减少环境污染，而且为经济社会发展提供了新的动力。

第三，国际合作与全球治理。作为全球环境治理的重要参与者和贡献者，我国积极参与国际合作，共同应对全球环境挑战，通过加强与其他国家的交流与合作，推动全球可持续发展的进程。在这一阶段，我国积极参与国际环保组织和合作机制，如联合国环境规划署、世界自然基金会等，与国际社会共同应对气候变化、生物多样性保护等全球性环境问题。同时，我国还推动建立国际绿色发展合作平台，促进绿色技术和经验的交流与分享。通过这些

国际合作与交流，我国不仅展示了自己在绿色发展领域的成就和贡献，而且学习了国际先进经验和技术，推动了自己的绿色转型进程。

第四，生态文明建设与美丽中国梦。智慧绿色发展理念在生态文明建设与美丽中国梦的追求中得到了进一步的强化。这一阶段不仅注重生态环境的保护和修复，而且更加强调“智慧”在生态文明建设中的作用。在这一背景下，“智慧”指的是利用现代信息技术和大数据分析工具，提高生态环境保护工作的智能化水平。通过运用物联网、云计算、人工智能等前沿技术，我们能够更加精准地监测生态环境状况，预测环境风险，制定科学有效的环境保护措施。例如，我国利用无人机和卫星遥感技术，对重点生态区域进行实时监测，及时发现和处理环境问题。同时，通过建立大数据平台，将各种环境数据进行整合和分析，为政府决策提供科学依据。这些智慧化的手段，不仅提高了生态环境保护工作的效率和准确性，而且增强了公众对生态环境保护的参与度和满意度。在这一阶段，我国政府还积极推动智慧绿色产业的发展，鼓励企业利用智能技术提高资源利用效率，减少环境污染。通过智慧绿色技术的推广和应用，我国不仅推动了经济社会的可持续发展，而且为实现美丽中国的奋斗目标注入了新的活力和动力。

（2）相关政策倡议

绿色智慧发展就是借助计算机、电力自动化和信息技术等，深入实施数字化转型战略，以新一代信息技术与制造业融合为主线，坚持按企业、行业、区域分类推进制造业数字化转型，大力发展高端制造、智能制造、绿色制造，改良传统能源供应模式，实现以分布式能源发电技术为核心的一体化电力、智能节能和可再生能源融合，推动制造业高质量发展。

为了推进绿色智慧发展，2023 年 3 月，十四届全国人大一次会议表决通过 2023 年国民经济和社会发展计划的决议草案，明确提出发展储能产业，绿色低碳发展、节能降碳改造的发展路线。会议要求，在绿色发展理念方面，践行绿水青山就是金山银山理念，推进生态优先、节约集约、绿色低碳发展，积极稳妥推进碳达峰碳中和。按照“1+*N*”政策体系部署，立足我国资源禀赋，坚持先立后破，科学把握推进节奏，有计划分步骤地实施“碳达峰十大行动”。

在发展方式上，加快发展方式绿色转型，深入推进环境污染防治，实施全面节约战略，统筹产业结构调整、污染治理、生态保护、应对气候变化，协同推进降碳、减污、扩绿、增长。在发展行业上，支持绿色低碳产业发展，积极推行绿色制造，全面推行清洁生产，开展重点行业清洁生产改造。加快工业、建筑、交通等重点领域绿色转型，支持开展节能降碳改造、设备更新、回收利用、工艺革新和数字化转型，推进重点园区循环化改造。

2. 绿色城市和智慧社区建设

（1）绿色城市试点

城市作为碳排放的大户，其向低碳绿色发展转型的过程不仅符合国家战略需求，而且体现了城市自身可持续发展的必然选择。在这一背景下，智慧城市构想应运而生，成为推动城市可持续发展的关键力量。2023 年 7 月，由生态环境部发布的《国家低碳城市试点工作进展评估报告》指出，自 2010 年以来，我国已分三批在北京、深圳、烟台等 81 个低碳城市开展试点，目前试点城市 CO_2 排放控制成效显现，共 40 座试点城市评估结果为“优良”，接近半数。报告显示，试点工作整体经济实现有效提升和量的合理增长，多个试点城市推动产业发展和能源消费的绿色低碳转型，经济发展质量有所提升。此外，在建设绿色城市方面，各地都取得了不少的优秀案例。例如，青岛作为全国首个绿色建设发展试点城市，已全面完成多项试点任务，实现了试点目标，并通过科学系统的“1+5+1”评估指标体系，从碳排放、绿色建筑、绿色社区、绿色街区、绿色城区、绿色乡村和绿色金融七个维度，形成了八个方面可复制可推广的经验，为推进全国城乡建设绿色低碳发展作出了贡献。

2024 年 1 月，生态环境部印发《第一批城市和产业园区减污降碳协同创新试点名单》，21 个城市和 43 个产业园区入选。城市涵盖资源型、工业型、综合型、生态良好型等多种类型，产业园区涉及钢铁、有色金属、石油化工、汽车、装备制造、新能源等多个行业，试点单位分布广泛、类型多样、代表性较强，与污染防治攻坚任务相衔接，与绿色低碳发展要求相适应，充分体现了多领域、多层次创新试点的工作导向和实践要求。

（2）智慧社区建设

近年来，我国陆续出台《中共中央 国务院关于加强基层治理体系和治理能力现代化建设的意见》《关于深入推进智慧社区建设的意见》等系列政策文件，明确了智慧社区建设的原则、目标和任务，持续推动我国智慧社区建设的步伐。“十四五”规划和 2035 年远景目标纲要中提出，要推进智慧社区建设，依托社区数字化和线下社区服务机构，建设便民惠民智慧服务圈，提供线上线下融合的社区生活服务、社区治理及公共服务、智能小区等服务。

2023 年，青岛、泉州等多个城市均在进行绿色智慧社区的建设工作。在技术上，积极拓展数字技术的应用服务场景，充分发挥 5G、云计算、物联网、大数据、区块链、人工智能等新一代信息技术优势，赋能社区管理数字化升级，着力创新政务服务、公共服务方式。在建设路径上，通过加强绿化、垃圾分类、污水处理等措施，提高社区环境质量，减少污染和废弃物排放，促进资源节约与循环利用，实现高效清洁供能以及能量消耗与产出平衡。此外，线上课堂、智慧医疗、智慧图书馆等数字技术的场景应用，在给社会生活带来便利，满足群众日益多样化、个性化需求的同时，也从技术层面强化了全社会的节约意识、环保意识、生态意识，在潜移默化、润物无声中让绿色发展的种子在人们心中落地生根，为建设绿色智慧的数字生态文明营造了良好的社会氛围。

（3）绿色智慧产业发展

截至2022年底，我国数字经济规模超过50万亿元，总量稳居世界第二，占GDP比重提升至41.5%。[①]据中国信息通信研究院测算，2022年，我国数字产业耗电量约为3700亿kW·h，占全社会耗电量（86 372亿kW·h）的4.3%，其中数字产业用45%的耗电量产出了76%的GDP，有力支撑了数字经济发展。[②]与电力、工业、交通、建筑等传统行业相比，数字产业自身能耗和碳排放总量相对较低。中国信息通信研究院数据显示，相比于2017年，2021年数字技术赋能电力、工业、交通、建筑行业减排总量分别增加了12.3%、54%、18.3%和3.9%。到2030年，数字技术赋能全社会总体减排量将达到12%～22%。其中，赋能工业减碳比例为13%～22%，赋能交通业减排10%～33%，赋能建筑业减碳比例为23%～40%。此外，机械、钢铁、化工、建材等行业积极推进数字赋能绿色低碳发展，其中机械行业应用占比最高，其次是钢铁与化工，汽车、家电、食品行业应用占比相对较低。在应用成效方面，数字赋能能耗降低成效范围为8%～22.3%，数字赋能生产运营成本降低成效范围为12.2%～26.8%，数字赋能产能提升成效范围为3.9%～13.1%。[③]

据国家统计局报告，2023年全国工业产能利用率为75.1%，比上年下降0.5个百分点。[④]2014年以来，我国单位GDP能耗呈逐年下降趋势，2023年比2019年下降8%（图6-4），跨省区输电通道平均利用小时数处于合理区间，风电、光伏发电利用率持续保持合理水平。此外，一批能源科技创新平台得以新建，短板技术装备攻关进程加快。全国重点区域已有7省份出台地方超低改造方案，安徽省、河南省有近40%的产能实施了有组织或无组织改造，具备率先推进的需求和基础。[⑤]2023年国内已有99家钢铁企业完成了超低排放改造和评估监测，其中73家钢铁企业完成了全工序超低排放改造，涉及粗钢产能约3.62亿t；26家钢铁企业完成部分工序超低排放改造公示，涉及粗钢产能约1.08亿t。[⑥]

① 黄一灵. 报告：目前我国数字经济规模超过50万亿元 总量稳居世界第二［EB/OL］.（2024-01-15）［2024-07-21］. https://www.cs.com.cn/xwzx/hg/202401/t20240105_6383721.html

② 李雁争. 中国信通院报告：数字产业以较少的能耗有力支撑了数字经济发展［EB/OL］.（2023-11-10）［2024-07-21］. https://news.cnstock.com/industry,rdjj-202311-5149194.htm

③ 郭倩，刘智航. 多方部署推进工业减“碳”增“绿”［EB/OL］.（2024-01-18）［2024-07-21］. http://www.news.cn/politics/20240118/8d30e653c23a423d9605bae537756372/c.html

④ 国家统计局. 2023年四季度全国规模以上工业产能利用率为75.9%［EB/OL］.（2024-01-17）［2024-07-21］. https://www.stats.gov.cn/xxgk/sjfb/zxfb2020/202401/t20240117_1946625.html

⑤ 严刚. 专家解读 | 水泥超低排放改造助力美丽中国建设和行业绿色低碳高质量发展［EB/OL］.（2024-01-19）［2024-07-21］. https://www.mee.gov.cn/zcwj/zcjd/202401/t20240119_1064282.shtml

⑥ 王悦阳. 我国约3.62亿吨粗钢产能完成全工序超低排放改造［EB/OL］.（2023-11-17）［2024-07-21］. http://www.news.cn/2023-11/17/c_1129980840.htm

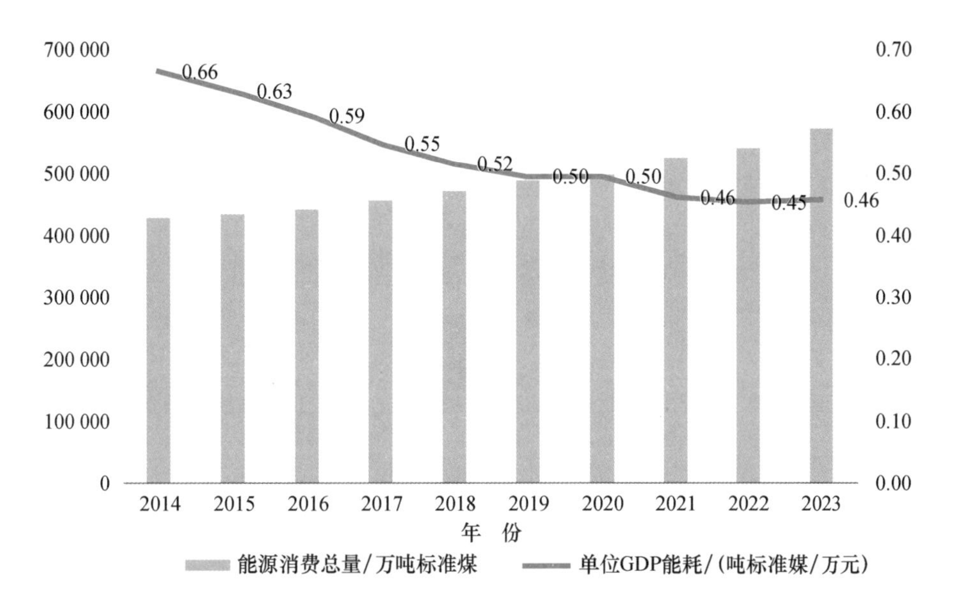

图 6–4 能源消费情况

数据来源：国家统计局

（二）智慧环保与生态管理系统构建

党的十八大以来，以习近平同志为核心的党中央站在中华民族永续发展的战略高度，将生态文明建设纳入中国特色社会主义事业“五位一体”总体布局中，开展了一系列根本性、开创性、长远性工作，对加强国土空间生态保护修复工作作出了部署要求。卫星遥感、大数据、人工智能等技术的应用，有利于生态问题识别监测、重大生态风险预警、生态恢复力评价与模拟、分类施策开展生态修复、生态保护修复成效评价等，助力美丽中国建设。

1. 山水林田湖草沙一体化保护和系统治理

（1）项目进展回顾

生态环境治理是高质量发展、可持续发展的前提。习近平总书记在党的二十大报告中指出，我们要推进美丽中国建设，坚持山水林田湖草沙一体化保护和系统治理，统筹产业结构调整、污染治理、生态保护、应对气候变化，协同推进降碳、减污、扩绿、增长，推进生态优先、节约集约、绿色低碳发展。2023 年初，我国政府启动了山水林田湖草沙一体化保护和系统治理项目，计划在五年内完成，覆盖全国范围内的多个重点生态区域，到“十四五”末，“山水工程”预计再完成生态保护修复面积 3000 万亩（1 亩 ≈ 666.7 m^2）以上。

为了有效推进项目的实施，我国政府以“严守资源安全底线、优化国土空间格局、促进绿色低碳发展、维护资源资产权益”为工作定位，出台了一系列相关政策，生态治理资金投入基本实现稳定增长（图 6-5）。这些政策涵盖了生态补偿、生态修复、生态保护等多个方面，主要聚焦于严守资源安全底线、优化国土空间格局、促进绿色低碳发展、优化自然资源要素保障方式、维护资源资产权益，以及大力推进法治、科技创新和信息化建设等方面。

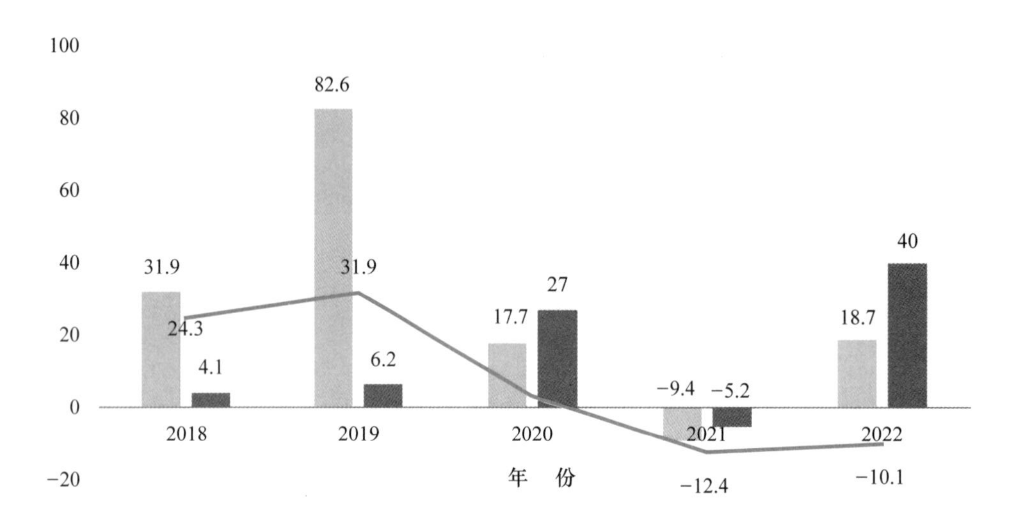

图 6-5　生态治理资金投入状况

数据来源：国家统计局

2020 年，自然资源部联合财政部、生态环境部印发《山水林田湖草生态保护修复工程指南（试行）》，全面指导和规范山水工程实施。[①]制定国土空间、矿山、海洋生态保护修复等 20 多项技术标准，为加强科学治理、系统修复提供了技术指导。2023 年，自然资源部坚持陆海统筹、河海兼顾、综合施策、系统治理，发布了《中国陆域生态基础分区（试行）》技术成果，将全国陆域划分为 6 个一级生态区、47 个二级生态区、233 个三级生态区，为分区分类开展生态保护修复提供科学支撑。[②]

当前，山水林田湖草沙一体化保护和系统治理项目已取得显著成效。各地积极推进生态修复工程，加强了对生态环境的监测和评估。同时，通过推广生态农业、生态旅游等绿色发展模式，实现了生态保护与经济发展的良性循环。此外，各级政府还加强了对违法行为的打击力度，有效遏制了破坏生态环境的行为。为鼓励和支持社会资本参与生态保护修复，自然资源部累计投入引导政策性金融资金 3500 亿元。[③]截至 2023 年 8 月，我国已部署实施山水林田湖草沙一体化保护和修复工程 50 多个，累计开展 5000 多个子项目，累计完成投资

① 自然资源部，财政部，生态环境部. 山水林田湖草生态保护修复工程指南（试行）[EB/OL].（2020-08-26）[2024-07-21]. https://www.cgs.gov.cn/tzgg/tzgg/202009/W020200921635208145062.pdf

② 自然资源部. 中国陆域生态基础分区（试行）[EB/OL].（2023-05-16）[2024-07-21]. https://www.tmg.gov.cn/wcm.files/upload/CMStmg/202308/2023081606170535783.pdf

③ 常钦. 2023 年我国自然资源工作取得新突破新成效 [EB/OL].（2024-01-17）[2024-07-21]. https://www.gov.cn/lianbo/bumen/202401/content_6926419.htm

2600多亿元，累计完成治理面积达8000万亩，累计整治修复海岸线2000 km，森林覆盖率达到24.02%。[①]

（2）相关成功案例

“十三五”期间，财政部、自然资源部、生态环境部启动山水工程试点，分三批支持实施了25个试点项目，“十四五”项目也正在有序推进。2023年10月，财政部、自然资源部、生态环境部共同公布了山水工程首批15个优秀典型案例。紧接着12月4日，首届自然资源与生态文明论坛发布了《国土空间生态修复典型案例集》，17个省份的37个典型案例入选，入选案例均分布在“三区四带”国家生态安全屏障或区域生态安全屏障关键节点上，涵盖湖泊、湿地、河口、江心岛、沙漠、矿山、退化土地等多种类型，以及自然保护区、流域、海岸带与海岛等多类区域，通过修山育林、节水养田、治河清源、修复湿地、智慧监管等工程措施，实现生态环境的整体性保护和可持续利用。入选案例充分总结了地方工作实践亮点，梳理凝练了山水工程、矿山生态修复、海洋生态修复等领域探索形成的典型技术模式和科学举措，在统筹管理、体制机制、资金筹措等方面的经验做法，具有示范借鉴意义。

（3）重要技术创新

在2023年的山水林田湖草沙一体化保护和系统治理中，技术创新成了一个重要的推动力。以重大生态保护修复工程为契机，基于卫星遥感的智能监测技术成功推广应用。综合运用高精度卫星遥感、迅捷无人机、地面监测站点、移动测量等先进技术手段，整合构建“天-空-地-海”协同感知网络，为山水林田湖草沙一体化保护和修复提供智慧监管。

在生态修复方面，一些新的技术和方法被不断探索和应用。通过加强湖泊水质监测，改善城市排水系统，防止污染源入湖等措施，提升湖泊水质；通过修建空气感应设备，增强湖泊的自由流通能力，开展生态园林和岸线景观建设等手段，修复湖泊绿化；采取草原保护措施，如退耕还草、禁牧休牧、轮牧等，同时开展草原植被恢复和生态系统重建；通过植树造林、封山育林、土地整治、土壤改良、河道治理、水体净化等措施，实现生态环境的整体性保护和可持续利用，维护生态安全，推动生态文明建设。

2. 完善自然资源三维立体“一张图”

（1）项目进展回顾

2023年，我国国土空间规划纲要取得新进展，国土空间规划体系逐步完善。自然资源部门启动构建基于自然资源三维立体“一张图”的数字空间治理体系，开展全国国土空间规划实施监测网络建设，以及“三区三线”等国土空间规划实施监测预警工作。截至2024年1月，国务院已批复18个省级国土空间规划，全国100%的市级规划和97%的县级规划已报

① 朱隽，常钦.“中国山水工程”累计完成治理面积八千多万亩[EB/OL].（2023-08-18）[2024-07-21]. https://www.gov.cn/yaowen/liebiao/202308/content_6898834.htm

审批机关审查。[①]自然资源三维立体“一张图”项目已经取得一定的进展，各地已经建立了基础数据库，整合了土地、矿产、海洋等自然资源的各类数据，并且利用三维建模技术建立了三维立体地图，用于展示自然资源的分布、数量、质量等信息，而且可以对这些信息进行动态更新和监测。同时，在基本建成全国统一的规划“一张图”系统、统筹划定落实“三区三线”的基础上，自然资源部门还在着手建立以“三区三线”为核心管控内容的国土空间规划，实施长效管理机制。

为了推进自然资源三维立体“一张图”项目的实施，政府出台了一系列相关政策，同时加大对项目的资金投入，确保项目的可持续性和稳定性。自然资源部信息显示，自然资源三维立体“一张图”主要侧重点在于全面真实地反映自然资源现实状况和自然地理格局，建设国土空间基础信息平台，促进自然资源调查监测数字化和自然资源数据共享与服务，加强自然资源网络与信息化安全，强化自然资源信息化统筹（图 6-6）。

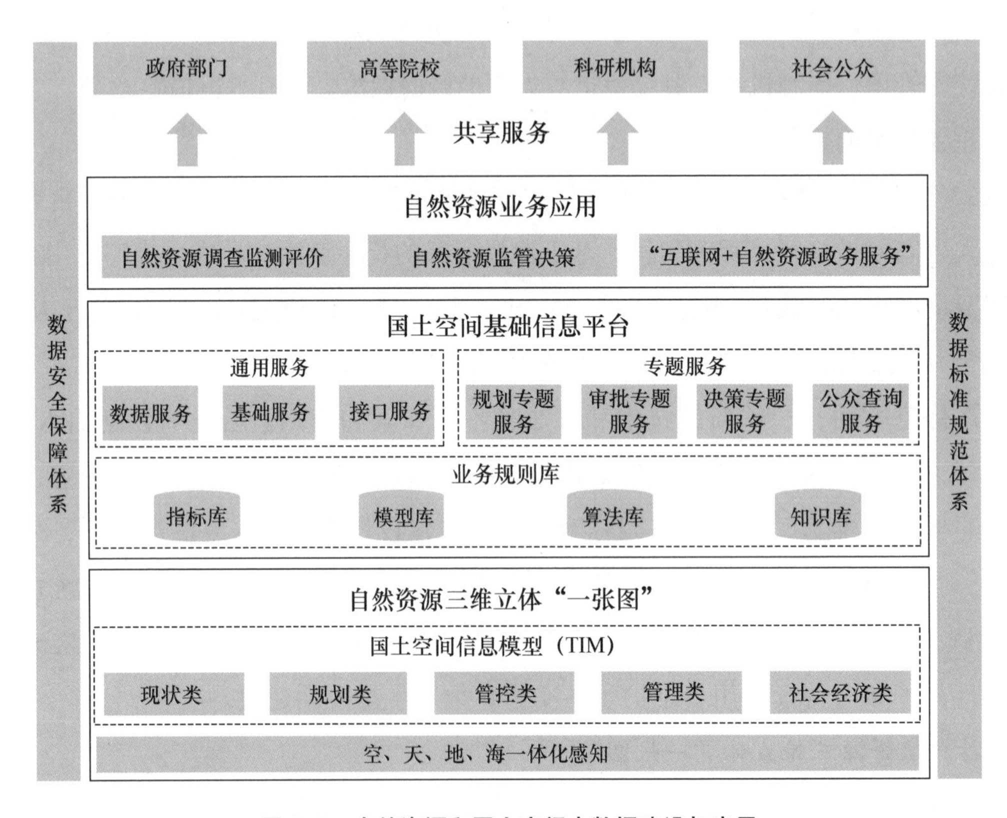

图 6-6　自然资源和国土空间大数据建设与应用

未来，随着技术的不断进步和应用，自然资源三维立体“一张图”项目将继续发挥重要作用，为自然资源管理和生态文明建设提供更加全面、准确的信息支持。

---

① 曹宇. 自然资源部：已批复 18 个省级国土空间规划 [EB/OL].（2024-01-17）[2024-07-21]. https://news.cnr.cn/native/gd/20240117/t20240117_526560449.shtml

（2）相关成功案例

从自然资源部公布的典型案例看，各省（自治区、直辖市）自然资源部门的经验做法主要聚焦在提升国土空间治理的数字化、智能化、智慧化水平上。在建设基础信息平台方面，基于统一坐标体系与数据标准，建成自然资源三维立体“一张图”基础信息平台，构建数据中心、监测中心、运维中心等模块，集成自然资源调查监测、历年遥感影像、国土空间规划、社会经济等各类空间资源，建立数据动态分级、标签化管理机制，实现全业务领域数据的统一管理。

在二三维一体化应用方面，通过汇集地形、地貌、地物等三维模型，实现二维、三维一体化展示，真实反映自然地理格局。在国土空间规划编制方面，借助二三维一体化应用功能，结合地形分析、坡向分析、淹没分析等，对永久基本农田“上山下河”，城镇布局涉及地质灾害高风险区、地震断裂带等问题进行判识，有效支撑永久基本农田、生态保护红线、城镇开发边界划定工作。通过构建自然资源三维立体“一张图”模型，借助大数据运算能力，实现农业生产适宜性、生态保护重要性、城镇建设适宜性全流程智能化分析，支撑国土空间整体规划编制。

（3）重要技术创新

自然资源三维立体“一张图”是在国土调查和原有数据基础上，按照统一标准，利用遥感影像、倾斜摄影、激光点云、街景等技术，推进二三维一体化的自然资源和国土空间三维实景数据库建设，最终将横向到边、纵向到底的各类数据汇聚到一起。自然资源三维立体“一张图”在推进过程中实现了遥感智能引擎、大数据分布式架构、三维地图可视化等多项关键技术的应用。遥感智能引擎以人工智能助力遥感智能解译，集成对土地、森林、耕地、湿地、水资源等不同应用场景的解译算法，辅助实现对各类地表要素的精准分类识别、动态变化监测，精准洞察城市空间、自然资源要素的变化趋势。

自然资源三维立体“一张图”基础信息平台运用云计算、大数据、三维仿真、人工智能等新技术手段，实现了三维立体“一张图”的分布式管理，同时实现了二三维一体化多维数据的可视化与分析利用，推动了自然资源数据从管理到治理的改革。

3. 构建以数字孪生流域为核心的智慧水利体系

（1）项目进展回顾

2023 年，中共中央、国务院印发《数字中国建设整体布局规划》，提出“构建以数字孪生流域为核心的智慧水利体系”。如今，随着应用场景不断拓展，数字孪生流域建设正在防洪预警、供水调度、污染防治等方面发挥积极作用。

相关项目的规划和启动工作有序展开，数字孪生流域、数字孪生水网、数字孪生工程建设全面推进，全国首个数字孪生流域建设重大项目——长江流域全覆盖水监控系统开工建设。据统计，2023 年先行先试数字孪生水利公开中标公示的总额为 2.31 亿元左右，共计 12 个项目完成招标。[①]2024 年，数据量达千万亿字节（PB）级的全国一级数据底板已经建设完成。水利智能业务应用体系加快构建，21 万余处水利工程电子档案保持动态更新，3.2 万余条（个）河湖管理范围内地物实现遥感图斑复核，人工智能、大数据、遥感、激光雷达等技术应用不断深化，130 万亿次双精度浮点高性能计算群初步建成。[②]这些技术的应用，为水利部门提供了更加精准、高效的管理和决策支持，提高了水利部门在防洪抗旱、水资源管理等方面的能力。

在政策方面，政府出台了一系列相关的政策和标准，为数字孪生流域建设的推进提供了指导和保障。通过创新应用、特许经营等多种模式，吸引更多市场主体投入水利项目建设。同时，落实地方政府专项债券，吸引金融信贷和社会资本投入水利项目。各地政府也积极响应和参与智慧水利体系建设，制定和实施了相应的政策和措施，推动了数字孪生流域建设的快速发展。

（2）相关成功案例

在水利部信息中心公布的 47 项数字孪生流域建设应用案例中，发展基础与效果较好的建设项目主要集中在数字孪生流域综合治理项目、智慧水库建设、数字孪生城市水务管理等方面。

在数字孪生流域综合治理项目方面，2023 年数字孪生水利建设实现了六个“首次突破”，即首次实现天空地多源监测信息在线融合，全方位感知暴雨洪水态势；首次实现落地雨到空中雨预报的转变，预见期延长 3 ～ 5 天；首次运用水利部数字孪生平台，为洪水防御提供基础支撑；首次启用多源空间信息融合的洪水预报系统，把预报的精度提高了 15%；首次构建 8 个二维水动力学洪水演进模型，有力支撑蓄滞洪区安全运用；首次开展卫星云图和测雨雷达预警，信息直达一线防御人员，有力支撑水旱灾害防御取得重大胜利。[③]

在智慧水库建设方面，2023 年水库、河道堤防、蓄滞洪区等 55 类 1600 多万个水利对象信息实现联动更新，26.2 亿条业务管理数据动态汇聚。[④]水利部数字孪生平台通过有序汇集融合多源数据构建数字化场景，推动多层级、多业务、多方式共建共享，促进流域防洪和

① 水利工程师茶楼. 水利重磅消息！2.31 亿中标公示，先行先试数字孪生水利 [EB/OL].（2023-07-28）[2024-07-21]. https://www.shangyexinzhi.com/article/10461860.html

② 李国英. 为以中国式现代化全面推进强国建设、民族复兴伟业提供有力的水安全保障——在 2024 年全国水利工作会议上的讲话 [EB/OL].（2024-01-11）[2024-07-21]. https://www.chinawater.com.cn/ztgz/xwzt/2024qgslgzhy/1/202401/t20240112_1036966.html

③ 刘健. 国务院新闻办就 2023 年水利基础设施建设进展和成效举行发布会 [EB/OL].（2023-12-12）[2024-07-21]. https://www.gov.cn/lianbo/fabu/202312/content_6919796.htm

④ 王浩. 数字技术赋能水利建设和发展 [N]. 人民日报，2023-11-13（3）.

水资源管理与调配等业务智能化模拟，支撑“2+N”业务应用精准化决策，引领驱动新阶段水利高质量发展。

在数字孪生城市水务管理方面，以城市现有的水情、雨情、工情等数据为基础，以水系调度方案为核心，结合业务需求，建立调度态势大屏信息服务，实现数据板上看，业务随时处理。基于数字孪生平台，构建预报、预警、预演、预案的调度态势大屏，用三维可视化技术展示城市水库、河流、排涝站等基础信息及雨情、水情、水位等监测信息，形成实时感知、过程跟踪、智能处理的治水新格局。

此外，全国各地数字孪生流域建设先行先试项目也在陆续通过审核或启动。

（3）重要技术创新

2023 年以数字孪生流域为核心的智慧水利体系在技术创新方面取得了显著进展，水利工程建设整体趋势向好（图 6-7）。数字孪生技术、物联网技术、大数据分析、人工智能技术、云计算和边缘计算技术等得到了广泛应用，为智慧水利体系建设提供了重要的技术支持。以数字孪生流域为核心的智慧水利体系利用物联网、智能传感、云计算、大数据等技术对供水、排水、节水、污水处理、防洪等水利环节进行智慧化管理。在新信息通信技术的应用方面，通过信息传感及物联网、移动互联网、人工智能等技术，实现多部门多源信息的监测与融合，包括气象、水文、农业、海洋、市政等多部门，天上、空中、地面、地下等全要素监测信息的融合应用。在系统集成及应用方面，实现信息监测分析、情景预测预报、科学调度决策与控制运用等功能一体化，以数字化、网络化、智能化为主线，以数字化场景、智慧化模拟、精准化决策为路径，全面推进算据、算法、算力建设，建设数字孪生流域，加快构建具有预报、预警、预演、预案功能的智慧水利体系。

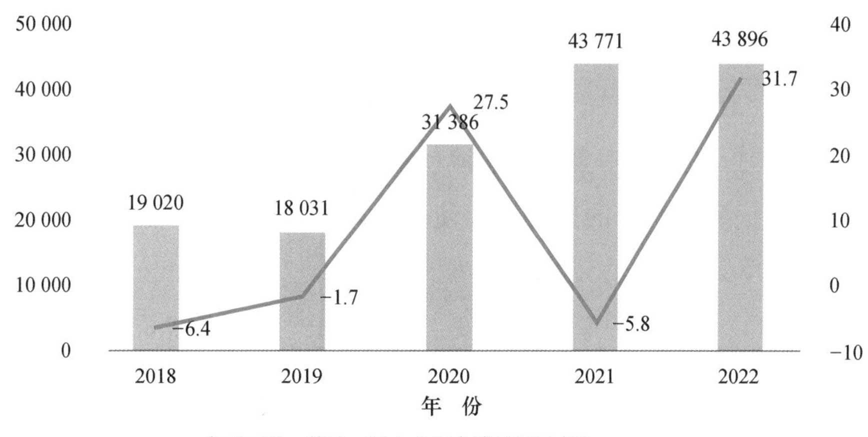

图 6-7 水利工程建设趋势

数据来源：国家统计局

（三）生态文化与公民科学素养培育

生态文化和公民科学素养培育是推动社会可持续发展的重要途径，二者之间紧密相连。本小节将分析生态文化和公民科学素养培育的重要性，探讨科技创新在传播生态文明理念、普及环保知识、培养公众环保意识等方面的积极作用，并结合具体案例进行分析。

1. 生态文化与公民科学素养培育的重要性

生态文化是人类与自然环境和谐共生的一种文化，是保护生态环境的一种理念和行动方式。弘扬生态文化可以促进人们对环境的认识和保护意识，从而推动生态环境的保护。随着人们对环境保护的认识不断提高，生态文化已经成为推动可持续发展的重要途径之一。我国政府提出了绿水青山就是金山银山的理念，强调经济发展和生态环境保护的协同发展，体现了生态文化对可持续发展的重要性。公民科学素养是指公民在科学知识、科学方法和科学思维方面的素养。公民科学素养的培育可以使公民更好地了解和应对当前社会面临的各种科学问题和挑战，其中环境保护问题尤为重要。通过科学素养的提升，公民可以更好地参与科学研究和实践，推动科技创新，促进社会的可持续发展。

一方面，生态文化的传承与公民科学素养的提升相辅相成。生态文化的形成和传承离不开科学知识和科学方法的支持，而公民科学素养的提升则需要生态文化的引导和影响。生态文化强调环境保护、可持续发展等理念，激发人们对环境的关注和保护意识，而公民科学素养则通过提高公民的科学知识水平和科学思维能力，使其更加深刻地理解环境问题的本质和复杂性，从而更好地参与环保行动。生态文化和公民科学素养相互促进，共同推动着社会朝着更加环保、可持续的方向发展。以中国传统文化中的生态理念为例，中华文化历来强调人与自然的和谐共生，提倡“天人合一”的生态观念。这种蕴含着丰富环保智慧和经验的传统文化激发了中华民族对环境保护的兴趣和责任感。通过学习和传承传统文化中的生态理念，公民可以更好地理解环境问题的本质，提高对生态环境的保护意识。

另一方面，生态文化和公民科学素养的培育对社会可持续发展具有重要意义。生态文化的传承和弘扬可以促进人们形成尊重自然、绿色发展的生活方式，推动社会朝着生态文明建设的方向发展。而公民科学素养的提升可以使公民更具科学思维，更加理性地面对环境问题，从而更好地参与环保行动，推动社会的可持续发展。生态文化和公民科学素养的培育不仅有利于提高社会对环保问题的认识和关注度，而且能推动环保理念深入人心。

生态文化与公民科学素养培育之间存在着密切的关系，二者相辅相成，互相促进。生态文化的传承和弘扬有助于提升公民科学素养，而公民科学素养的提升也有助于促进生态文化的传承和发展。只有在生态文化和公民科学素养共同发展的基础上，社会才能朝着更加环保、可持续的方向发展。

2. 科技创新在公众生态文化中的积极作用

科技创新在传播生态文明理念、普及环保知识、培养公众环保意识等方面发挥着重要作用。通过互联网、社交媒体等新媒体平台，可以将生态文明理念传播给更广泛的受众群体，引导人们积极参与环保行动。以微博为例，各种环保主题的微博账号通过图片、视频、文章等形式，呼吁公众关注环保问题，传播环保知识，促进生态文明理念的推广。这种科技创新带来的传播方式，使得环保信息更加直观、生动，吸引了更多的人关注和参与。以“绿色上海”行动为例，上海市人民政府利用互联网和移动应用程序，推广环保知识和实践，鼓励公众参与环保行动，此举不仅提高了公众的环保意识，而且推动了生态文化的传播。

科技创新在普及环保知识方面也发挥着重要作用。随着科技的发展，人们可以通过各种手机应用、网站等渠道获取最新的环保知识和技术。比如，一些手机应用可以提供环保知识、环境监测数据、垃圾分类指导等信息，帮助公众更加便捷地了解环保知识，并实践环保行动。通过这种科技创新带来的普及方式，公众的环保意识得到了增强，从而推动了环保行动的开展。例如，英国的一款手机应用“Plastic Patrol”（塑料巡逻队）就可以让用户利用手机和平板电脑，记录海岸线上的塑料垃圾数量和种类。通过这一应用，公众可以真实地了解到海洋污染的严重程度，并积极参与清理海洋垃圾的行动。

科技创新同时也在培养公众环保意识方面发挥着积极作用。通过虚拟现实、可穿戴设备等新技术手段，可以为公众提供更加直观、互动的环保体验。以虚拟现实技术为例，一些环保组织利用虚拟现实技术制作环保主题的体验项目，让公众身临其境地感受环境污染带来的影响，从而激发公众的环保意识和责任感。通过科技创新带来的全新体验方式，公众可以更加深入地了解环境问题，更加积极地参与到环保行动中。“Ecochallenge”（生态挑战）是一个源自美国的环保行动项目，旨在通过集体行动来促进个人和团体在可持续生活方式上的改变。该项目由西北地球研究所（Northwest Earth Institute，NWEI）发起，最初于2000年推出，如今已经成为一个全球性的环保社区运动。其核心理念是通过设定个人或团体在特定时间内实现的可持续生活目标，来激励人们采取环保行动。参与者可以选择各种各样的挑战，例如减少能源消耗、减少废物产生、采用更环保的交通方式、支持当地食品生产等。在一个指定的时间内，参与者将努力实现自己设定的目标，并通过记录和分享自己的行动来互相激励和支持。这种基于挑战和互助的环保行动模式，为推动社会朝着更加环保、可持续的方向发展提供了一个有益的尝试和示范。

3. 科技教育对全社会生态环保能力的影响

科技教育是提高全社会生态环保能力的重要途径，可以帮助人们更好地理解生态环境问题的本质和复杂性，掌握环保知识和技能，从而更加积极地参与环境保护行动。

一方面，科技教育可以通过各种渠道（如学校、社区、网络等）向公众传播普及性的环保知识和信息，让人们了解环境问题的危害性和复杂性，提高环保意识，从而更加积极地参与环保行动。同时，通过开展环保技能培训和实践活动，相关教育可以让公众掌握环保知识和技能，学会如何更好地保护环境。

另一方面，科技教育可以通过各种科技手段（如互联网、社交媒体、手机应用等）宣传环保理念和行动，让公众更加便捷地获取环保信息，提高环保意识和行动能力。科技教育和环保教育的联动可以让公众更加深入地了解环保问题的本质，提高环保实践能力。例如，可以在学校开展环保科技教育项目，让学生结合科技手段，探索环保问题的解决方法，提高环保意识和科技创新能力。

进入新时代以来，以习近平同志为核心的党中央把科技自立自强作为国家发展的战略支撑，把生态文明建设作为关系中华民族永续发展的根本大计，把建设美丽中国摆在强国建设、民族复兴的突出位置。面向世界科技前沿、面向经济主战场、面向国家重大需求、面向人民生命健康，我国绿色低碳科技创新成果竞相涌现，绿色低碳科技实力跃上新台阶，夯实了科技自立自强的战略地位，为新时代美丽中国建设提供了关键支撑。

从科技发展史来看，科技制高点具有引领带动性强、攻坚难度大、任务目标聚焦等特征。绿色低碳科技制高点的重大突破，带动绿色低碳领域的创新发展。在中国共产党的领导下，我国加大绿色低碳领域的创新投入，绿色低碳科技创新能力不断增强，成为全球绿色低碳技术创新的重要贡献者。推进绿色低碳科技自立自强，聚焦绿色低碳前沿领域和关键核心技术攻关，下好先手棋、打好主动仗，抢占绿色低碳领域的科技制高点，为应对全球气候变化、环境污染难题提供了有力的科技支撑和战略保障。我国绿色低碳科技能力大幅增强，为推进绿色低碳科技自立自强、全面建设美丽中国奠定了坚实基础、创造了有利条件、做好了充分准备，必将助力我们党团结带领全国各族人民全面建成人与自然和谐共生的社会主义现代化强国。

第七章

科技创新推动构建人类命运共同体

一、科技推动全球治理的内涵、特征与要求

（一）科技推动全球治理的内涵解析

20 世纪 90 年代初，为了顺应全球日益增强的多极化趋势，全球治理（global governance）的概念应运而生。全球治理的实践是与全球化的推进相伴而生的，全球化促进了全球资本、技术、产品的自由流动和高速发展，进一步加深了国家间相互依赖的程度。同时，世界所面临的不确定性进一步增强，全球风险社会逐步形成，全球危机不断增多，全球问题进一步显现。全球治理是在全球化背景下，为解决特定的全球性问题而在多元主体之间所进行的一种互动关系和过程，强调多元主体共同参与的去国家化和凸显主体间协调合作的去中心化特征。全球治理发展至今，已经成为维护世界有序发展的重要途径，但时代环境的变迁也对全球治理提出了更高的要求。

进入 21 世纪以来，全球科技创新进入空前密集活跃的时期，新一轮科技革命和产业变革正在重构全球创新版图、重塑全球经济结构。以人工智能、量子信息、移动通信、物联网、区块链为代表的新一代信息技术加速突破应用，……从来没有像今天这样深刻影响着国家前途命运和人民生活福祉。[①]现代科学技术的发展作为国家决策和国际形势增加的新变量，加速了国际关系结构的更新及实质的变迁，使其更具全球的维度[②]，在为全球治理注入崭新活力的同时也带来了新的挑战，正加速推动着全球治理体系与国际秩序的变革。

---

① 习近平. 在中国科学院第十九次院士大会、中国工程院第十四次院士大会上的讲话［N］. 人民日报，2018-05-29（2）.

② 王逸舟. 试论科技进步对当代国际关系的影响［J］. 欧洲研究，1994（1）：4-6.

1. 科技驱动全球治理理念创新

（1）一元主义治理观难以满足时代的发展

全球治理源于西方治理，反映着基于西方现代化治理实践所形成的治理理念。自欧洲资产阶级革命以来，西方世界的少数国家始终是世界格局与国际权力中心的主宰者，因而形成了以西方为中心的一元主义治理观，即强调全球治理只能有一种基本的或是正确的方式，就是规则治理。[①]在这种认识框架下，其他治理理念被自然地排除在外，本质上这种规则治理并不具有兼容性，是不平衡性发展的霸权产物。以美国为首的西方发达国家极力打造一个由大国霸权主导的稳定的全球治理体系，通过建立世界贸易组织、国际货币基金组织、世界银行等多个国际组织，掌控世界金融资本、把持世界自然资源、垄断与隔离高新技术，进而完成了世界发展规则的制定与治理体系设定，并形成了主导其他国家经济依附运行的基本格局。

第二次世界大战结束后，为了避免重蹈战争的覆辙和应对全球性挑战，美国一手主导建立的众多多边国际组织在稳定国际格局、应对全球性挑战以及推动全球治理上发挥了重要作用。以美国为首的西方发达国家发挥着世界经济发展引擎的重要作用，霸权国家愿意担负起建构与维护自由经济秩序的全球责任，国际自由市场的开放度与全球治理变革度相吻合。然而当美国霸权处于相对衰落之际，霸权国家便不愿承担更多的全球责任和世界公共产品供给的成本费用，此时国际自由市场的开放程度与全球治理变革理念发生冲突，进而导致全球治理主体之间关系紧张，产生反全球化、逆全球化倾向。

自 2006 年美国次贷危机以来，经济遭受重创的美国在全球加紧实施战略收缩，充当全球领导者的意愿愈益衰减。尤其是特朗普当选总统后，奉行“美国优先”的执政理念，站在极端的国家中心主义立场，开启了频繁的单边“退群”“退约”行径，先后退出了众多多边国际组织和双边规范机制。[②]美国采取的一系列单边主义行径破坏了国际政治经济秩序，加剧了世界格局的紧张动荡，而“美国优先”这种国家主义的强势复苏弱化了全球多边国际治理组织的治理效能，不利于增进全球治理的集体性行动。旧式的全球治理理念以维护发达国家的核心利益不受损害为基本原则，造成世界的不平衡性发展，进而引致诸如政治霸权、经济极化、文明冲突、技术隔离、社会撕裂等全球治理危机。[③]

---

① 秦亚青. 全球治理：多元世界的秩序重建［M］. 北京：世界知识出版社，2019.

② 张鷟，李桂花. “人类命运共同体”视域下全球治理的挑战与中国方案选择［J］. 社会主义研究，2020（1）：103-110.

③ 邵发军. 人类命运共同体视阈下的共同发展与全球治理问题研究［J］. 社会主义研究，2021（1）：122-130.

（2）科技革命推动国际秩序变迁

科技革命是人类社会发展的原动力，也是推动国际秩序变迁的核心要素之一。随着第四次工业革命的到来，信息化技术将会不断促进产业变革，对旧式全球治理理念与体系构成新的冲击，人为的技术隔离与垄断将无法适应第四次工业革命所要求的共同发展与包容增长理念，全球治理理念的变革与创新势在必行。[①]以人工智能、大数据、量子科技为代表的新一轮科技革命和产业革命正在蓬勃开展，必将推动人类生产方式和生活方式发生革命性变革，从而深刻改变以往不同国家的比较优势和竞争优势[②]，进而推动国际行为主体的力量对比消长发生重大变化，加快重塑全球治理体系。

以中国、印度、东南亚联盟等为代表的一批新兴力量的群体性崛起，使非西方世界的国家拥有了决定世界格局基本走向和掌握一定国际权力的物质力量，全球迎来一个政治经济格局深刻调整、力量重新布局、权力重新分配的大变革时代。[③]金砖国家的崛起不仅推动了世界权力结构的变化，而且必然将基于自身制度与文明的治理理念带入既有的治理理念，谋求与自身利益诉求相符合的国际秩序与国际规则，全球治理理念由此呈现多元化特征。[④]

每个国家在谋求自身发展的同时，要积极促进其他各国共同发展。世界长期发展不可能建立在一批国家越来越富裕而另一批国家却长期贫穷落后的基础之上。只有各国共同发展了，世界才能更好发展。[⑤]基于人类命运共同体构建的美好愿景，中国提出了以共同发展理念来消解不平衡性发展的传统发展模式，并以共商共建共享为基本原则来积极推动全球治理变革，朝向更加公正的价值取向迈进。在不平衡性发展转向共同合作发展的过程中，新兴力量所提出的治理理念不可避免地被置于冲突式的认知框架中，被视为“既有规则”的破坏者。新兴力量与以西方发达国家为主体的传统力量进行的互动博弈，将推动对旧国际秩序和治理模式的补充、改革与完善。

（3）科技发展拓宽全球治理领域

科技的发展改变了全球问题的认知框架，拓宽了全球治理的领域。当前，人工智能、大数据、量子信息、生物技术等新一轮科技革命和产业变革正在加速演进，由此催生的新业态、新模式正给世界经济新旧动能转换和经济全球化注入新动力。随着以美国为首的西方国家的相对衰落，科技兴起和发展中国家力量的壮大，全球治理日趋复杂。当下的全球化变成

---

① 邵发军. 人类命运共同体视阈下的共同发展与全球治理问题研究［J］. 社会主义研究，2021（1）：122-130.

② 柴尚金. 世界大变局与资本主义、社会主义两种制度关系重构［J］. 马克思主义研究，2019（10）：141-150+168.

③ 严文斌. 百年大变局［M］. 北京：红旗出版社，2019.

④ 张媛媛. 大变局下中国参与全球治理的机遇、挑战与策略［J］. 甘肃社会科学，2021（4）：229-236.

⑤ 习近平. 论坚持推动构建人类命运共同体［M］. 北京：中央文献出版社，2018.

了“超级全球化”，它将世界的各种经济体高度相连，各种跨境生产要素、经贸组织、人员以及数字贸易等紧密相连。但随之而来的，全人类共同面临的全球性问题也越来越多，全球治理的重要性日益突出。

全球化的增强带来了种种弊端，如风险传导速度加快、全球系统风险难以掌控、贫富差距加大、南北半球不平等。信息技术出现的颠覆性创新，数字贸易和数字交易的蓬勃发展，威胁了主权国家的金融稳定和经济主权。同时，科技革命驱动全球治理新议题不断涌现，也扩展了人们对全球治理新疆域的认识。科学技术的迅猛发展以及人类生存空间和活动空间的扩大，使得人类研究已经从传统的陆地领土和近海向深海、远洋、外空、互联网等空间延伸，深海、外空、极地、互联网等空间及其中的资源处在国家管辖范围外，由此形成了全球公域或全球新疆域的涌现。对此，要秉持和平、主权、普惠、共治原则，把深海、极地、外空、互联网等领域打造成各方合作的新疆域，而不是相互博弈的竞技场。①

在这些新事物出现的同时，那些旧议题并没有就此消除。全球治理还面对着民粹主义的旧冲击，阶级分化的旧形态，移民难民问题的旧挑战，气候治理、金融治理、生态治理的旧议题，治理滞后、效率低下、力度不足等旧缺陷，以人工智能、区块链为代表的新兴技术正在被运用到全球公共事务的管理之中，在通过技术提高全球治理行政效率的同时，搭建智能的全球治理平台。因此，传统单向的全球治理理念已不再能适应时代的变迁与技术的发展，愈加复杂、广泛、新兴的全球问题促使全球治理向更加开放、合作、包容和可持续的方向转变。

新一轮科技革命和产业变革的深入发展为全球治理理论创新开拓了新视域，为世界发展提供了新思路，使全球治理在应对诸如生态危机等长期性问题时能够创新治理模式、提升治理效率，在面向诸如数字治理等新兴问题时能够填补全球治理理论的空白与鸿沟，规避风险，尝试发展。

2. 科技促进全球治理机制变革

（1）科技进步推动国际规则制定

新兴领域的技术竞争推动国际规则制定，弥补原有治理领域空白。2014 年，习近平总书记在中国科学院第十七次院士大会、中国工程院第十二次院士大会上的讲话中强调，抓住新一轮科技革命和产业变革的重大机遇，就是要在新赛场建设之初就加入其中，甚至主导一些赛场建设，从而使我们成为新的竞赛规则的重要制定者、新的竞赛场地的重要主导者。②面对科技革命带来的挑战和机遇，全球治理和国际规则制定主导权的争夺日益激烈。国家、国

① 习近平. 共同构建人类命运共同体［N］. 人民日报，2017-01-20（2）.

② 习近平. 在中国科学院第十七次院士大会、中国工程院第十二次院士大会上的讲话［N］. 人民日报，2014-06-10（2）.

际组织以及其他社会团体围绕权力展开了激烈的竞争，并且往往通过在军事、经济、文化等领域的竞争来获取和塑造自身在全球舞台上的优势地位，这种竞争关系的存续同样在一定程度上加速了国际政治和全球治理的演进与完善。

以太空治理领域的全球卫星导航技术竞争为例。伴随着全球科技的进步以及人类对新兴疆域的探索，太空的全球属性进一步被明确，并成为国家间权力竞逐的新兴场域。卫星导航系统作为重要的空间基础设施，能够为全人类的发展提供全天候的精准时空信息服务①，不仅可以实现精确的导航与定位功能，而且可以用于地壳运动观测、资源勘查、地籍测量、气象分析等关乎全人类福祉的领域，为全球治理提供新兴的技术与治理平台。因此，全球卫星导航系统的自主运行作为关乎国家发展与战略实施的核心议题，引发了国家（尤其是大国）之间激烈的竞争，而这种竞争对于全球治理而言能够在一定程度上发挥积极的促进作用。

自21世纪以来，世界主要经济体围绕卫星导航技术展开了激烈的竞争，俄罗斯恢复并升级格洛纳斯（GLONASS）卫星系统，欧盟建造并发展伽利略（Galileo）系统，中国自主建设并运行北斗（COMPASS）卫星系统，印度、日本等国也在积极研发区域导航卫星系统。以全球视角来看，国家间技术的良性竞争为太空治理提供了先进的技术依托、崭新的主体构成以及新兴的技术活力，打破了美国全球定位系统（GPS）此前对该领域的垄断，敦促了全球太空治理中相互兼容与互操作性原则的生成，即不对单个系统或者服务产生有害的影响，整体性服务优于依靠单个系统信号所提供的服务。②这些探索尝试弥补了原先全球治理在该领域的空白，直接推动了全球治理在该领域中的相关制度建立与演进。自2014年以来，《中美民用卫星导航系统（GNSS）合作声明》《中国北斗和俄罗斯格洛纳斯系统兼容与互操作联合声明》《北斗与GPS信号兼容与互操作联合声明》等的签署，都推进了全球治理制度在太空治理领域的进一步完善，为未来更加多元、更加广泛的全球治理奠定了基础。

（2）科技发展为民众参与决策提供机会

现代科技手段赋予了民众参与决策的机会，提升了决策水平与效率。在国内资源紧缺和急需的情况下，国家可能因考虑国民需求而削减对全球治理特定领域的投入。在对国际机制是否参与及参与程度上，除考虑国家利益外，政府还不得不兼顾民众的偏好和态度。③民众

① 习近平. 习近平向联合国全球卫星导航系统国际委员会第十三届大会致贺信［EB/OL］.（2018-11-05）［2024-09-21］. http://news.cctv.com/2018/11/05/ARTIk5Jf61lbPXsAJinW6H45181105.shtml

② 郑华，张成新. 太空政治时代的国际竞争与合作——基于全球导航卫星系统发展的分析［J］. 上海交通大学学报（哲学社会科学版），2019，27（5）：39-50+63.

③ 杨娜，王慧婷. 百年未有之大变局下的全球治理及中国参与［J］. 东北亚论坛，2020，29（6）：39-50+124.

通过现代互联网技术可以最大限度地获取国内外各领域丰富的、最新的信息，迅速形成可能影响国家政策的民意，使得政府及政治精英对这种情况不得不重视并给予回应。在现代科技支撑下的国内外互动新模式改变了传统的国内、国家间的沟通方式，国家领导人或政治精英可借助互联网直接与民众互动，亦可直接与他国决策者对话，如开展推特外交等。

技术发展所带来的智能化平台以及网络渠道的出现为民众参与国内政治、外交政策和国际事务提供了机会，进而对国家关于全球治理的投入和对国际机制的参与产生影响，如人工智能技术在收集民意、公共决策等过程中发挥的重要作用。2023 年 3 月，罗马尼亚推出世界首个“人工智能政府顾问”，该机器人使用人工智能和自然语言处理技术，自动识别罗马尼亚人在社交媒体上分享的观点，将其进行分类和重要性排序，最终将信息反馈给政府决策者。通过大数据分析了解民情、收集民意、汇聚民智，政府可以在获取、整合、分析各类数据的基础上，更好地回应群众关切的问题。

随着人工智能技术的日渐发展，各国政府正在竞相建立道德协议，以便在公共部门决策过程中使用人工智能技术。在全球治理过程中，参与的不同国家和民族具有形态各异的国家需求和民族规范，大量的国际协商与合作需要高昂的谈判成本，因此加总单个国家的意见并在世界层面上达成共识的工作难以开展。但此难题有望通过人工智能加以解决，世界各国人民的意愿和期望可以利用人工智能的算法进行加总和集聚，再通过合并同类项以及提炼关键词的方式集中为几类重要观点，然后通过自然语言对话等技术进一步确认不同国家的发展需求。同时，可以利用人工智能进行国家之间的信息交流和行业交叉，进一步扩大参与人类命运共同体构建的主体，从而广泛收集世界各国民意，借助人工智能利用技术促进达成广泛共识。除此之外，现代技术的发展使得国家决策者在制定内外政策时需要考虑更多要素。技术要素可以通过认知和预测的能力有效地参与决策评估，主要是将决策逻辑由确定性思维替换为概率性思维，将决策方式由精英决定改进为众筹提议，将决策路径由反复试错型更新为预先判断型，由此充分发挥技术在决策水平提升、决策效率精进以及决策执行程序完善等方面的巨大优势，从而推动全球治理体系改革。

（3）区块链技术促进数据开放共享

区块链技术增强了世界各国的信息数据交互，促进了数据开放共享。数据的爆发式增长与数字经济的发展使各国越来越意识到数据的高价值性，数据的开放与共享成为全球数据治理的重要议题，是共商共建共享原则的实践路径，为全球治理体系变革提供了支撑。所谓区块链技术，就是将区块作为存储信息的基本单位，把各区块按照顺序相连接而形成的信息链条。这个信息链条具有共享的基本特征，存储于内的信息不可置换、留有痕迹、能够追溯、全程透明、统一维护。一般意义上讲，不同的应用场景会形成对应的区块链，它不同于以往单纯将人通过传统互联网联结在一起的方式，以区块链为特征的互联网更加关注人们的安全、隐私以及价值的传递。[①]

在区块链技术对全球治理变革具有的决定性意义逐渐被提及后[②]，联合国各机构开始尝试着将其运用于全球治理的实践中。世界粮食计划署于2017年开展的“基础模块”（building blocks）是世界上最大的人道主义区块链项目，也是第一个实现了跨机构合作的人道主义区块链平台。[③]截至2023年11月，已有累计5.55亿美元的现金援助通过“基础模块”平台转移到受援人手中，平均每个月有超过400万人获得援助。由于区块链平台减少了对第三方金融机构的依赖，降低了中间成本，因此通过这种方式节省了350万美元的银行费用[④]，世界粮食计划署得以高效地行使人道主义援助职能。此外，联合国贸易和发展会议基于区块链技术开展了“全民电子贸易”（e-Trade for All）行动，以帮助发展中国家的人口开展电子商务，实现促进发展中国家经济增长、开展包容性贸易和创造就业机会等目标。[⑤]2018年，联合国项目事务厅、信息和通信技术厅与世界身份网络携手，利用区块链项目展开反儿童拐卖项目。[⑥]

在新冠病毒感染疫情暴发期间，世界卫生组织开始利用区块链的防伪能力和加密技术，对感染、病毒扩散路径等疫情信息展开登记和追踪。2020年3月，世界卫生组织与中国国家卫生健康委员会、美国疾控中心、欧洲疾控中心、IBM、微软、约翰斯·霍普金斯大学等多行为体在开源区块链平台“超级账本”（Hyperledger Fabric）上推出“米帕萨”（MiPasa）项目，用以在保护公众隐私的前提下发现并汇报新冠病毒感染情况。[⑦]作为新一轮科技革命代表的区块链技术，在信息数据交互共享方面发挥着积极作用，巩固了全球治理的系统性。

---

① 张晋铭，徐艳玲. 智能革命时代人类命运共同体的构建意蕴 [J]. 东南学术，2021（3）：54-63.

② 高奇琦. 区块链对全球治理体系改革的革命性意义 [J]. 探索与争鸣，2020，（3）：22-25+193.

③ 杨昊. 联合国“基础模块”项目：区块链在全球治理中的驯化悖论 [J]. 当代世界与社会主义，2024（1）：159-168.

④ World Food Programme. Project overview[EB/OL].（2015-05-17）[2024-09-21]. https://innovation.wfp.org/project/building-blocks

⑤ United Nations Conference on Trade and Development（UNCTAD）. e-Trade for All: A new multistakeholder initiative to boost global gains from e-trade. [EB/OL].（2016-10-01）[2024-09-21]. https://unctad.org/system/files/official-document/dtlstictmisc2016d6_en.pdf

① Brett S. How can cryptocurrency and blockchain technology play a role in building social and solidarity finance? UNRISD Working Paper, No. 2016-1[EB/OL]. (2016-02-20)[2024-09-21]. United Nations Research Institute for Social Development, Geneva, https://www.econstor.eu/bitstream/10419/148750/1/861287290.pdf

② IBM. MiPasa project and IBM blockchain team on open data platform to support Covid-19 response[EB/OL]. (2020-03-27)[2024-09-21]. https://apps. who.int/iris/bitstream/handle/10665/332070/9789240011939-chi.pdf?sequence=27&isAllowed=y

3. 科技赋能全球公共产品供给

（1）数字化技术助力解决跨国环境问题，创新全球环境治理机制

近年来，气候变化、生态危机、环境污染、资源耗竭等问题危机交织、跨越国界，全球环境治理面临前所未有的困难。在全球环境治理赤字增大和全球绿色复苏的背景下，全球环境治理与经济治理的协同性与冲突性都异常突出。环境治理与经济发展密切交融，但二者之间仍存在难以消解的冲突与矛盾。当前，环境问题领域多、覆盖范围广，加之民粹主义、单边主义和保护主义的冲击，许多国家可能重启高碳项目和粗放型发展方式，从而加剧全球环境治理机制碎片化、执行能力不足与治理效率低下等困境。

全球环境问题的重大性、复杂性决定了全球环境治理的复合性与冲突性，亟待数字化创新释放全球环境协商治理的潜力与活力。运用大数据、智能算法等数字化技术统筹野生动物、生态系统、医疗废物、公共卫生等领域的协同治理，依托大数据技术和数字化集成平台，对收集到的大气数据、土壤数据、水资源数据等生态环境领域的数据进行整理、跟踪和预测，做好人类行为与自然现象的生态风险监测评估，并向世界各国及时公布，可以提高各国生态监测的预警能力，进一步推进全球生态环境源头治理、系统治理和整体治理。此外，各国应积极推动全球数字基础设施建设，健全跨境生态环境数据要素市场的构建，重视在绿色技术传播、环境政策协调、生态环境数据统计集成等领域的交流、共享与合作。完善环境问题的跨国网络治理和利益攸关方的联合决策与共同管理，增强全球数字生态资源配置能力，拓展环境治理多边平台的数字化协作能力，从而增进全球环境治理的国际合作和集体行动，创新建设全球环境治理秩序。

（2）科技创新加速全球卫生信息资源共享，提升公共卫生安全能力

人类面临的自然环境正在不断恶化，动植物病原体感染人类引起疫情暴发事件屡有发生，势不可挡的全球化浪潮催生并加快了各种社会与经济巨变。经济一体化、工业化、城市化、大规模人口迁徙、社会分化、环境退化乃至气候变暖等错综复杂地交织在一起，导致全球公共卫生事件的发生频率及损害后果日趋严峻。公共卫生安全已然成为人类面临的生物安全最大威胁之一，如何应对公共卫生事件成为各国共同面临的重大课题。

自 21 世纪以来，移动互联网、大数据、云计算、人工智能和物联网等数字化、智能化技术实现了革命性突破，科技创新为疾病防治、公共卫生提供了更加精准而全面的支撑。在新冠病毒感染疫情暴发期间，大数据技术充分助力疫情监测和科研攻关。为促进新冠病毒基因组数据共享应用，国家生物信息中心、国家基因组科学数据中心及时开发并维护 2019 新冠病毒信息库（2019nCoVR），整合来自全球共享流感病毒数据库、美国国家生物技术信息中心、深圳国家基因库、国家微生物科学数据中心、国家生物信息中心、国家基因组科学数据中心等机构公开发布的新冠病毒核苷酸和蛋白质序列数据等信息。国家微生物科学数据中

心建立了全球冠状病毒组学数据共享与分析系统，与国家病原微生物资源库等单位联合建设新冠病毒国家科技资源服务系统[①]，有力支撑了我国乃至全球冠状病毒数据汇集和共享分析，促进了全球数据资源的共用共享，进一步深入拓展了国际科研合作空间。

同时，人工智能技术也在医疗健康、公共卫生领域被广泛运用。在技术操作上，人工智能有助于减少诊断成像中的错误，及早发现疾病并提高患者的治疗效果，预测患者的疾病病程等。在医疗设备上，人工智能、工业互联网、5G、大数据、云计算等新技术嵌入医疗装备，可以提升传统医疗装备的诊疗水平，推动医疗装备智能化、精准化、网络化发展，从而提高为患者提供的医疗服务质量。在安全治理上，借助数字技术，可以深化诊疗方案、控制措施、疫苗研发和信息共享等方面的国际合作，构建公共卫生突发事件全球预警机制与体系。解决全球性问题挑战，始终是科技创新的重要使命。数字化、智能化技术的应用与发展，有效地提升了全球安全治理能力，促进了卫生公共产品的有效供给。

（3）技术变革改变网络空间安全治理情景，为其提供新型技术手段

网络技术无疑是当前国际体系中最具革命性的技术力量。从世界范围来看，随着新技术的突飞猛进与广泛应用，网络空间与新兴技术在深度融合的过程中呈现出更为复杂的治理局面。在新技术环境下所产生的各类成果与应用，不仅为国家提供了治理资源，而且在加速改变网络空间的治理情景。

技术优势通过转化为先进的信息产业、网络攻防力量、网络渗透和情报能力、社交网络舆论控制等方式，赋予了一些国家更强的“制网权”，从而影响网络信息时代国家间的战略博弈态势。网络空间及其数据流动对传统国家边界的弱化，使网络在某种程度上成为国际社会共同参与的公共空间，从而为诸如全球化和世界共同体之类的宏观进程提供动力和现实参照。随着互联网应用场景愈发广泛，传统的数据安全、意识形态安全等问题在网络空间映射。同时，在网络技术与国际体系宏观进程的互动过程中，一些新的议题迈上国际政治舞台，例如，网络空间全球治理、网络主权、网络犯罪、网络战争等，这些新议题冲击着国际秩序的原有安排，也成为国际合作或冲突的新变量。[②]

与传统线下治理情景不同，面对网络空间深度的信息不对称、需求的多样性等高度复杂的治理情景，单纯依靠政府进行比较单一化的安全产品供给，已远远无法满足网络空间的治理需求。技术公司凭借其所拥有的信息、数据、技术等优势正成为网络治理领域的新兴力量[③]，在国际政治中扮演越来越显著的角色。新的技术变革在深度改变网络空间治理形态的同

① 李明穗，王卓然，武乐，等. 我国突发公共卫生事件科技应急支撑体系建设［J］. 中国工程科学，2021，23（6）：139-146.

② 刘杨钺. 技术变革与网络空间安全治理：拥抱“不确定的时代”［J］. 社会科学，2020（9）：41-50.

③ 程慕天，董少平. 新技术环境下的网络空间安全治理：特征、挑战与进路［J］. 江西警察学院学报，2022（5）：59-65.

时也赋予了治理主体以更智能高效的监管手段，从而使他们可以凭借新兴技术工具实现对网络空间的有效监管，这主要依赖于新兴的人工智能、物联网、大数据管理等新型治理手段。

网络空间安全治理工作更多的是建立在区块链技术、大数据追踪、人工智能算法、人脸识别应用等新型基础设施之上。这些基础设施在硬件层面离不开国家与政府的支持，而在实践与应用层面，这些智能化手段很大程度上是掌握在技术公司手中的。因此，政府开始越来越多地寻求与技术公司进行合作，将网络空间安全治理同技术公司的支持与运营深度融合，以防范各类危机并进行舆情治理。与此同时，技术公司通过参与治理，打破了政府作为监管职责与公共产品垄断性供给的主体地位，使得治理体系逐渐向多元治理主体让渡。

（二）科技推动全球治理的特征分析

1. 实时性与效率提升

现代科技如大数据、人工智能等，带来的数据处理能力增强，使得全球治理决策更具时效性和精确度。数字技术的发展和应用，使得各类社会生产活动能以数字化方式生成为可记录、可存储、可交互的数据、信息和知识，数据由此成为新的生产资料和关键生产要素，在智能革命时代已超越石油成为世界上最具价值的资源。[①]

互联网、物联网等网络技术的发展和应用，使抽象出来的数据、信息、知识在不同主体间流动、对接、融合，深刻改变着传统生产方式和生产关系。人工智能技术的发展，信息系统、大数据、云计算、量子通信等数据信息处理技术和先进信息通信技术的应用，使得数据处理效率更高、能力更强，大大提高了数据处理的时效化、自动化和智能化水平，推动社会经济活动效率迅速提升、社会生产力快速发展。

人工智能作为当前全球最前沿的技术之一，对于数据的处理显得尤为关键，将数据应用于预测、决策，或建立变量间相关性，算法的产生和应用相应地服务于提升管理水平、提高生产率、改善消费导向等特定任务，为生产组织方式和人类生活方式带来诸多便利和效率增进。区块链技术为从技术层面推动全球治理发展提供了一个机会，最直接的作用体现在提高治理效率、去除腐败、增加透明度上，被视为一种可以用于改善全球行政、增加行政效率、避开政治争吵的中间公共物品。通过为全球集体目标的实现提供融资手段、监督和执行机制，区块链技术可以推动全球治理目标的实现。

2. 跨界协作与网络化

科学技术具有世界性、时代性，其带来的全球化、互联互通特性促进了各国在全球治理中跨地域、跨领域的深度合作与互动。随着科技革命进程加快，生产社会化程度不断提高，

① 马述忠，房超，梁银锋. 数字贸易及其时代价值与研究展望［J］. 国际贸易问题，2018（10）：16-30.

国际科技合作不断加强，生产全球化带来技术全球性扩展，科技全球化已成为经济全球化的重要表现。

在此背景下，当前科技发展呈现多点突破、交叉融合的态势，科技创新活动不断突破地域、组织、技术的界限，创新要素在全球范围内的流动空前活跃。创新资源在世界范围内加快流动，各国经济、科技联系更加紧密，任何一个国家都不可能孤立地依靠自己的力量解决所有创新难题。科技创新成为推动可持续发展、深化国际交流合作、解决重要全球性问题的必要手段。

全球问题的科技治理，本质上是如何有效地寻求全球公共产品提供的科技解决方案。在观念上此类合作分歧最小，易达成共识，但当前国际竞争摩擦呈上升态势，地缘博弈色彩明显加重，国际社会缺少应有的信任机制，不同文明之间的隔阂与误解难以消除，冲突与战乱成为难以避免的事件。科学技术的进步能够帮助建立互信的全球性关系，新兴科技的开发利用推进全球治理。人工智能所具有的智能翻译技术可以极大地改善文明间的交流与互动，语言障碍的解决可以打破国家民族间的文明隔阂，减缓人们之间原本就不太信任的情绪，为实现文明交流互鉴提供了技术保障。区块链技术通过将信任的来源从个体、机构和国家转向算法，减少了全球集体行动中的不确定性，保证了国际社会运行的真实可信和高度透明，为世界范围内信任机制的建立和政治共同体的构建提供了信息技术的支持。例如，将区块链技术运用于慈善事业，有效地解决了传统慈善公益项目中存在的透明度低和暗箱操作等问题。从技术上来说，这种基于算法的信任可以扩展至全球，从而促进新兴科技发展并实现成果互惠共享，为推动全球治理涉及的诸多集体行动目标的实现提供助益。

3. 公平性与透明度增强

科技应用提升信息透明度、强化公众参与，有助于构建更加公平公正的全球治理体系。在信息技术的支持下，政府信息公开透明度得到了大幅提升。政府各部门主动公开政务信息、财政预算、工作报告和政策法规等，丰富了公众获取信息的渠道。政府在政务公开平台中应用区块链技术，可以使政府网站和移动应用程序的更新频率更高，信息发布更及时，覆盖面更广。区块链技术的去中心化特点和不可篡改的数据记录，保障了政府公开信息的安全性。公众在政务公开平台上获取的信息可追溯、可查证，有效防止了信息被篡改或隐瞒的现象。区块链在读写权限上的可调整性，给效率和民主之间的平衡提供了可能。在对写入权限进行限制的情况下，读取数据的权限完全可以向所有节点开放。这意味着可以将添加区块并记录交易以及验证交易的权利授予受信任的节点，以提高效率，但读取链上数据的权利，即其他节点的监督权完全可以同时保持开放透明。与开放读取数据权限相关的结果是交易记录的公开以及由此带来的透明性，这种透明性与行政效率无关，而且有助于建立利益相关者对区块链平台的信任，在效率和民主之间折中，推动开放透明和高效的全球治理。

与此同时，人们凭借互联网和线上社群所形成的新型信息交互系统，可以表达自己对现实问题的观点和倡议，各类个体可以在网络空间中寻求与自身意志、观念、诉求相同的群体。新技术革命所带来的传播方式的不断革新，也为线上群体扩散信息与制造更大的舆论影响力提供了无限可能。作为非中心化的分布式网络，当区块链技术被运用于全球公共事务之中时，依靠算法的辅助和约束，有助于打破传统权力政治制造的决策不民主的高墙，并且超越一般意义上的国际政治民主化，有可能赋权于个人，实现立足于人的全球民主决策。公众参与渠道拓宽，减少了表达障碍，提高了民主参与度，推动了全球民主决策。

二、推动构建人类命运共同体的科技制高点

气候变化应对技术、粮食安全与水资源管理技术以及全球公共卫生技术是推动构建人类命运共同体的三个重要科技制高点。通过加强国际合作和技术创新，这些技术的发展和应用可以促进全球可持续发展和人类福祉的增进，对于解决全球性问题、推动构建人类命运共同体具有重要作用。

“构建人类命运共同体，建设持久和平、普遍安全、共同繁荣、开放包容、清洁美丽的世界。”习近平总书记在党的十九大报告中的这句话，道出了构建人类命运共同体思想内涵的核心。人类命运共同体是一种价值观，是中国在把握世界发展潮流、人类命运走向上展现出的深邃智慧。习近平总书记曾这样精练概括：“人类命运共同体，顾名思义，就是每个民族、每个国家的前途命运都紧紧联系在一起，应该风雨同舟，荣辱与共，努力把我们生于斯、长于斯的这个星球建成一个和睦的大家庭，把世界各国人民对美好生活的向往变成现实。”构建人类命运共同体思想的丰富内涵，可以从政治、安全、经济、文化、生态五个方面来理解。政治上，要相互尊重、平等协商，坚决摒弃冷战思维和强权政治，走对话而不对抗、结伴而不结盟的国与国交往新路。安全上，要坚持以对话解决争端、以协商化解分歧，统筹应对传统和非传统安全威胁，反对一切形式的恐怖主义。经济上，要同舟共济，促进贸易和投资自由化、便利化，推动经济全球化朝着更加开放、包容、普惠、平衡、共赢的方向发展。文化上，要尊重世界文明多样性，以文明交流超越文明隔阂、文明互鉴超越文明优越。生态上，要坚持环境友好，合作应对气候变化，保护好人类赖以生存的地球家园。①中国主张构建的人类命运共同体，实质是在纷繁复杂的国际关系中，通过共同利益、共同责任、共同挑战把各国紧密联系在一起的状态，是国与国之间以共同利益为最大公约数，克服分歧和矛盾，和平发展、和谐相处、合作共赢的状态。

---

① 中共中央纪律检查委员会. 什么是人类命运共同体？［EB/OL］.（2018-01-17）［2024-09-21］. https://www.ccdi.gov.cn/special/zmsjd/zm19da_zm19da/201801/t20180116_161970.html

人类只有一个地球，各国共处一个世界。中国提出并倡导构建人类命运共同体理念，既是基于应对人类面临的共同挑战、维护和平发展国际环境的现实需要作出的外交战略新部署，也是面对中国与世界各国如何相处、人类文明向何处去等宏大课题作出的战略思考。人类命运共同体反映了共同应对人类社会面临的挑战的需要。全球化在给人类带来巨大共同利益的同时，也使气候变化、生态失衡、网络安全、恐怖主义、毒品泛滥等问题超越国界，成为人类社会共同面临的全球性挑战。2017 年 5 月，习近平总书记在“一带一路”国际合作高峰论坛上对人类社会面临的共同挑战作出了新的概括，指出“和平赤字、发展赤字、治理赤字，是摆在全人类面前的严峻挑战”。应该说，这些挑战是在几十年的全球化过程中日益发酵的，冰冻三尺非一日之寒，如何携手合作、同舟共济、应对挑战，是摆在各国面前的一大难题。其实，世界上不存在两个价值观和发展道路完全相同的国家，志同道合是伙伴，求同存异也是伙伴。尽管想法有差异，但各国之间可以通过解决一些共同面临的实际问题来培养互信、和谐相处，这样就打造出了利益共同体与命运共同体。人类命运共同体理念要求各国加强双边和多边合作、规范国际合作机制、完善相应治理机构，共同应对日益突出的全球性挑战。

科技创新有助于各国树立人类命运共同体意识。在全球化的背景下，科技创新已经成为各国共同关注和追求的目标。通过加强国际合作与交流，各国可以携手利用科技创新成果，共同破解时代课题，推动世界的可持续发展。这种合作模式超越了传统的国家界限和学科领域，强调了全球视野下的共同利益和责任担当。另外，科技创新还具有推动社会进步和改善民生的重要作用。科技创新的成果可以应用于医疗、教育、能源、环保等领域，提高人民的生活水平和质量。这种积极的社会效应有助于增强各国之间的互信和合作意愿，进一步推动人类命运共同体的建设。同时，科技创新还有助于促进国际交流与合作，提升各国的科技创新能力，为构建人类命运共同体提供有力的人才和技术支撑。

当前，世界经济复苏面临严峻挑战，世界各国更加需要加强科技创新，通过科技创新共同探索解决重要全球性问题的途径和方法，共同应对时代挑战，共同促进人类和平与发展的崇高事业。中国秉持人类命运共同体理念，扩大科技领域开放合作，主动融入全球科技创新网络，积极参与解决人类面临的重大挑战，努力推动科技创新成果惠及更多国家和人民。在粮食安全、能源安全、人类健康、气候变化等重大全球性问题面前，世界各国是不可分割的命运共同体。各国只有坚持创新驱动，抓住新一轮科技革命和产业变革的历史性机遇，加速科技成果向现实生产力转化，深度挖掘疫后经济增长新动能，才能携手实现跨越发展。

（一）气候变化应对技术

1. 全球性气候变化问题日益严峻

全球性气候变化是人类社会在21世纪面临的严峻挑战。由全球气候变化所导致的地表平均温度升高、水循环系统失衡、海平面上升、降水规律改变以及极端天气事件频发和强度增加所引发的生态危机，严重威胁着全人类的生命与健康。迫使我们不得不正视全球气候变化带来的生态环境挑战，重新思考人与自然的关系，重新认识和改善工业文明，避免人与自然、人与人之间矛盾的进一步激化，真正走出全球气候变化危机的困境。

自1990年以来，我国区域性高温、气象干旱和强降水事件频次日益增多。据新华社报道，2011年全国因旱涝灾害造成的直接经济损失达2329亿元。农业生产不稳定性增加，仅2011年全国耕地累计受旱面积达4.8亿亩，农作物受灾面积达2.44亿亩，其中成灾9898万亩、绝收2258万亩，因旱造成粮食损失2320万t、经济作物损失252亿元，直接经济损失1028亿元，全年共有2895万人、1617万头大牲畜因旱发生饮水困难。[①]此外，气候变化也加剧了中国水资源的供需矛盾，“北少南多”的水资源格局遭到局部暴雨的改变。因此，科学应对气候变化，提升气象灾害风险防控能力，减缓气候变化对生态环境造成的影响，已成为我国面临的重大问题。资源短缺、环境恶化，已成为我国社会经济发展中的主要矛盾。要想改变历史发展形成的由于资源过度开发使用而形成的气候变化、环境污染、生态系统退化等问题，未来任务十分艰巨。2019年，世界卫生组织公布的世界98个国家城市空气质量监测报告显示，中国空气质量较差，在空气污染全球排名中排第11位。[②]所以，正视气候变化问题，有效缓解经济发展与资源短缺间的矛盾，确保资源能源安全，保护好人类赖以生存的生态环境，已成为我国生态文明建设的重要内容。

随着经济快速发展，中国成为碳排放大国，碳减排的压力与日俱增（表7-1）。自“十二五”开始，中国将单位GDP二氧化碳排放（碳排放强度）下降幅度作为约束性指标纳入国民经济和社会发展规划纲要中，并明确应对气候变化的重点任务、重要领域和重大工程。“十四五”规划和2035年远景目标纲要将“2025年单位GDP二氧化碳排放较2020年降低18%”作为约束性指标。2020年9月22日，习近平主席在第七十五届联合国大会一般性辩论上提出了“中国将提高国家自主贡献力度，采取更加有力的政策和措施，二氧化碳排放力争于2030年前达到峰值，努力争取2060年前实现碳中和”。[③]

---

① 林晖，李松. 2011年全国旱涝灾害直接经济损失多达2329亿元［EB/OL］.（2012-02-02）［2024-09-21］. https://www.gov.cn/jrzg/2012-02/02/content_2056994.htm

② 世界卫生组织. 城市空气质量数据库［EB/OL］.（2020-01-23）［2024-09-21］. https://www.who.int/data/gho/data/themes/air-pollution/who-air-quality-database

③ 习近平在第七十五届联合国大会一般性辩论上的讲话［EB/OL］.（2020-09-22）［2024-07-21］. https://www.gov.cn/xinwen/2020-09/22/content_5546169.htm

表 7-1 2005—2019 年中国二氧化碳排放情况

年 份	二氧化碳排放量 / 百万吨		单位 GDP 二氧化碳排放量 /（吨 / 万元）	
	世界银行 世界发展指标	国际能源署	世界银行 世界发展指标	国际能源署
2005 年	5897	5407.5	3.1	2.9
2006 年	6529.3	5961.8	3	2.7
2007 年	6697.7	6473.2	2.5	2.4
2008 年	7553.1	6669.1	2.4	2.1
2009 年	7557.8	7131.5	2.2	2
2010 年	8776	7831	2.1	1.9
2011 年	9733.5	8569.7	2	1.8
2012 年	10 028.6	8818.4	1.9	1.6
2013 年	10258	9188.4	1.7	1.5
2014 年	10 291.9	9116.3	1.6	1.4
2015 年	10 145	9093.3	1.5	1.3
2016 年	9893	9054.5	1.3	1.2
2017 年	—	9245.6	—	1.1
2018 年	—	9528.2	—	1
2019 年	—	9809.2	—	1

资料来源：刘仁厚，王革，黄宁，等. 中国科技创新支撑碳达峰、碳中和的路径研究 [J]. 广西社会科学，2021（8）：1-7.

2. 中国积极应对气候变化

以中国智慧和中国方案推动经济社会绿色低碳转型发展不断取得新成效，中国以大国担当为全球应对气候变化作出积极贡献。气候变化应对技术正在融入我国经济社会的各方面，为人类命运共同体注入强大动力。中国把主动适应气候变化作为实施积极应对气候变化国家战略的重要内容，在推进和实施适应气候变化重大战略的同时进行气候治理技术的创新。

为统筹开展适应气候变化工作，2013 年，中国制定了国家适应气候变化战略，明确了 2014 年至 2020 年国家适应气候变化工作的指导思想和原则、主要目标，并制定实施了基础设施、农业、水资源、海岸带和相关海域、森林和其他生态系统、人体健康、旅游业和其他产业七大重点任务等。2020 年，中国启动编制《国家适应气候变化战略 2035》，着力加强统筹指导和沟通协调，强化气候变化影响观测评估，提升重点领域和关键脆弱区域适应气候变化的能力。

科技创新在发现、揭示和应对气候变化问题中发挥着基础性作用，在推动绿色低碳转型中发挥着关键性作用（表 7-2）。中国先后发布应对气候变化相关科技创新专项规划、技术推广清单、绿色产业目录，全面部署了应对气候变化科技工作，持续开展应对气候变化的基础科学研究，强化智库咨询支撑，加强低碳技术研发应用。国家重点研发计划开展了 10 余个应对气候变化科技研发重大专项，积极推广温室气体削减和利用领域 143 项技术的应用。鼓励企业牵头绿色技术研发项目，支持绿色技术成果转移转化，建立综合性国家级绿色技术交易市场，引导企业采用先进适用的节能低碳新工艺和技术。成立碳捕集、利用与封存（carbon capture，utilization and storage，CCUS）创业技术创新战略联盟、CCUS 专家委员会等专门机构，持续推动 CCUS 领域技术进步、成果转化。

表 7-2　部分大气污染治理领域绿色低碳先进技术成果

技术名称	适用范围	技术简要说明	示范应用情况	污染治理或环境修复效果
钢铁行业链篦机－回转窑球团烟气超低排放技术	链篦机－回转窑球团烟气治理	结合链篦机－回转窑的生产烟气温度特点，设置了三级脱硝系统，其中一级采用非选择性催化还原法（SNCR）脱硝，设计脱硝效率 40% ～ 50%；二级采用高温高尘选择性催化还原法（SCR）脱硝；三级采用低温氧化辅助半干法协同脱硝，设计脱硝效率＞90%。脱硝烟气经静电除尘后进入末端半干法脱硫＋布袋除尘系统，脱硫效率＞99%。该技术解决了链篦机－回转窑球团烟气在不设置加热装置和烟气换热器（GGH）情况下实现超低排放的问题	已有 1 项工程应用。如迁安市九江线材有限责任公司 2 套 240 万 t/a 链篦机－回转窑烟气脱硫脱硝除尘超低排放总承包项目，每套系统烟气处理量为 12 万 m^3/h	以迁安市九江线材有限责任公司超低排放项目为例，净化后烟气 SO_2 浓度 ≤20 mg/m^3、NO_x 浓度 ≤30 mg/m^3、颗粒物浓度≤5 mg/m^3
双级错流活性炭法烟气净化系统及装备	钢铁、焦化等行业烟气多污染物治理	采用双级活性炭吸附塔串联工艺，吸附塔内活性炭自上而下流动，烟气从垂直活性炭的方向错流穿过活性炭床层实现烟气净化。一级吸附塔用于脱除 SO_2、初步脱除二噁英、颗粒物等，二级吸附塔主用于脱除 NO_x、深度脱除二噁英、颗粒物等。采用多级喷氨、分层可控错流高效吸附技术与装备、烟温控制技术实现多污染物高效协同脱除和副产物资源化利用。设计活性炭床层厚度 1.6 ～ 2.0 m，设计空塔流速 0.10 ～ 0.15 m/s，活性炭再生温度 400 ～ 450℃	已有 16 项工程、25 台（套）设备应用。如晋南钢铁集团有限公司 2×220 m^2 烧结烟气活性炭脱硫脱硝工程	脱硝效率较传统活性炭烟气净化技术提高 30%，可达 90% 以上，出口烟气中颗粒物浓度 ≤ 10 mg/m^3，SO_2 浓度 ≤ 35 mg/m^3，NO_x 浓度 ≤ 50 mg/m^3，二噁英类浓度 ≤ 0.1 ngTEQ/m^3。运行费用较传统烟气净化工艺低 30%
合成氨液氮洗尾气净化及资源化利用技术	化工、冶金、航天气化炉等行业废气中含化学能低热值气体的净化及资源化	研制了合成氨液氮洗尾气缺氧高效催化氧化专用催化剂、液氮洗尾气分段催化氧化工艺，通过精确控制氧气量，使前两段在 500 ～ 600℃间缺氧氧化，并转移部分热量，最后一段轻微富氧氧化净化 CH_4、CO 和 H_2，并将缺氧催化氧化后的热惰性气体用作造气过程中磨煤阶段的煤粉干燥气。该技术克服了一步催化氧化带来的高温问题，实现液氮洗尾气化学能平稳可控回收及高浓度氮气资源化利用。含化学能尾气热值 500 ～ 1800 kJ/m^3，反应温度 400 ～ 650℃，催化剂耐短时热冲击温度 750℃，装置低限运行温度大于 250℃	已有 2 项工程应用。如云南天安化工有限公司合成氨液氮洗尾气净化及资源化利用工业装置，处理规模为 3 万 m^3/h	排气出口 CO 浓度＜120 mg/m^3，H_2 浓度＜ 20 mg/m^3。以 3 万 m^3/h 尾气净化为例，年净化液氮洗尾气 2.4 亿 m^3，年排放 CO_2 1.2 万 t

资料来源：中华人民共和国科学技术部. 国家绿色低碳先进技术成果目录［EB/OL］.（2023-09-12）［2024-08-01］. https://www.most.gov.cn/tztg/202309/t20230912_187832.html

中国加强应对气候变化研究部署，组织实施“地球系统与全球变化”“长江黄河等重点流域水资源与水环境综合治理”“典型脆弱生态环境保护与修复”等重点专项，推动气候变化基础科学和水资源、环境保护等领域适应气候变化科技研发。发布了《第四次气候变化国家评估报告》，全面、系统地评估了我国应对气候变化领域相关的科学、技术、经济和社会研究成果，准确、客观地反映了我国自2015年以来气候变化领域研究的最新进展。

开展低碳零碳负碳重大科技攻关，组织实施“可再生能源技术”“碳达峰碳中和关键技术研究与示范”等重点专项，围绕能源、工业、建筑、交通等领域关键技术攻关研发。推动科研机构开展太阳能与燃料热化学互补、富氢燃料内燃机、二氧化碳还原光催化剂等重大科技关键技术攻关，推动关键技术向系统集成及规模化应用发展。支持中央企业布局研发先进核电、清洁煤电、先进储能等一批攻关任务，积极开展煤炭清洁高效利用科研攻关，推进建设煤炭清洁高效利用和二氧化碳捕集利用等原创技术“策源地”，成立海上风电产业技术创新联合体及CCUS技术创新联合体，支持电力企业建成国内最大规模CCUS全流程示范工程。

强化重点领域科技创新。推进气候变化基础科学技术研发，制定并发布“十四五”能源领域科技创新规划，围绕先进可再生能源、新型电力系统等确定相关技术装备创新任务，促进新型储能技术创新研究与示范应用，推动内河船舶绿色智能技术研发应用，支持开展纯电动飞机、混合动力飞机等技术研究。加强温室气体及碳中和监测、评估、预测等核心技术攻关。中国积极参与全球气候治理，在此进程中，高举应对气候变化国际合作大旗，既维护国家发展利益，提升在国际气候事务中的规则制定权和话语权，又树立负责任大国形象，推动构建人类命运共同体，保护地球家园，为全球生态安全作出新贡献。把应对气候变化作为推进生态文明建设、实现高质量发展的重要抓手，基于中国实现可持续发展的内在要求和推动构建人类命运共同体的责任担当，形成应对气候变化新理念，以中国智慧为全球气候治理贡献力量。

（二）粮食安全与水资源管理技术

水资源的可持续利用与粮食安全保障是人类社会可持续发展的最基本支撑点。为满足人口持续增长和生活水平改善的需要，农业生产的规模和强度在过去几十年中迅速扩大，干旱缺水和水污染已成为世界农业可持续发展和粮食安全保障的重要制约因素。水资源紧缺、粮食不足是一个世界性的问题，水资源高效利用与保护和保障粮食安全已成为当前全球关注的热点。通过科技进步与管理改革，改善水环境是解决当前水危机并保障农业可持续发展与粮食安全的根本途径。

1. 粮食安全问题严峻

近年来，世界粮食生产水平不断提高，粮食产量整体呈上升态势，粮食产量增幅高于人口增幅，世界粮食供给并未出现明显短缺，然而世界饥饿人口却在不断攀升，因此粮食安全问题受到各国政府及国际组织的高度重视。据世界银行统计，2023 年全球重度粮食不安全状况达到新的峰值，超过 2007—2008 年的全球粮食危机。全球饥饿人口快速攀升，各区域粮食不安全状况整体不断恶化。联合国粮食及农业组织等机构联合发布的《2023 年世界粮食安全和营养状况》指出①，2022 年全球约有 6.91 亿至 7.83 亿人面临饥饿，按预计的中位数 7.35 亿人计，比 2019 年增加 1.22 亿人，世界饥饿人口所占比例升至 9.2%。乌克兰危机爆发后，全球粮食安全状况愈发严峻。2022 年，58 个国家和地区的约 2.58 亿人口处于严重粮食不安全状态，远高于 2021 年的 53 个国家和地区的 1.93 亿人口。按当前趋势，即使世界经济实现复苏，预计到 2030 年仍将有近 6.7 亿人（约占世界人口的 8%）处于饥饿状态，到 2030 年消除饥饿、粮食不安全和一切形式营养不良的目标或将难以实现。

全球营养不良问题日益加重。伴随全球粮食危机加剧，全球营养不良人口从 2015 年的 5.88 亿增至 2022 年的 7.35 亿，全球营养不良发生率从 7.9% 升至 9.2%。②全球约 1/3 儿童的成长发育遭受营养不良问题影响，大约 45% 的婴儿死亡与营养不良有关。2022 年，撒哈拉以南非洲地区约有 630 万儿童遭受重度营养不良影响，创该地区有史以来最高纪录；在非洲之角地区，由于干旱和冲突的共同影响，约有 700 万儿童面临重度营养不良威胁。

粮食价格大幅上涨③，全球食品价格指数从 2020 年的 93.1 升至 2022 年的 143.7，上涨 54.4%，其中粮食价格指数从 2020 年的 95.4 升至 2022 年的 150.4。④健康膳食成本在 2019—2021 年间增加了 6.7%，2021 年同比增长 4.3%。⑤2023 年 7 月 17 日，《关于从乌克兰港口安全运输谷物和食品的协议》（即“黑海谷物倡议”）的终止进一步刺激了全球粮食价格上涨。国际货币基金组织指出，该倡议的终止加剧了全球粮食通胀的风险，或将导致全球粮食价格上涨 10% ~ 15%。⑥

粮食安全是国家安全的重要组成部分，是经济社会稳定发展的基础。面对全球气候变化、耕地资源紧张、农业生产成本上升等多重挑战，中国依靠科技创新，提高粮食生产效率和品质，确保国家粮食安全，并为解决全球粮食安全贡献中国智慧。我国积极学习发达国家

---

① 联合国粮食及农业组织. 2023 年世界粮食安全和营养状况 [R/OL].（2023-12-12）[2024-07-21]. https://www.fao.org/documents/card/en?details=CC3017ZH

② Word Bank Group. World Development Report 2022: Finance for An Equitable Recovery[R/OL].(2023-11-14)[2024-09-21]. https://www.shihang.org/zh/home

③ 张新平，曹骞. 全球粮食危机与中国的应对策略研究 [J]. 社科纵横：新理论版，2009（4）：28-29.

④ 联合国粮食及农业组织. AQUASTAT- 粮农组织全球水与农业信息系统 [EB/OL].（2022-07-29）[2024-09-21]. https://www.fao.org/aquastat/zh

⑤ 罗雁，毛昭庆，陈良正. 全球粮食危机背景下中国粮食安全问题研究 [J]. 江西农业学报，2022，34（10）：220-225.

⑥ 史文瑞. IMF：黑海粮食协议中断后 全球粮食价格或涨 15%[EB/OL].（2023-07-27）[2024-07-21]. https://usstock.jrj.com.cn/2023/07/27003937719243.shtml

先进的农业生产技术和理念，推动农业向节约化、机械化、智慧化、无人化发展；加强对种质资源的保护，加大对优质、高产、多抗新品种的选育；加大对农业机械特别是适合山区坡地使用的微小型农业机械的研发推广；积极探索一二三产业融合发展的新技术、新模式；探索和推广粮食轻简化生产、精确定量栽培、南方的稻鱼（虾、蟹、鸭等）种养、粮经饲立体种植等高效、循环和可持续发展的新技术、新模式、新机制；持续推动作物科技和品种创新，依靠不断提高单产实现总量稳步增长，保障国家谷物基本自给、口粮绝对安全。粮食产量自 2013 年以来连续 5 年稳定在 12 000 亿斤以上，主要农作物良种覆盖率超过 96%，品种对提高单产的贡献率达到 43% 以上，畜禽水产品良种化、国产化比重逐年提升，奶牛良种覆盖率达 60%。①

2. 水安全问题严峻

全球淡水总量约 3500 万 km^3，其中约 70% 储存于各类冰川中，约 30% 为地下水，可供人类和生态系统使用的淡水总量约为 20 万 km^3，不足淡水总量的 1%。伴随人类活动的不断增强，工业化、城市化过程导致严重的水资源污染，全球每天有 200 万 t 的人类垃圾进入水体；发展中国家近 70% 的工业废弃物未经处理便直接进入人类可用水源；由于化肥的过度使用，河流中的氮含量增加了 10% ~ 20%。②全球淡水资源中的生命地球指数大幅下降，1970—1999 年下降了 50%。全球有 26 亿人（包括 10 亿儿童）缺乏基本的清洁饮用水，每 20 s 就有 1 个儿童因缺乏安全饮用水而死亡。全球人口每年预计增加 8000 万，每年增加的水资源需求量达 640 亿 m^3，增加的人口大多数出生在水资源短缺国家或地区。③

水安全是涉及国家长治久安的大事。党的十八大以来，党中央、国务院高度重视水安全工作，习近平总书记明确提出“节水优先、空间均衡、系统治理、两手发力”的治水思路，把水安全上升为国家战略。中国在城镇生活污水高效处理及资源化、城镇污水处理厂精细化运行、农村生活污水处理、工业废水处理、水环境综合整治等方面着力开展科技创新，不断推进水利科技创新体系和基础条件平台建设（表 7-3）。

---

① 李国祥. 中国实施科技和资源支撑的粮食安全战略成就巨大［EB/OL］.（2022-10-14）［2024-07-21］. https://china.chinadaily.com.cn/a/202210/14/WS6348c683a310817f312f1f19.html

② World Health Organization. Nitrate and nitrite in drinking-water［EB/OL］.（2013-01-11）［2024-07-21］. http://www.who.int/water_sanitation_health/dwq/chemicals/nitratenitrite2ndadd.pdf

③ 联合国环境规划署. 2024 年全球资源展望［R/OL］.（2024-03-01）［2024-07-21］. https://www.unep.org/zh-hans/resources/Global-Resource-Outlook-2024

表 7-3　部分水污染治理领域先进技术成果

技术名称	适用范围	技术简要说明	示范应用情况	污染治理或环境修复效果
城市污水短程反硝化耦合部分厌氧氨氧化深度脱氮技术	城镇污水处理厂新建或升级改造	通过在生化池投加填料（填充率 15% ～ 20%），提高功能菌群的丰度，使系统内厌氧氨氧化菌快速富集并耦合短程反硝化深度脱氮。污泥回流至厌氧池前，生物膜和悬浮污泥的共存系统可强化生长缓慢的功能菌群持留时间，解决厌氧氨氧化菌对外界环境因素敏感和难以持留的问题，并充分利用原水中的有机碳源，减少外加碳源投加。该技术可在常温下大规模原位富集厌氧氨氧化菌，摆脱菌群需要定期接种的限制，自养脱氮效果稳定，并可减少好氧区曝气量，减少剩余污泥产量和二氧化碳等温室气体排放	已有 2 项工程应用。如宜兴市屺亭污水处理厂升级改造工程，处理规模为 5 万 m^3/d	以宜兴市屺亭污水处理厂为例，与传统硝化/反硝化脱氮工艺相比，该技术可节省约 30% 曝气能耗，无须外加碳源，仅通过对原水中碳源的有效利用，出水总氮可削减至 10 mg/L 以下；可减少 CO_2 和 N_2O 等温室气体排放
污水深度处理臭氧催化氧化技术	市政污水处理厂提标改造、工业园区高浓度难降解废水深度处理	部分废水在高效溶气装置内与臭氧接触混合，出水进入氧化池，在催化剂作用下，有机物被氧化分解或矿化，处理后出水达标排放。通过电磁场切变场作用，提高臭氧溶气效率，采用均相/非均相催化形式，提高氧化反应效率，改善水体溶解氧含量。非均相催化剂比表面积 200 ～ 1000 m^2/g，使用寿命超过 10 年，均相催化通过微电解技术，可在污水中精准投加 μg/L 量级的金属离子。该技术不产生污泥，操作简便	已有近 80 项工程应用。如无锡市锡山水务有限公司云林厂 6 万 m^3/d 提标改造工程	臭氧利用率 ≥ 95%，处理后出水 COD（化学需氧量）≤ 50 mg/L。与传统技术相比，运行成本可节省 50%，占地面积可节省 50%；尾水中富含溶解氧，可作为河湖补给水源

资料来源：中华人民共和国科学技术部. 国家绿色低碳先进技术成果目录［EB/OL］.（2023-09-12）［2024-08-01］. https://www.most.gov.cn/tztg/202309/t20230912_187832.html

（三）全球公共卫生技术

在过去数十年间，全球化的不断提速戏剧性地改变了全球的疾病谱。势不可挡的全球化浪潮催生并加快了各种社会与经济巨变。经济一体化、工业化、城市化、大规模人口迁徙、社会分化、环境退化以及气候变暖等错综复杂地交织在一起，使当今世界充满了各种各样的公共卫生风险。传染性疾病和非传染性疾病（亦称慢性病）的发展变得越来越复杂化。伴随因传染病身亡者人数的急剧下降，更多人迈入老年期；伴随人口老龄化的推进，心脏病、中风、癌症和糖尿病等发达国家常见的疾病，也开始在发展中国家攀升。特别值得关注的是，各种突发性公共卫生事件频繁造访人间。此次新冠病毒感染疫情就是新发传染病快速国际传播的又一例证。

恰逢岁末年初这个时间节点，大规模的人口迁徙叠加便捷的国际旅行，使得疫情借由全球化的交通运输网络急速波及世界上 60 多个国家和地区。这再一次警示人类，迎战重大公共卫生危机将是长期的挑战。每当重大传染性病魔降临时，没有任何一个国家或地区能独善其身或孤军抗击疾病的入侵和蔓延。一些公共卫生体系薄弱、卫生筹资能力有限的发展中国家则更易被“攻陷”。有鉴于对全球化直接和间接健康威胁的新认知，加上重大突发性公共卫生事件一次次地敲响警钟，全球卫生治理与公共卫生领域的国际集体行动也在不断升级。所幸的是，国际专业知识、信息和人员的全球流动，有助于各国同舟共济、攻克病魔。

科技变革带来历史性机遇，抓住机遇需要各国展现智慧、付诸行动。马克思说过：“科学绝不是一种自私自利的享乐，有幸能够致力于科学研究的人，首先应该拿自己的学识为人类服务。”当前，后新冠疫情时代，世界经济复苏面临严峻挑战，充分发挥科技为人类服务的关键作用，具有更加突出的现实紧迫性。应对全球性挑战需要科技创新提供有力武器。防护和预警如新冠疫情这样的全球公共卫生危机、守护人民生命健康是国际社会的重要任务，推进监测体系、疫苗研制、检测方式等领域的国际科研攻关至关重要。

新冠疫情防控期间，中国用不到一周的时间就确定了新冠病毒的全基因组序列并分离得到病毒毒株，以后又及时推出了多种检测试剂产品，迅速筛选了一批有效的药物和治疗方案，多条技术路线的疫苗研发快速进入临床试验阶段。抓紧布局一批国家临床医学研究中心，加大卫生健康领域科技投入，加强生命科学领域的基础研究和医疗健康关键核心技术突破，加快提高疫病防控和公共卫生领域战略科技力量和战略储备能力。中国积极加强科学研究方面的数据和信息共享。中国科技部依托国家生物信息中心，建立起全球共享的新冠病毒信息库，截至 2022 年 4 月 14 日，已经收集并分享全球范围的新冠病毒基因序列 1031 万余条，为 180 个国家和地区超过 33 万用户提供了服务，累计下载数据近 30 亿次。[①]

中国致力于推动全球科技创新协作，积极参与全球创新网络，共同推进基础研究，推动科技成果转化，培育经济发展新动能，加强知识产权保护，营造一流创新生态，塑造科技向善理念，完善全球科技治理，更好增进人类福祉。科学的种子，是为人民的收获而生长的。中国坚持不懈推动科技创新，不仅为了满足中国人民美好生活需要，而且为了造福全人类。随着中国对外科技合作的大门越开越大，中国科技必将为促进全球科技进步和创新发展发挥更大作用，为推动构建人类命运共同体作出更大贡献。

三、科技创新推动构建人类命运共同体的路径

网络化时代的阔步到来，使人们的时空坐标发生新的位移，也给人类命运共同体的构建带来新的引擎。一方面，在人类第四次工业革命、数字时代、数字革命的科技背景下，科学

① 国纪平. 让科技创新为人类文明进步提供不竭动力［N］. 人民日报，2022-04-17（3）.

技术的发展能够推动解决全球性问题。人类发展面临的许多共同挑战，以及解决环境、能源、健康等问题，从根本上需要依靠科学技术，需要各国科学家长期不懈地联合攻关，需要更加广泛深入的国际科技合作。另一方面，总的来看，人工智能、区块链等新科技的快速发展是世界百年未有之大变局加速演进的重要因素，是世界进入新的动荡变革期的重要推手，是推动构建人类命运共同体的坚实支撑力量。构建人类命运共同体是人类未来社会发展的更高愿景，超越了世界各国之间的差异分歧，是凝聚发展共识、破解治理困境的思想指引。在新时期新形势下，应加强统筹谋划，以开放、团结、包容、非歧视的姿态开展合作，构建人才、技术、项目、平台等方面全方位、深层次的国际合作格局，为促进全球科技创新发展贡献中国智慧。

（一）推动国际合作

当前，人类社会正面临着全球性疫情多发、全球经济复苏乏力、气候变化形势严峻、数字转型工作复杂等多重挑战，习近平总书记在 2021 年 9 月中关村论坛视频致辞中明确指出："世界各国更加需要加强科技开放合作，通过科技创新共同探索解决重要全球性问题的途径和方法，共同应对时代挑战，共同促进人类和平与发展的崇高事业。"在新的产业革命浪潮激荡下，科技创新合作必然是国际交流的重要领域。[①]科技成果的有效、有序共享可以在国家间实现创新资源的优势互补，助力人类命运共同体建设。

1. 全球性科技项目合作

科技创新在全球性科技项目合作中发挥着举足轻重的推动作用。随着全球化进程的深入发展，各国在科技领域的交流与合作日益紧密。通过参与全球性的科技项目合作，各国可以共同应对全球性挑战，推动科技进步和经济发展。例如，气候变化、能源安全、公共卫生等领域的问题都需要国际社会共同努力来解决，而科技创新则是实现这些目标的关键手段之一。

科技创新是推动全球性科技项目合作的重要驱动力。新的科技发明、技术突破和工艺改进，不仅解决了传统技术难以应对的问题，而且为全球性的科技项目提供了更为广阔的研究和发展空间。这些新技术能够突破地域限制，将不同国家和地区的创新主体紧密联系在一起，引导创新主体关注全球性的科技问题，共同面对和解决全球性的科技挑战。科技创新常常跨越不同的学科和领域，进行跨领域的合作和研究。通过全球性科技项目的合作，各国可以共同参与，分享各自的优势和研究资源，推动创新主体在这些领域开展合作，共同解决全球性的挑战。

① 方力，任晓刚. 推动全球科技创新协作［N］. 人民日报，2021-11-11（9）.

此外，科技创新还可以推动全球性科技项目合作模式的创新，并提升合作效率。传统的合作模式往往局限于双边或多边合作，而科技创新的发展使得全球性的创新网络逐渐形成。在这个网络中，创新主体可以更加灵活地选择合作伙伴，不同领域的研究人员、企业、政府机构等共同开展多种形式的合作，如产学研合作、跨国企业合作、国际科技组织合作等。这种合作模式的创新有助于推动全球科技事业的繁荣发展。随着信息技术的不断发展，创新主体可以更加便捷地进行信息交流和资源共享，降低了信息获取和处理的成本。同时，科技创新还推动了项目管理、团队协作等方面的进步，使得合作过程更加高效、顺畅。

目前，全球性科技合作项目有很多，科技创新为全球性科技项目合作的顺利开展提供了有力保障（表 7-4）。以气候变化为例，各国在清洁能源开发与应用、碳排放减少与控制等方面开展了广泛合作。中国积极参与全球碳减排计划，推动绿色低碳发展，与其他国家共同探索可持续发展的道路。此外，在卫生健康、信息科技、可持续发展等关键领域，各国也在加强国际合作和理解，共同推动相关技术的研发和应用。

表 7-4　部分全球性科技合作项目概况

全球性科技合作项目	合作目标	具体示例
全球气候变化合作项目	旨在通过国际合作，共同应对气候变化问题，包括减少温室气体排放、提高能源效率、发展可再生能源等	全球碳项目（GCP），汇集了全球数百名来自不同学科领域的科学家，共同研究碳排放的源和汇，碳在大气、陆地和海洋中的分布和流动，以及人类活动对碳循环的影响等内容。通过收集、分析和解读各种数据，该项目能够评估全球碳排放的趋势和变化，并为政策制定提供科学依据
全球卫生合作项目	旨在加强国际卫生合作，包括疫苗研发、传染病防控、医疗技术合作等，以应对全球公共卫生挑战	人类基因组计划（HGP），由多国科学家共同参与，通过共同研发新的测序技术、数据分析方法和伦理准则，为人类健康、疾病治疗和药物研发等领域提供重要支持，推动生物科学领域的巨大进步
全球信息科技合作项目	旨在推动全球信息科技的发展，包括互联网、人工智能、大数据等领域，通过国际合作共同推动技术创新和应用	全球 5G 合作项目，多个国家在 5G 技术的研发、测试和应用方面展开了广泛的合作。例如，中国、韩国、美国和欧洲各国的运营商与设备制造商共同参与了 5G 网络的建设和测试，推动了 5G 技术的全球商用化进程
全球可持续发展合作项目	旨在推动全球可持续发展，包括能源、环境、农业、城市化等领域，通过国际合作共同探索可持续发展的解决方案	国际热核聚变实验堆（ITER）项目，由中国、欧盟、印度、日本、韩国、俄罗斯和美国七个成员方共同参与，旨在通过共同研发新的聚变技术和设备，实现可控核聚变反应，从而为人类提供清洁、安全的能源

资料来源：About GCP https://www.globalcarbonproject.org/about/index.htm；北京科协. Science 封面：20 年后，人类基因组计划终于完整了［EB/OL］.（2022-04-05）［2024-07-21］. https://www.thepaper.cn/newsDetail_forward_17473384；刘艳. 2021 世界 5G 大会：拓宽全球科技合作之路［EB/OL］.（2021-09-07）［2024-07-21］. http://www.xinhuanet.com/tech/20210907/eba129c0f5dc4572910e0519053c4f4b/c.html；整理而得。

开展全球性科技项目合作有助于增强国际社会对共同命运的认同感，推动构建人类命运共同体的进程。随着科技的飞速发展，许多全球性的问题，如气候变化、能源安全等，都需要通过国际合作来解决。例如，各国可以共同研发清洁能源技术，推动绿色经济的发展；或者联合开展太空探索活动，拓展人类对宇宙的认知边界。这些合作项目不仅有助于提升各国的科技水平，而且能加深彼此之间的理解和友谊，从而增强人类的共同体意识。

在全球化背景下，各国之间的相互依存程度加深，各国可以超越意识形态和政治制度差异，形成利益共同体和责任共同体意识。任何国家的可持续发展都离不开其他国家的支持和合作，科技创新为各国提供了更广泛的合作基础和动力。通过加强国际科技交流与合作，可以促进资源共享、优势互补，推动形成更加公正合理的国际经济新秩序。在未来发展、粮食安全、能源安全、人类健康、气候变化等重大全球性问题面前，世界各国是不可分割的命运共同体，推动形成开放创新的生态至关重要。这需要各国摈弃零和博弈的思维模式，树立合作共赢的理念意识，推进更加包容、紧密的国际科技合作，共同应对风险与挑战。统筹发展和安全，以全球视野谋划和推动创新。聚焦气候变化、人类健康等问题，加强同各国科研人员的联合研发，在不断提升自主创新能力的同时为构建人类命运共同体作出贡献。

2. 国际技术转移与知识共享

科技创新加速了技术革新的步伐，促进了全球范围内的技术转移和知识共享。随着科技的快速发展和全球化的深入推进，各国之间的技术交流与合作日益紧密。科技创新不仅促进了新技术的发展和应用，而且有利于技术的跨国传播和使用，推动产业结构的升级和转型，使得各国在寻求新的经济增长点时更加注重技术转移。此外，科技创新还加剧了国际合作和竞争，促使各国在技术领域进行更加密切的交流与合作。科技创新对国际知识共享产生了积极的影响，推动了信息传播方式的变革和升级。通过分享创新成果和技术经验，各国可以相互借鉴和学习，提高自主创新能力，不断完善和发展知识创新体系，使知识共享更加高效、便捷和广泛。国际技术转移和知识共享主要的模式和实现途径如表 7-5 所示。

表 7–5　国际技术转移和知识共享主要模式

类　别	模　式	途　径
国际技术转移	技术许可与转让	企业或个人通过技术许可或转让的方式，将技术成果转让给其他国家的企业或个人，实现技术的国际传播和应用
	跨国研发合作	不同国家的企业或研究机构共同开展研发活动，共享研发成果和知识产权，推动技术的跨国转移和应用
	技术援助与培训	发达国家向发展中国家提供技术援助和培训，帮助发展中国家提高技术水平，促进技术转移和国际合作
	技术市场与交易平台	通过建立技术市场和交易平台，各国可以更加便捷地进行技术交易和转移，推动技术的国际流通和应用

续表

类 别	模 式	途 径
国际知识共享	学术交流与合作	各国学者和研究人员通过学术会议、研讨会、合作项目等方式进行学术交流和合作，共同探索新的科学问题和技术难题
	开放获取资源	各国政府、学术机构和商业组织通过开放获取平台提供学术资源、研究成果和数据资料等，使得全球范围内的用户可以免费或低成本地获取和使用这些资源
	在线教育平台	通过在线教育平台提供课程、讲座和培训等学习资源，使全球范围内的用户可以随时随地获取知识和技能
	社交媒体与知识社区	社交媒体和知识社区为人们提供了分享和交流知识的平台，使得人们可以更加便捷地获取和传播知识

国际技术转移和知识共享有助于缩小南北科技鸿沟，促进发展中国家加快发展步伐。通过向发展中国家转让先进技术和管理经验，可以帮助它们提高自主创新能力，推动经济社会全面发展。这将有助于增强发展中国家在全球事务中的话语权和影响力，进而推动构建更加公正合理的国际秩序。我国借助“一带一路”积极推动国际技术转移，深入实施“一带一路”科技创新行动计划。国际技术转移是“一带一路”倡议的重要环节，国务院印发的《国家技术转移体系建设方案》也提出要面向“一带一路”共建国家广泛开展国际技术转移。我国积极推进科技人文交流、共建联合实验室、科技园区合作和技术转移中心建设 4 项行动。分 3 批启动 53 家“一带一路”联合实验室建设，支持 3500 余人次青年科学家来华开展为期半年以上的科研工作，培训超过 1.5 万名国外科技人员，资助专家近 2000 人次。[①]面向东盟、南亚、阿拉伯国家、中亚、中东欧国家、非洲、上海合作组织、拉美建设了 8 个跨国技术转移平台，并在联合国南南框架下建立了技术转移南南合作中心，基本形成“一带一路”技术转移网络。我国主导发起的“一带一路”国际科学组织联盟，成员单位已达 67 家。[②]

在持续推动对外科技合作交流方面，我国设立了面向全球的科学研究基金，以促进全球知识共享。积极支持外籍专家牵头或参与我国科技计划。自 2015 年重点研发计划设立以来，已吸引一大批外籍科学家担任项目或课题负责人。“一带一路”倡议不仅为我国开展国际技术输出提供了新机遇，促使我国企业和技术可以更好地“走出去”，实现市场扩张，而且也能带动“一带一路”共建国家经济发展，为区域经济共同繁荣作出贡献，共享经济发展利益，更好地推动构建人类命运共同体。

① 张亚雄，杨舒. 我国积极推进全球科技交流合作 [EB/OL].（2022-11-19）[2024-07-21]. https://www.gov.cn/xinwen/2022-11/19/content_5727817.htm

② 孙立永，刘平平. 推动“一带一路”科技创新成果更好惠及各国人民 [EB/OL].（2023-11-09）[2024-07-21]. http://www.china.com.cn/opinion2020/2023-11/09/content_116804054.shtml

3. 跨国创新网络建设

跨国创新网络是一种新型国际合作形式，通过跨越国界的创新主体之间的协同合作和交流互动来实现共同发展和繁荣。构建跨国创新网络需要各方共同参与和支持，包括政府、企业、科研机构和社会团体等，通过建立多边合作机制、签署合作协议等方式来促进跨国创新网络的互联互通和资源共享。这种合作模式有助于打破地域限制和合作壁垒，促进不同国家和地区之间的科技交流与合作。

跨国创新网络在促进科技创新和国际合作方面发挥了积极作用。例如，欧洲创新伙伴关系就是一种跨国创新网络形式，通过加强欧洲国家之间在科技创新方面的合作与交流来提高整个欧洲的创新能力。习近平总书记强调，以科技创新推动可持续发展，是破解重要全球性问题的必由之路；国际科技合作是大趋势，要更加主动地融入全球创新网络，实施更加开放包容、互惠共享的国际科技合作战略。截至 2020 年 10 月，中国已经与 161 个国家和地区建立了科技合作关系，签订了 114 个政府间的科技合作协定，参与了涉及科技的 200 多个国际组织和多边机制。①同时，中国累计支持了 8300 多名“一带一路”共建国家青年科学家来华工作，培训学员 18 万人次，与 8 个国家建立了官方科技园区合作关系，建设了 5 个国家级技术转移平台。②此外，我国经济特区高质量发展、沿边开放试验区和内陆开放型经济试验区试点、综合保税区和国家级新区更新升级、自贸试验区增区扩容、自由贸易港快速发展，这些都成为我国深度嵌入全球产业链、创新链、价值链的重要开放服务平台，为我国打造全方位、深层次、广领域的科技开放合作格局，主动融入全球创新网络提供了条件。

跨国创新网络作为一种开放包容的合作平台，可以为世界各国提供广阔的舞台来展示各自的创新成果和经验智慧，有助于培养全球视野的人才队伍并促进国际人文交流互鉴。通过这种形式的合作与交流，各国可以加深对彼此的了解和信任程度，增进相互之间的友谊与合作意愿。长期来看，这将有助于推动构建人类命运共同体的进程朝着更加积极的方向前进。因此，我们应构建并完善国际科技合作网络，加速协同开放与创新溢出。除涉及国防及战略核心利益领域外，依托全国重点实验室、重大科研基础设施等，积极发起国际大科学计划和大科学工程，吸引海外一流大学、研发机构甚至高科技企业参与建设和使用，鼓励开放式创新。以放宽财政税收管制等方式鼓励国内企业跨国开展科技创新合作，建设海外创新飞地，激活合作研发机构市场化运营活力。

---

① 陈芳，张泉. 为解决全球性问题贡献“中国智慧”我国与 161 个国家和地区建立科技合作关系［EB/OL］.（2020-10-27）［2024-07-21］. https://www.gov.cn/xinwen/2020-10/27/content_5555110.htm

② 求是网评论员. 加强科技开放合作 共同应对时代挑战［EB/OL］.（2021-09-28）［2024-07-21］. http://www.qstheory.cn/wp/2021-09/28/c_1127913319.htm

（二）促进区域协同发展

科技创新在促进区域协同发展方面具有重要作用。通过加强区域科技合作项目、整合区域产业链与创新链以及推动区域绿色发展技术的研发和应用等，可以加速科技成果的共享和转化，实现资源的优化配置和技术的快速迭代，推动区域经济的持续发展和繁荣，培育全球发展新动能，从而助力构建全球发展共同体。

1. 区域性科技合作项目

区域性科技合作项目是指特定地区内不同国家、地区或组织之间为了共同实现科技发展目标而进行的合作活动，通常涉及科技研发、技术转让、人才培养、资源共享等多个方面，旨在促进区域内各国或地区之间的科技交流与合作，推动科技创新和经济发展。区域性科技合作项目可能由政府、企业、科研机构或国际组织等多方参与，其合作内容涵盖了众多领域，如能源、环境、农业、医疗、信息技术等。现在已有许多区域性科技合作项目，如欧盟合作计划（EUPR）、东南亚科技合作计划（SEASTEC）、亚太经合组织（APEC）科技合作计划、非洲科技合作计划（ASTP）、阿拉伯科技合作网络（ASTN）等（表 7-6）。这些区域性科技合作项目推动了科技创新和经济发展，促进了不同国家之间的交流与合作，为构建人类命运共同体作出了积极贡献。

表 7-6　部分区域性合作项目概况

项　目	参与者	内　容
欧盟合作计划（EUPR）	欧盟国家	促进欧洲国家之间的科技合作，支持各种项目，包括研发合作、技术转移、商业化和文化交流。通过加强成员国之间的科技合作，推动欧洲的科技创新和经济发展
东南亚科技合作计划（SEASTEC）	东南亚国家	加强东南亚国家在科技、教育、经济和社会发展领域的合作。该计划促进了区域内的技术转移、人力资源开发和科技基础设施建设
亚太经合组织（APEC）科技合作计划	亚太地区的经济体	通过科技合作促进经济增长和可持续发展。该计划涉及多个领域，包括生物技术、信息技术、能源、环保等
非洲科技合作计划（ASTP）	非洲国家	推动非洲国家在科技领域的合作与发展，提升科技水平和创新能力。该计划涉及农业、水资源、能源、健康等多个领域的合作项目
阿拉伯科技合作网络（ASTN）	阿拉伯国家	加强阿拉伯国家在科技领域的合作与交流，推动科技创新和经济发展。该项目通过组织研讨会、研究项目、技术转让等活动来促进合作

中国参与或主导了许多区域性科技合作计划，“一带一路”科技创新合作计划、中国-东盟科技创新合作、中非科技伙伴计划等在不同地区和领域都取得了显著成果。其中，“一带一路”科技创新合作计划覆盖了广泛的地理区域，涉及多个国家和领域，通过建设联合实验室、科技园区、技术转移中心等平台，促进了共建国家在科技领域的深度合作，推动了科技创新和产业升级，对全球科技创新和经济发展产生了深远影响；中国-东盟国家在科技领域

的合作历史悠久，且近年来科技创新合作更加紧密，双方共同建立的澜沧江-湄公河科技合作中心等平台，在农业、水资源、环保等领域取得了显著成果；中非科技伙伴计划通过技术转移、联合研发、人才培养等方式，支持了非洲国家的科技创新和产业升级，增强了非洲国家的自主创新能力，对非洲国家的科技创新和可持续发展产生了积极影响。这些中国参与或主导的区域性科技合作计划，加强了中国与其他国家和地区的科技交流和合作，为解决全球性问题提供了科技支持。

通过区域性科技合作项目，各国或地区可以共同应对全球性挑战，同时，也促进了国际科技合作机制的建设和发展，推动可持续发展，促进文化交流与互鉴，为构建人类命运共同体作出了积极贡献。

2. 产业链与创新链整合

区域产业链与创新链整合是指在一个特定区域内，将产业链与创新链进行有机融合和协调发展的过程，主要涉及产业链与创新链的互补与协同、资源共享与优化配置、创新驱动与产业升级、协同发展与区域合作等方面的整合。科技创新是推动区域产业链与创新链整合的重要动力，通过技术创新引领产业升级、搭建产学研合作平台、培养和吸引创新人才、打造创新生态系统以及促进区域合作与交流等方式，科技创新可以推动产业链和创新链的深度融合和协同发展，为区域经济的转型升级和可持续发展提供有力支撑。例如，苏州抢抓数字经济新机遇，以建设产业创新集群为抓手，推进科技同产业无缝对接。通过科技创新，苏州在智能制造、生物医药、新材料等领域形成了具有国际竞争力的产业集群，实现了产业链与创新链的深度融合。

区域产业链与创新链的衔接与融合是推动人类命运共同体建设的重要途径之一。通过推动可持续发展、加强政策沟通与协调、培养全球创新人才、构建创新生态系统等措施的综合应用，可以实现这一目标并为全人类的福祉贡献力量。区域产业链与创新链的整合注重资源的优化配置和环境的可持续发展，通过采用先进的生产技术和管理模式，可以降低能源消耗和环境排放，提高资源利用效率，有助于推动全球的可持续发展进程，为构建人类命运共同体提供有力的环境保障。在实现区域产业链与创新链整合的过程中，需要加强各国之间的政策沟通与协调。通过制定统一的产业政策和创新政策，促进不同国家和地区之间的产业协同发展和技术创新合作，减少贸易壁垒和投资障碍，推动全球经济的开放和发展。

3. 区域绿色发展技术

区域绿色发展技术是指在区域发展过程中，以绿色、环保、生态、循环、低碳、健康和持续为主线，通过技术创新和应用，推动区域绿色转型和可持续发展的技术手段和方法，旨在实现人类发展与自然和谐共生，形成环境友好和绿色生态型区域发展。科技创新是推动区域绿色发展技术发展的关键，通过技术研发与创新、技术转移与转化、政策支持与引导、跨界合作与交流以及人才培养与引进等方面的努力，可以推动绿色技术的快速发展和应用，实现区域绿色发展的目标。目前，区域绿色发展技术在能源储存与管理、环境监测与治理、农业和食品安全、城市建设和智能化、废弃物管理与资源回收等多个领域得到了应用。

区域绿色发展技术在推动构建人类命运共同体建设方面发挥着重要的作用。通过加强自身低碳绿色发展与增强国际生态环境合作相结合的方式，中国正努力引领全球走向更加绿色、低碳的未来。一方面，通过培养先进的绿色基础设施理念和企业文化，加强环境管理、加大绿色技术研发，逐步停止新建高污高碳项目等措施，中国正在积极推进绿色低碳发展，这有助于实现联合国 2030 年可持续发展目标，为全球生态环境改善和应对气候变化作出贡献，体现中国负责任大国风范，也是构建人类命运共同体的具体行动。

另一方面，中国积极参与全球生态治理格局的构建，以积极建设性姿态参与全球气候谈判议程，推动共建公平合理、合作共赢的全球气候治理体系。同时，中国与多国共同发起绿色发展伙伴关系倡议，推进共建绿色“一带一路”，广泛开展资源节约和生态环境保护等领域多边务实合作，携手世界各国共走绿色发展道路。通过实施绿色“一带一路”倡议，中国正在将生态文明意识带给共建国家和地区，唤醒更多国家和地区的绿色治理理念。例如，在绿色基础设施建设、清洁能源合作等领域，中国与共建国家开展了一系列务实合作，取得了显著成效。聚焦环境、社会和治理领域，中国积极推动走出去的中国企业承担更多的绿色发展责任。这不仅有助于提高中国企业的国际形象和竞争力，还能够带动当地实现全面可持续发展。通过与共建国家的政府和企业开展合作，各国可以共同探索因地制宜的绿色发展路径，为当地经济发展注入新的动力。借助绿色“一带一路”平台，中国积极吸引沿线的政府、企业、社团、民众等不同主体参与学习借鉴中国的绿色治理行动。这不仅可以增强共建国家对绿色发展的认识和了解，而且能够促进不同文化之间的交流和理解，增进各国人民之间的友谊与合作。

区域绿色发展技术还有助于推动构建新型的国际关系，建立更具代表性、包容性、开放性和公正性的全球治理体系。在全球气候治理等全球性环境问题上，中国始终秉持共商共建共享的全球治理观，积极参与全球治理体系改革和建设。

（三）提高人类生活质量

习近平总书记指出：“要把满足人民对美好生活的向往作为科技创新的落脚点。”[①]科技创新推动下的生产力高度发展为人的真正解放奠定了基础，提供了一系列智能化生活服务技

---

① 习近平. 在中国科学院第十九次院士大会、中国工程院第十四次院士大会上的讲话[N]. 人民日报，2018-05-29（2）.

术、精准扶贫与公益技术以及文化与教育资源共享技术，真正发挥科技造福社会健康发展与人类幸福生活的效用，着力构建“以人为本”的人类命运共同体。

1. 智能化生活服务技术

科技创新推动了智能化生活服务的普及和发展，提高了人们的生活质量和效率。智能化生活服务技术是指通过应用人工智能、物联网、大数据等先进技术，将传统的生活服务进行智能化改造和升级，从而提供更加便捷、高效、个性化的服务体验。这些技术可以应用于多个领域，如智能家居、智能医疗、智能城市、智能金融等，通过智能化设备、系统和服务，实现自动化、智能化的管理和控制，提高生活服务的效率和质量。例如，智能家居综合利用物联网、云计算、大数据和人工智能等高新技术，将家用电器、家具、安防、照明、环境控制等设备连接起来，通过智能手机或语音控制，实现家居设备的远程控制、自动化管理和个性化定制，提高居住的舒适度和便捷性；智能医疗利用物联网和传感器技术，将患者与医务人员、医疗机构、医疗设备有效地连接起来，实现远程医疗、健康监测、智能诊断、智能处方等功能，实现医疗过程的信息化、智能化，提高了医疗服务的效率和质量；智能城市以智能化和信息化技术为核心，通过收集和分析城市的交通、气象、照明等多种信息，提高城市管理效率，提高城市交通流畅度，提升公共设施的服务质量，包括智能交通系统、智能环保系统、智能安防系统等。

智能化生活服务技术通过提高生活质量、加强信息交流以及应对全球性挑战等方式，助力人类命运共同体建设。人类命运共同体理念旨在追求本国利益时兼顾他国合理关切，在谋求本国发展中促进各国共同发展，强调相互依存的国际权力观、共同利益观、可持续发展观和全球治理观。智能家居、智能交通等领域的应用能显著改善人们的居住环境，提升城市的运行效率，有助于减少资源浪费和环境破坏，符合各国应共同努力应对全球性挑战，促进可持续发展的人类命运共同体理念。

互联网、大数据等技术的广泛应用使得各国之间的信息交流更加紧密和高效，能够实现即时通信、信息共享、跨语言交流等。全球化的信息交流有助于增进各国人民之间的相互理解和信任，为构建人类命运共同体提供重要基础。此外，智能化技术还可以在应对全球性挑战，如气候变化、资源短缺等时发挥重要作用。一方面，智能化生活服务技术可以提升公共服务效率和覆盖范围，在应对气候变化、能源危机、贫困和不平等、全球卫生问题等全球性挑战时，各国政府、科研机构、企业和民间组织可以通过信息共享与实时交流，迅速分享数据、研究成果和最佳实践，从而加快问题的识别和解决。另一方面，民众可以通过社交媒体、在线调查和公共论坛等渠道表达自己的观点，进而参与决策过程。这有助于增强公众对全球性挑战的认识和意识，推动形成更加广泛的社会共识和支持。

智能化生活服务技术的发展，不仅为人们提供了更加便捷、高效、个性化的服务体验，还推动了相关产业的升级和发展，促进了经济的增长和社会的进步。同时，智能化生活服务技术也需要关注其普惠性和公平性，避免少数国家和企业掌握过多的科技优势，确保技术能够惠及更多人群，更好地发挥科技创新的作用和价值，为人类命运共同体的建设作出更大贡献。

2. 精准扶贫与公益技术

科技创新推动了农业、医疗、教育、环保等领域的进步，通过科技扶贫、智能农业技术、数字科技公益项目等多种精准扶贫与公益技术为贫困地区和贫困人口提供了有效的支持和帮助，促进了社会的公平和可持续发展。

一方面，科技扶贫旨在通过科技创新帮助贫困地区实现创新驱动发展的新模式，应用科学技术改革贫困地区封闭的小农经济模式，加强农民的科学文化素质，提高其资源开发水平和劳动生产率，促进商品经济发展，加快农民脱贫致富的步伐，具体包括关键技术攻关、成果转移转化、创业载体建设、创新要素对接等行动。如京东集团设立的“跑步鸡”电商扶贫项目，利用物联网技术，通过电商平台帮助贫困地区销售农产品，同时提供免息贷款和全程技术服务支持贫困户养鸡，结合智能监控、批量屠宰、加工运输等环节，为消费者提供绿色健康的农产品。在农业种植方面，引入物联网、大数据、人工智能等现代智能农业技术，能够实现对农田环境的精准监测和调控，提高农业生产的效率和品质。例如，智能灌溉系统可以根据土壤湿度、作物生长状况等因素自动调节灌溉量，降低水资源浪费；智能农机装备可以实现自动化播种、施肥、收割等作业，减轻农民劳动强度，助力脱贫减贫。

另一方面，科技创新为公益项目搭建了更为广阔的平台。一些互联网企业利用数字科技探索公益实践，如通过人工智能算法加持下的助听器帮助听障人士感受更真实的世界；通过提供远程医疗咨询、智能诊断和健康监测等功能，为贫困地区提供及时、有效的医疗服务；借助互联网技术和物联网科技构建师资资源库，打造教育资源共享平台等。这些实践打破了地域限制，使优质资源得以被更广泛地共享，从而帮助贫困地区的人民获得更好的医疗服务和教育机会。同时，科技创新还有助于提升环境保护水平，推动可持续发展，如东莞市妙创实业有限公司和杭州市拓康自动化设备有限公司等环境监测公司专注于智能穿戴、环境检测及医疗设备等产品的研发、生产、销售和服务，为贫困地区提供环境质量监测和预警服务。

精准扶贫和公益技术有助于发展全球减贫事业、促进国际合作与交流和实现可持续发展。精准扶贫通过提供有针对性的扶贫措施和资源支持，可以帮助贫困人口提高生活水平，减少贫困现象的发生。这不仅可以促进当地经济的发展，而且有助于增强贫困人口的获得感和幸福感，从而增强他们对社会发展的认同和支持。我国积极开展国际减贫合作，履行减贫国际责任，帮助广大发展中国家实施了6000多个民生项目，推广减贫经验。[①]例如，杂交水稻、菌草技术等农业技术的推广，以及农业技术示范中心的建设运行，都为贫困地区的农业发展提供了有力支持。这不仅体现了我国的担当精神，而且为构建人类命运共同体作出了积极贡献。此外，公益技术通过促进国际合作与交流，加强了各国在减贫、环保、教育等领域的合作，使各国得以共同应对全球性挑战和问题，如气候变化、公共卫生等。同时，公益技术还可以为发展中国家提供更多的发展机会和资源支持，促进南北合作和南南合作的发展，进而促进可持续发展的实现。

3. 文化与教育资源共享技术

科技创新为文化与教育资源共享提供了多种技术手段，提高了资源的共享效率和利用价值。文化与教育资源共享技术是指通过大数据、云计算、人工智能、虚拟现实和增强现实等现代信息技术手段，实现文化资源和教育资源的数字化、网络化、智能化管理，从而方便用户随时随地访问、获取、利用这些资源的技术总和。文化与教育资源共享技术旨在打破地域、时间和空间的限制，提高资源利用效率，促进文化传承与知识普及，推动全球文化与教育事业的繁荣发展。

文化与教育资源共享技术的应用范围广泛，不仅涵盖了学校、图书馆等传统教育机构，还涉及博物馆、艺术馆、文化馆等公共文化服务机构。通过这些技术的应用，可以实现全球范围内的文化和教育资源共享，推动文化的传承与发展，促进教育的公平与普及。例如，数据和人工智能技术在文化资源的整理、分类、推荐和个性化学习方面发挥着重要作用，可以通过大数据技术全面梳理和分析各类文化资源，形成数字化、标准化的资源库。同时，利用人工智能技术，可以根据用户的兴趣、需求和历史行为，推荐个性化的学习资源，提高学习的针对性和效率。虚拟现实和增强现实技术可以为文化和教育资源的展示和体验提供新的方式，创建高度真实、沉浸式的学习环境，让学生身临其境地感受历史、文化和科学知识，增强学习的趣味性和互动性，提高学生的记忆和理解能力。互联网技术的发展使得远程教育和在线教育成为可能，通过在线教育平台，学生可以在任何时间、任何地点访问优质的教育资源，实现自主学习和终身学习。远程教育技术也为偏远地区的学生提供了接受优质教育的机会，有助于缩小城乡之间、东西部之间的教育差距，提高整体教育质量，培养更多高素质的人才，为人类的可持续发展提供有力支持。

文化与教育资源共享技术有助于促进文化交流与理解，推动文化遗产的保护与传承，打破地域限制与教育鸿沟，从而推动人类命运共同体建设。通过互联网、社交媒体等数字化和网络化技术，人们可以更加便捷地获取和传播不同国家和地区的文化信息，技术的普及有助

① 常华仁. 共建“一带一路”：通过国际合作铺就“减贫之路”[EB/OL]（2023-10-19）[2024-07-21]. https://economy.gmw.cn/2023-10/19/content_36904642.htm

于增进各国人民之间的相互了解和友谊，减少误解和偏见，从而构建更加和谐的世界。数字化保存、虚拟现实展示等现代科技手段的运用，可以有效地保护和传承各国的文化遗产，扩大宣传受众，增强宣传效果，有利于保护世界文化的多样性，增强民族自信心和文化认同感，促进民族团结和社会稳定。

（四）携手全球治理体系改革与建设

习近平总书记强调，多边主义的要义是国际上的事由大家共同商量着办，世界前途命运由各国共同掌握。随着全球化的深入，科技创新逐渐取代武力成为一国谋求权利和发展的主要方式，成为赢得国际竞争的制高点，影响了国际规则的演变。全球科技治理包括合作机制创新、科技伦理治理等，能够更好地克服共同挑战，推动打造更可持续、更具有韧性的国际治理体系，推进全球范围内的协作，促进人类共同的发展。

1. 科技创新政策与国际规则制定

科技创新政策是一个综合的政策系统，指国家或政府在一段时间内为实现特定的政治、经济、社会目标，在科学技术领域内规定的指导方针与行为准则。科技创新政策囊括并整合了科技、经济、教育、金融、人力等多个领域的政策，作用于科技创新活动的全过程，旨在提高本国或本地区的科技创新能力，支持、指导、促进各项创新活动，进而增强综合竞争力。世界各国都发布了众多科技创新政策以推动其科技进步和发展，如美国发布的“关键和新兴技术清单”、日本确定的“战略性创造研究推进事业”的战略目标、韩国提出的“创造性经济创新 3.0”战略、新加坡实施的“研究、创新与企业计划”等，这些科技创新政策展示了不同国家对于科技创新的重视和投入，以及通过政策支持推动科技创新和经济发展的努力。创新政策的实施将不仅有助于提升国家的科技水平和竞争力，而且有助于解决社会问题、促进可持续发展和构建人类命运共同体。

科技创新政策与国际规则之间存在着密切的关系，可以更加有效地推动国际规则制定。科技创新政策与国际规则都致力于推动社会的进步和发展，在目标上具有一定的共同性。政策的制定和实施需要遵循国际规则，确保科技创新活动的合规性和可持续性。同时，随着科技的不断进步，一些新兴领域和问题需要制定新的国际规则来加以规范。

科技创新政策可以鼓励和支持本国科研机构和企业参与跨国合作研究项目，通过共同研究和探索，为全球性问题提供科学依据；参与国际技术标准和规范的制定工作，通过提出具有创新性和前瞻性的技术标准，提升本国在国际科技领域的话语权和影响力；推动搭建更多具有国际影响力的科技合作平台，如国际科技园区、科技创新中心等，吸引各国企业和研究机构加入，共同开展科技创新合作，推动相关国际规则的制定和实施；参与国际科技治理机制的建设和运行，通过参与国际组织的活动和会议，提出建设性意见和方案，推动国际规则制定和实施的公正性、合理性和有效性；积极向国际市场推广和转移科技创新成果，通过技术贸易、许可等方式，实现科技创新成果的全球共享和应用，更加有效地推动国际规则制定。在推动科技创新和国际规则制定的过程中，通过倡导和平、发展、合作、共赢的理念，加强国际合作与交流，推动开放科学与国际合作以及倡导全球思维和国际视野等措施，可以更加有效地发挥科技创新的积极作用，推动构建更加紧密的人类命运共同体。

2. 全球科技治理与合作机制建设

全球科技治理是一个综合性的概念，指在全球化背景下，各国政府、国际组织、科研机构、企业等多元主体共同参与，通过政策协调、合作研发、技术转移、知识共享等方式，对科技活动进行管理和引导，以推动科技创新和进步，解决全球性科技问题，促进科技的可持续发展和普惠共享。全球科技治理是一个多维度的过程，利用数字技术如大数据、人工智能等，推动国际合作机制的创新，为科研合作、政策协调、信息共享等提供便利条件，有助于提高全球科技治理的效率和效果。同时，全球科技治理也提供了全球科技创新伙伴关系、开放创新网络、公私合作伙伴关系等诸多国际合作机制的创新模式。例如，中国提出的“一带一路”倡议下的科技创新合作，通过建立科技园区、联合实验室等方式，促进了共建国家在科技研发、成果转化、人才培养等方面的深度合作。这些合作机制的创新为全球科技治理提供了新的思路和方法，有助于加强各国在科技创新领域的合作与交流，共同应对全球性科技挑战，推动科技创新和进步，推动全球科技的可持续发展。

全球科技治理与合作机制建设是推动人类命运共同体建设的重要手段之一。通过强化全球资源整合能力、拓宽国际科技创新合作之路、推动开放科学与国际合作以及构建合作共赢伙伴关系等措施，可以积极推动构建更加公正合理的国际科技秩序。一方面，强化全球资源整合能力。通过积极参与和主导国际大科学计划和大科学工程，聚焦重大问题加强国际联合研发与合作创新，促进关键技术国际转移，鼓励有实力的创新主体“走出去”，最大限度地用好全球创新资源。这有助于提升我国在全球科技治理中的影响力和规则制定能力，进而推动构建更加公正合理的国际科技秩序。另一方面，构建合作共赢伙伴关系。在应对全球性挑战如新冠病毒疫情反复、全球经济复苏乏力、气候变化形势严峻、数字转型工作复杂等的过程中，应充分发挥科技创新力量，秉持合作共赢理念，不断推动开放科学与国际合作，助力各国携手解决共同挑战和科学难题，增进相互理解和信任，努力构建更多、更持久的合作共赢伙伴关系。此外，应推进并进一步扩大科技领域的对外开放，促进创新要素更大范围、更便利地跨境流动，推动形成更加紧密的科技创新合作关系，更好地融入全球创新网络，从而进一步推动人类命运共同体的建设。

3. 科技伦理与法律法规普及

科技伦理是指科技创新活动中人与社会、人与自然，以及人与人关系的思想与行为准则，规定了科技工作者及其共同体应恪守的价值观念、社会责任和行为规范。随着科技的迅速进步，新技术、新应用不断涌现，已经渗透到社会生活的各个方面，包括医疗、教育、交通、通信等。应用的复杂性和广泛性使得伦理问题变得更加复杂和多样化，往往超出了传统伦理道德的范畴，使得传统的伦理观念难以完全适用，从而产生了诸如互联网数据隐私、人工智能偏见等新的伦理问题。由于科技创新的速度非常快，而法律法规的制定和修订需要一定的时间和程序，往往难以跟上科技发展的步伐，存在一定的滞后性，因此会出现一些科技伦理问题在法律上缺乏明确的规范和指导的情况。

面对新兴科技带来的伦理和治理挑战，世界各国纷纷开始制定和推动相关法律法规，例如，《人工智能应用规范指南》《通用数据保护条例》（GDPR）、《新一代人工智能伦理规范》等（表 7-7）。这些法律法规的制定和实施，体现了各个国家对于科技伦理问题的重视和关注，旨在确保科技的创新发展能够遵循伦理原则，保障人类的福祉和权益。同时，这些法律法规也为科技企业和研究机构提供了明确的指导和规范，有助于推动科技伦理的健康发展。

表 7–7　部分国家或地区科技伦理法律法规一览

国家或地区	时 间	法律法规	主要内容
中国	2021 年	《新一代人工智能伦理规范》	提出了增进人类福祉、促进公平公正、保护隐私安全、确保可控可信、强化责任担当、提升伦理素养 6 项基本伦理要求，以及关于人工智能管理、研发、供应、使用等特定活动的 18 项具体伦理要求
美国	2020 年	《人工智能应用规范指南》	呼吁企业在开发和应用人工智能技术时遵循伦理原则
欧盟	2019 年	《人工智能伦理准则》	要求企业评估人工智能算法的潜在风险，并确保人工智能技术的公平、透明和可解释性
	2018 年	《通用数据保护条例》	关于数据保护和隐私的重要法规，旨在保护个人数据不被滥用，确保数据的合法、公正和透明处理
德国	2019 年（最新修订）	《基因技术规制法》	规定了基因研究、基因诊断、基因治疗和基因修饰等领域的活动必须符合的伦理和法律标准
	2021 年（最新修订）	《联邦数据保护法》	详细规定了个人数据的收集、处理和使用，确保数据隐私得到保护

资料来源：国际科技创新中心.《新一代人工智能伦理规范》发布［EB/OL］（2021-09-26）［2024-07-21］. https://www.ncsti.gov.cn/kjdt/ztbd/gjjcyfw/rengongzhineng/rengongzhinengzczc/202109/t20210926_45232.html；机器之能. 为监管 AI 发展应用，白宫发布《人工智能应用规范指南》［EB/OL］（2020-01-08）［2024-07-21］. https://www.secrss.com/articles/16492；宋建宝. 欧盟人工智能伦理准则概要［EB/OL］（2019-04-19）［2024-07-21］. https://www.chinacourt.org/article/detail/2019/04/id/3847044.shtml；朱周. 欧盟《通用数据保护条例》概览［EB/OL］（2022-09-16）［2024-07-21］. https://www.chinacourt.org/article/detail/2022/09/id/6914003.shtml；杜如益. 德国：基因技术立法先行［N］. 文摘报，2020-10-22（3）；德国联邦数据保护法，https://cioctocdo.com/bundesdatenschutzgesetz；整理而得。

针对科技伦理问题，制定、完善和普及相关法律法规是确保科技创新活动在伦理框架内有序进行的关键步骤。一是制定并完善相关法律法规，明确科技伦理的核心原则和基本规范，并将其转化为具有法律效力的规定。例如，针对人工智能领域，可以制定《人工智能伦理法》或相关条例，明确人工智能系统的研发、应用和使用过程中应遵循的伦理原则，如保障数据安全、尊重个人隐私、防止算法歧视等。对于已存在的法律法规，需要根据科技发展的新形势和新挑战进行修订和完善。以生物医学领域为例，可以修订《中华人民共和国药品管理法》《医疗器械监督管理条例》等，增加对基因编辑、辅助生殖等新技术应用的伦理要求和监管措施。应充分考虑法律法规实施的可行性和有效性，确保规定明确、具体、可操作，并且具有足够的灵活性，以适应科技发展的快速变化和不确定性。二是加强法律法规的宣传和普及，通过媒体宣传、教育培训、社会活动等各种渠道和方式，向公众普及科技伦理知识，提高公众的科技伦理意识。例如，可以通过组织科技伦理知识竞赛、举办科技伦理讲座和研讨会等活动，吸引公众参与和讨论。三是建立监督和评估机制，设立专门的监督机构或委员会，对科技活动的伦理合规性进行监督和评估。对于违反科技伦理的行为，应依法进行惩处和制裁，以维护科技伦理的权威性和公信力。

此外，科技伦理问题是全球性问题，需要各国共同应对，加强国际合作和交流，共同制定和完善科技伦理的国际准则，促进全球科技伦理的协调发展。科技伦理立法有助于规范科技创新活动中的行为准则，形成全社会的共识和合力，促进全球范围内的科技合作和交流，推动构建更加公正、合理和可持续的全球治理体系，共同推动人类命运共同体的建设和发展。

第八章

中国科学院在抢占科技制高点上形成的重要成果

一、中国科学院为抢占科技制高点进行的工作部署

2013 年 7 月 17 日，习近平总书记对中国科学院提出“四个率先”目标，要求积极抢占科技竞争和未来发展制高点。2019 年 11 月 1 日，在致中国科学院建院 70 周年贺信中，习近平总书记进一步要求“加快打造原始创新策源地，加快突破关键核心技术，努力抢占科技制高点”。认真贯彻落实习近平总书记重要指示批示精神，聚焦国家战略需求和世界科技前沿，加快抢占一批科技制高点，是党中央赋予中国科学院的重大政治任务和重大科技任务，具有十分重要的里程碑意义。十几年来，中国科学院围绕贯彻落实习近平总书记重要论述和重要指示批示精神，深入实施“率先行动”计划，取得一大批原创性、引领性重大科技成果，有力地支撑了创新型国家建设和经济社会高质量发展。在强国建设、民族复兴的新征程上，中国科学院将进一步深入学习贯彻习近平总书记重要论述和重要指示批示精神，紧紧围绕“四个率先”和“两加快一努力”目标要求，胸怀“国之大者”，勇担时代重任，把抢占科技制高点作为核心任务，组织开展抢占科技制高点攻坚行动，为加快实现高水平科技自立自强、实现中华民族伟大复兴作出新的更大贡献。①

抢占科技制高点是新时期统领全院改革创新发展各项工作的总目标、总任务、总要求。要围绕支撑发展力、保障生存力、增强引领力，发挥新型举国体制优势，创新组织模式，层层压实责任，持续凝练和组织实施重大科技任务，努力产出一批关键性、原创性、引领性重大科技成果，加快抢占一批科技制高点。要把抢占科技制高点的要求贯穿到全院改革创新发

---

① 侯建国. 努力抢占科技制高点 加快实现高水平科技自立自强［N］. 人民日报，2023-7-17（1）.

展的各方面和全过程，强化“抢”的意识、“高”的标准，加快打造具有抢占科技制高点素质和能力的干部人才队伍，统筹加强“硬条件”和“软实力”建设，尊重科学规律，倡导科学精神，营造唯实求真、协力创新的科研生态，为加快抢占科技制高点提供有力保障、创造有利条件、营造良好环境、形成强大合力。

研究所作为中国科学院的基本组织单元，要进一步优化管理体系、提升管理能力和治理效能，把发展定位和科研布局真正建立在抢占科技制高点的国家重大需求上，把人才队伍和各方面资源整合集聚到抢占科技制高点这一核心任务上来。强化重要科研院所科技创新使命，建立现代院所制度，发挥综合类科研院所的建制化、体系化综合优势及行业类科研院所的建制化、专业化特色优势，主要承担重大问题带动的基础研究，抓重大、抓尖端、抓基本，锻造原始创新能力和基础技术能力。各级领导干部特别是党政主要负责人要切实发挥“关键少数”作用，始终把抢占科技制高点的责任扛在肩上，提高站位，履职尽责；始终把抢占科技制高点的使命放在心上，迎难而上，主动作为；始终把抢占科技制高点的任务抓在手上，狠抓落实，确保实效。院机关要切实提高组织力、执行力、战斗力，强化统筹谋划和组织协调，持续改进工作作风，尽快构建支持抢占科技制高点的“政策工具箱”。

统筹推进平台类国家战略科技力量建设。打造一批突破型、引领型、平台型一体化的大型综合性战略研究基地，通过新建、调整、充实、整合、撤销等方式重组国家重点实验室体系，形成结构合理、运行高效的实验室体系；布局建设国际和区域性科技创新中心、综合性国家科学中心、综合性国家技术创新中心等各类重大科技创新平台和基础设施。依托平台类战略科技力量，搭建产学研融合、科教融合、产教融合及军民融合等分布式开放创新合作网络，有效促进跨学科交叉融合，融通供应链、产业链、创新链、价值链。提升平台类战略科技力量的服务能力，助力各主体更好地把握科技发展大势，敏锐抓住科技革命和产业变革方向，勇攀科技高峰。发挥中青年科学家的积极性、主动性和创造性，勇于由“舒适区”向“无人区”迈进，持续突破一批前沿科学问题和重要源头技术，持续涌现一批重大原创成果和战略科技人才。

以国家战略科技力量协同带动所有科技力量发展。健全社会主义市场经济条件下新型举国体制，建设全国统一的现代化科技创新基础设施体系、国家科技创新体系和科技创新治理体系，提高科技创新和科技治理的整体效能。建立“国家队”科学评估和动态调整机制，加强长周期、分阶段稳定支持，引导“国家队”瞄准世界科学前沿和国家战略性需求，始终发挥科技创新骨干引领带动作用。聚焦基础前沿和关键核心技术攻关，建设一批有全球影响力的科技创新集群，加快产出重大科技创新成果，增强国家的科技实力和国际竞争力。加强部门、机构、地方统筹协调和公共资源开放共享，推动大科学计划、大科学工程、重大科技基础设施、大科学中心、基地平台等一体化建设运行，重大项目、重要基地、人才计划、专项资金等一体化配置。促进“国家队”同其他各类科研机构、高校、创新企业形成功能互补、良性互动的协同创新格局，释放所有科技力量的创新活力。

中国科学院以抢占科技制高点为核心任务，确立了新时代新征程上的新方位、新坐标，赋予了中国科学院这支国家战略科技力量新使命、新担当，既是重大战略机遇，更是严峻考验和挑战；既是强大动力，更是巨大压力。全院上下更加紧密地团结在以习近平同志为核心的党中央周围，深刻领悟“两个确立”的决定性意义，增强“四个意识”、坚定“四个自信”、做到“两个维护”，进一步强化“国家队”“国家人”“国家事”“国家责”定位，始终胸怀“国之大者”，以功成不必在我的境界、功成必定有我的担当，奋力拼搏，真抓实干，加快抢占一批科技制高点，为实现高水平科技自立自强和建设科技强国再立新功。

二、新时代中国科学院取得的重大科技成果

作为国家战略科技力量，中国科学院围绕贯彻落实习近平总书记重要论述和重要指示批示精神，始终牢记习近平总书记对中国科学院提出的“三个面向”“四个率先”要求，深入实施“率先行动”计划，狠抓重大科技成果产出，不断提升自主创新能力，在抢占科技制高点上取得一大批原创性、引领性重大科技成果，在一些重大创新领域实现了从“跟跑”为主向“并跑”和“领跑”的历史性转变。这些成果涵盖了多个领域，从基础科学到应用技术，从深空探测到微观粒子，无不展示了我国科技力量的深厚底蕴和无穷潜力。

中国科学院集结精兵强将开展原始创新和关键技术攻关，产出了一批具有前瞻性、引领性的重大原创成果。从 2012 年到 2023 年，在科学技术部高技术研究发展中心评选的“中国科学十大进展”中，中国科学院独立完成或作为重要参与单位完成的有 73 项，占比 61%；在两院院士评选的“中国十大科技进展新闻”中，中国科学院独立完成或作为重要参与单位完成的有 73 项，占比 61%。其中包括在国际上首次实现二氧化碳到淀粉的从头合成、首次在超导块体中发现马约拉纳任意子、率先攻克凯勒几何两大核心猜想等“从 0 到 1”的原始创新；“中国天眼”（FAST）、“人造太阳”、高海拔宇宙线观测站等在国际上领先的大科学装置；量子科学、高性能计算、农业育种、低温制冷等关键核心技术等。

在基础科学领域，中国科学院的科研团队在铁基高温超导体、量子通信、中微子振荡、先进核能、干细胞与基因编辑、人工智能等前沿领域，跻身国际先进或领先行列；在深空、深海、深地、网络空间安全和国防科技创新等重大战略领域，突破了一批关键核心技术；在机器人与智能制造、新材料、新药创制、煤炭清洁高效利用、农业科技创新、资源生态环境、防灾减灾等方面，一批重大科技成果和转化示范工程落地生根，取得显著经济和社会效益，为推动我国在这些前沿领域的科研发展奠定了坚实的基础。

（一）面向世界科技前沿

1. 率先攻克凯勒几何两大核心猜想

凯勒流形（Kähler manifold）上常标量曲率度量的存在性，是过去60多年来几何中的核心问题之一。关于其存在性，有三个著名猜想——稳定性猜想、强制性猜想和测地稳定性猜想。稳定性猜想限制在凯勒–爱因斯坦度量时称为丘成桐猜想，由著名数学家丘成桐提出，并由陈秀雄、西蒙·唐纳森（Simon Donaldson）和孙崧率先解决。经过众多著名数学家近20年的工作，强制性猜想和测地稳定性猜想中的必要性已变得完全清晰，但其充分性的证明之前被认为遥不可及。中国科学技术大学几何与物理研究中心创始主任陈秀雄教授与合作者程经睿在偏微分方程和复几何领域取得里程碑式结果，解出了一个四阶完全非线性椭圆方程，成功证明强制性猜想和测地稳定性猜想这两个国际数学界60多年悬而未决的核心猜想，相关成果于2021年发表于国际著名刊物《美国数学会杂志》上。该理论基础成果原创性极高、技术艰深，不仅解决了若干有关凯勒流形上常标量曲率度量和卡拉比极值度量难题，也为此类非线性方程提供了深刻的洞见。

求出一类四阶完全非线性椭圆方程的解，就能证明常标量曲率度量的存在性。中国科学院团队恰恰就是在K-能量强制性或测地稳定性的假设下，证明了这类方程解的存在。这类方程的研究极为困难，长期以来业内专家普遍不相信会有一个令人满意的存在性理论。以至于业内专家认为，求解一类四阶完全非线性椭圆方程，此前就如同一块无形的幕墙挡在数学家面前，中国科学院团队的工作就是在幕墙上“掏了一个洞”，在毫无征兆的情况下找到了一个突破口，不仅求出了方程的解，而且建立了一套系统研究此类方程的方法，为探索未知的数学世界提供了一种新工具。此外，他们还给出了环对称凯勒流形上稳定性猜想的证明，将唐纳森在环对称凯勒曲面上的经典定理推广到了高维，并对一般稳定性猜想的证明提出了可能的解决方案，让一般稳定性猜想的完全解决成为可能。

2. 量子通信与量子计算研究应用

2017年5月3日，中国科学技术大学潘建伟院士科研团队宣布光量子计算机成功构建。团队利用自主研发的综合性能国际领先的量子点单光子源，通过电控可编程的光量子线路，构建了针对多光子玻色取样任务的光量子计算原型机。实验测试结果表明，该原型机的取样速度比国际同行类似的实验快至少24 000倍，与经典算法比较，也比人类历史上第一台电子管计算机和第一台晶体管计算机运行速度快10～100倍。这台光量子计算机标志着我国在基于光子的量子计算机研究方面取得突破性进展，为最终实现超越经典计算能力的量子计算奠定了坚实基础。

2021年，中国科学院量子信息与量子科技创新研究院科研团队在超导量和光量子两种系统的量子计算方面取得了重要进展。科研团队构建了66比特的可编程超导量子计算原型机“祖冲之二号”，实现了对量子随机线路取样任务的快速求解，比目前最快的超级计算机快1000万倍，计算复杂度比谷歌的超导量子计算原型机“悬铃木”高100万倍，这标志着我国首次在超导体系达到了量子计算优越性里程碑。此外，中国科学院还构建了113个光子144模式的量子计算原型机“九章二号”，处理特定问题的速度比超级计算机快1兆倍，并增强了光量子计算原型机的编程计算能力。2023年，量子信息与量子科技创新研究院已向国盾量子公司成功交付了一款504比特的超导量子计算芯片“骁鸿”。这款芯片刷新了国内超导量子比特数量的纪录，各项关键指标有望达到国际先进水平。“骁鸿”芯片的主要目的是推动大规模量子计算测控系统的发展，通过集成更多的比特数和实现各单项指标来满足测控系统验证的需求。2024年1月，中国第三代自主超导量子计算机“本源悟空”上线。其搭载的硬件、芯片、操作系统及应用软件均实现了自主可控，国产化率超过80%，标志着我国超导量子计算机产业链基本成形。

在量子通信应用方面，通过与中国科学院上海技术物理研究所、微小卫星创新研究院和光电技术研究所等单位多年的协同攻关，中国科学技术大学潘建伟团队突破了一系列星地自由空间量子通信的关键技术，成功构建了全球首个星地量子通信网络。这个网络包括了国际上首条远距离光纤量子保密通信骨干网“京沪干线”以及“墨子号”量子卫星。结合这两项技术，中国科学院构建了国际上首个天地一体的广域量子通信网络雏形，为未来的规模化应用奠定了坚实的科学与技术基础。

3. 实用化深紫外全固态激光器研制成功

2013年9月6日，由中国科学院承担的国家重大科研装备项目——深紫外固态激光源前沿装备研制项目通过验收，使我国成为世界上唯一一个能够制造实用化、精密化深紫外全固态激光器的国家。中国科学院科研人员在国际上首先生产出大尺寸氟代硼铍酸钾晶体，并发现该晶体是第一种可用直接倍频法产生深紫外波段激光的非线性光学晶体。科研人员在此基础上发明了棱镜耦合专利技术，率先研制出直接倍频产生深紫外激光的先进技术。目前，中国科学院在棱镜耦合器件上已获中、美、日专利。我国科学家已应用该系列装备获得了一系列重要成果，使我国深紫外领域的科研水平处于国际领先位置。

4. 500米口径球面射电望远镜“中国天眼”

中国科学院在大型天文观测设施的技术研发与应用上取得了举世瞩目的成果，这不仅提升了我国在全球天文学领域的地位，而且为人类探索宇宙奥秘提供了强有力的技术支撑。500米口径球面射电望远镜“中国天眼”于2016年9月落成启用，这是目前世界第一大的填充口径（即全口径均有反射面的）射电望远镜，为探索宇宙奥秘提供了独特手段，也为基础研究、战略高技术发展和国际科技合作提供了世界领先的创新平台。“中国天眼”建成不久，即在2017年8月22日和25日先后发现两颗脉冲星，并通过国际认证。

快速射电暴（fast radio burst，FRB）是宇宙中最明亮的射电爆发现象，在 1 ms 的时间内就能释放出太阳大约一整年才能辐射出的能量。快速射电暴的研究历程并不长，2007 年人类才首次确定了它的存在，2016 年人类探测到第一例重复爆发的快速射电暴，这打破了人们对快速射电暴的传统认知，目前该领域已经成为天文学最新研究热点之一。2021 年，中国科学院国家天文台研究员李菂等使用“中国天眼”成功捕捉到快速射电暴 FRB 121102 的极端活动期，最剧烈时段达到每小时 122 次爆发，累计获取了 1652 个高信噪比的爆发信号，构成了目前最大的快速射电暴爆发事件集合。该研究首次展现了快速射电暴的完整能谱，深入揭示了快速射电暴的基础物理机制。

2022 年 6 月，中国科学院国家天文台研究员李菂领导的国际团队，再次通过“中国天眼”的“多科学目标同时巡天”（CRAFTS）优先重大项目，发现了迄今为止唯一一例持续活跃的重复快速射电暴 FRB 20190520B。李菂团队通过组织多台国际设备天地协同观测，综合射电干涉阵列、光学、红外望远镜以及空间高能天文台的数据，将 FRB 20190520B 定位于一个距离我们 30 亿光年的贫金属矮星系，确认其近源区域拥有目前已知的最大电子密度，并发现了迄今第二个快速射电暴持续射电源（persistent radio source，PRS）对应体。上述发现揭示了活跃重复快速射电暴周边的复杂环境有类似超亮超新星爆炸的特征，挑战了对快速射电暴色散分析的传统观点，为构建快速射电暴的演化模型、理解这一剧烈的宇宙神秘现象打下了基础。该成果于 2022 年 6 月 9 日在国际学术期刊《自然》上发表。

2022 年 10 月，中国科学院国家天文台研究员徐聪领导的国际团队利用“中国天眼”对致密星系群“斯蒂芬五重星系”及周围天区的氢原子气体进行了成像观测，发现了 1 个尺度大约为 200 万光年的巨大原子气体系统，这是至发现时为止在宇宙中探测到的最大原子气体系统。该成果于 2022 年 10 月 19 日在国际学术期刊《自然》上发表。

2023 年，中国科学院国家天文台科研团队利用“中国天眼”发现了一个轨道周期仅为 53 min 的脉冲星双星系统，是当时发现的轨道周期最短的脉冲星双星系统，从观测上证实了蜘蛛类脉冲星从“红背”向“黑寡妇”系统演化的理论。

5. 暗物质粒子探测卫星“悟空号”

20 世纪以来，重大基础前沿领域的科学发现越来越依赖于国家资助以及大型科学机构间的协同合作。在此背景下，中国科学院启动空间科学战略性先导科技专项，旨在选择最具优势和重大科学发现潜力的科学热点领域，通过自主研究和参与国际合作科学卫星计划，实现空间科学领域的重大创新突破。2011 年，中国科学院空间科学战略性先导科技专项立项启动，中国科学院国家空间科学中心作为依托单位牵头组织专项实施。专项第一期部署的卫星“悟空号”，由中国科学院紫金山天文台负责有效载荷抓总研制，中国科学技术大学及中国科学院高能物理研究所、近代物理研究所、国家空间科学中心参与联合研制，中国科学院微小卫星创新研究院负责卫星系统抓总并承担卫星平台研制任务。在研制过程中，科学家和工程师突破多项关键核心技术，为中国未来空间探索提供了强有力的技术支持，也为其他领域的发展提供了创新思路和方法。

2015 年 12 月 17 日成功发射的暗物质粒子探测卫星——“悟空号”，是我国发射的第一颗用于空间高能粒子观测的卫星。“悟空号”共有 75 916 路信号通道，是我国在太空飞行的电子学方面最复杂的卫星。“悟空号”是目前世界上观测能段范围最宽、能量分辨率最优的空间探测器，可以精确测量各种物理量，给出高价值的关键数据。其观测能段是国际空间站阿尔法磁谱仪的 10 倍，能量分辨率比国际同类探测器高 3 倍以上。

得益于这些高精尖技术，“悟空号”能够清晰地分辨出流量差异大的各种高能粒子，并准确地测出其物理参数，实现精密和高效的探测。截至 2022 年 12 月 17 日，“悟空号”已探测到 130 亿个高能粒子，取得了多项成果：精确测量 40 GeV ～ 100 TeV 能段宇宙射线质子能谱，以高置信度揭示质子能谱在 14 TeV 处的谱变软拐折结构，该结构可能是邻近宇宙射线加速源留下的印记；精确测量 70 GeV ～ 80 TeV 能段宇宙射线氦核能谱，以高置信度揭示氦核能谱在 34 TeV 处的谱变软拐折结构，氦核能谱和质子能谱结构体现出高度相似性，表明二者具有共同的物理起源；精确测量 10 GeV/n ～ 5.6 TeV/n 能段硼碳比例和硼氧比例能谱，揭示出二者在 100 GeV/n 处的显著拐折行为，意味着高能段宇宙射线传播速度比预想得慢，对传统宇宙射线传播模型提出了挑战；2017 年 9 月观测到一次巨大日冕物质抛射事件导致的正负电子流量的福布斯下降行为，为理解宇宙射线在太阳系内的传播过程及其与太阳活动的关系提供了新的数据。

这些成果对天文学、宇宙学和粒子物理学等领域产生了深远影响，不仅有助于推动中国空间科学的发展和创新，而且为人类认识和理解宇宙提供了重要支持和参考。

6. 中微子振荡新模式

中微子是构成物质世界的一类基本粒子，它包括电子型中微子、μ 子型中微子和 τ 子型中微子 3 种类型。这 3 种中微子在飞行中可以从一种类型转变成另一种类型，即中微子振荡。其振荡模式在理论上有 3 种，分别由 θ_{23}、θ_{12} 和 θ_{13} 表示。前两种振荡已被多个实验所证实，第三种振荡因测量难度较大，一直没有被实验证实。θ_{13} 的大小关系到中微子物理研究未来的发展方向，并和宇宙起源中的反物质消失之谜相关，是国际上中微子研究的热点。

由中国科学院高能物理研究所牵头的大亚湾反应堆中微子实验，目的是利用大亚湾核电站反应堆测量 $\sin^2 2\theta_{13}$，其设计精度比过去国际先进水平提高近一个量级。该实验合作组利用 55 天中获取的中微子事例，测量到 $\sin^2 2\theta_{13}$ 的大小为 0.092，误差为 1.7%。测量结果的显著性为 5.2 个标准偏差，也就是说无振荡的可能性只有千万分之一。相关研究结果发表在《物理评论快报》(*Physical Review Letters*) 杂志上。

2012年3月8日该实验合作组宣布，发现中微子新的振荡模式，并精确测得其振荡振幅，且精度很高。该结果加深了人类对中微子基本特性的认识，得到国际高能物理学界研究人员的高度评价，并被《科学》杂志评选为“2012年度十大科学突破之一”。大亚湾反应堆中微子实验发现的中微子振荡新模式，是中国科学家主导的原创性科学成果，也是中国本土首次测得的粒子物理学基本参数，在国际高能物理界产生重要影响。该成果由中国科学院高能物理研究所王贻芳院士牵头，并荣获2016年度国家自然科学一等奖。此次实验的成功填补了我国在中微子这个基础物理研究领域的空白，提升了我国物理学家的国际影响力。

7. 拓扑电子材料计算预测

拓扑电子材料计算预测是由中国科学院物理研究所所长方忠院士领导研究团队历时近10年攻关取得的项目成果，这项成果使得中国在拓扑物态研究领域世界领先。其主要科学发现包括以下3个方面。

第一，成功发现首个量子反常霍尔效应绝缘体，创新性地提出在拓扑绝缘体中产生长程铁磁序的新机理和调控磁性绝缘体产生非零陈数的新方案，为实现量子反常霍尔效应绝缘体提供了一个切实可行的方案。目前，国际上多个实验组精确地在该材料体系中观测到了量子反常霍尔效应，证实了理论的正确性。

第二，成功发现首个狄拉克（Dirac）半金属和首个外尔（Weyl）半金属，从而首次在晶体材料中实现了“手性”电子态——外尔费米子。这一“固体中发现外尔费米子”成果被国际学术期刊《物理评论》列为“125年来发表的最重要的49项工作”之一，也是这项名单中唯一来自中国的研究工作。该成果还入选英国物理学会评选的“2015年物理世界十大突破”和美国物理学会评选的“2015年国际物理学八大亮点”。

第三，提出并实现了判别拓扑性质的普适计算方法，该方法基于非阿贝尔贝里联络计算拓扑不变量，避免了电子波函数规范选取的困难，且不受材料对称性的限制，成为计算判定材料拓扑类别的主要方法。

拓扑电子材料计算预测获2023年度国家自然科学奖一等奖。该项工作在被授予国家自然科学奖一等奖之前，已多次获得国内国际相关荣誉和奖励，并被编写入研究生教科书。该系列成果还展示出计算驱动实验研究范式的重要作用，引领并推动拓扑物态研究领域实现跨越式大发展，使得中国在该研究领域站在了国际前沿。

8. “天问一号”研究成果揭示火星气候转变

在太阳系的行星中，火星与地球最为相似，火星的现状和演化历程，被认为可能代表着地球的未来，针对火星气候演化的探测研究长期以来备受关注。风沙作用塑造了火星表面广泛分布的风沙地貌，记录了火星演化晚期和近代气候环境特征与气候变化过程。但由于缺乏就位、近距离详细系统的科学观测，人们对火星风沙活动过程和记录的古气候知之甚少。

针对这一科学问题，中国科学院国家天文台李春来团队，联合中国科学院地质与地球物理研究所郭正堂团队、中国科学院青藏高原研究所团队、美国布朗大学研究团队和“天问一号”任务工程团队，瞄准火星乌托邦平原南部丰富的风沙地貌，利用环绕器高分辨率相机、火星车导航地形相机、多光谱相机、表面成分分析仪、气象测量仪等开展了高分辨率遥感和近距离就位的联合探测，提取了沙丘形态、表面结构、物质成分等信息，分析了沙丘指示风向和发育年龄，发现“祝融号”火星车着陆区风场发生显著变化的层序证据，研究结果与火星中高纬度分布的冰尘覆盖层记录有很好的一致性，揭示了“祝融号”着陆区可能经历了以风向变化为标志的两个主要气候阶段，风向从东北到西北发生了近 70° 的变化，风沙堆积从新月形亮沙丘转变为纵向暗沙垄。这一气候转变，发生在距今约 40 万年前的火星末次冰期结束时，可能是由于自转轴倾角的变化，当时火星从中低纬度到极地地区发生了一次从冰期到间冰期的全球性气候转变。该项研究有助于增进人们对火星古气候历史的理解，为火星古气候研究提供了新的视角，也为地球未来的气候演化方向提供了借鉴。相关研究成果 2023 年 7 月 6 日发表于《自然》杂志上。

9. 稳态强磁场实验装置实现重大突破

2022 年 8 月 12 日，国家重大科技基础设施——稳态强磁场实验装置实现重大突破，创造了 45.22 万 T 的稳态强磁场，超越了已保持 23 年之久的 45 万 T 稳态强磁场世界纪录。

国家稳态强磁场实验装置由中国科学院合肥物质科学研究院强磁场科学中心研制，是“十一五”期间国家发展和改革委员会批准立项的重大科技基础设施，包括 10 台磁体，分别是 5 台水冷磁体、4 台超导磁体和 1 台混合磁体。

此次混合磁体在 26.9 MW 的电源功率下产生了 45.22 万 T 的稳态强磁场，达到国际领先水平，成为我国科学实验极端条件建设乃至世界强磁场技术发展的重要里程碑。

稳态强磁场是物质科学研究需要的一种极端实验条件，是推动重大科学发现的“利器”。在强磁场实验环境下，物质特性会受到调控，有利于科学家发现物质新现象、探索物质新规律。

10. 世界首例人造单染色体真核细胞诞生

中国科学院研究团队在国际上首次人工创造了单染色体真核细胞，这是继原核细菌“人造生命”之后的一个重大突破。2018 年 8 月 2 日，该研究成果在线发表于《自然》杂志上。历经 4 年，通过 15 轮染色体融合，中国科学院分子植物科学卓越创新中心 / 植物生理生态研究所覃重军研究团队与合作者采用工程化精准设计方法，成功将天然酿酒酵母单倍体细胞的 16 条染色体融合为 1 条，染色体“16 合 1”后的酿酒酵母菌株被命名为 SY14。经鉴定，染色体三维结构发生巨大变化的 SY14 酵母具有正常的细胞功能，除通过减数分裂进行有性繁殖产生的后代数减少外，SY14 酵母表现出与野生型几乎相同的转录组和表型谱。

（二）面向国家重大需求

1.“夸父一号”发射成功，发布首批科学图像

我国综合性太阳探测专用卫星“夸父一号”首批科学图像于2022年12月13日正式对外发布。本次发布公开了“夸父一号”自成功发射以来，3台有效载荷在轨运行2个月期间获取的若干对太阳的科学观测图像，这些成果实现了多个国内外首次，在轨验证了“夸父一号”3台有效载荷的观测能力和先进性。

“夸父一号”卫星全称先进天基太阳天文台（ASO-S），是一颗综合性太阳探测专用卫星，由中国科学院国家空间科学中心负责工程总体和地面支撑系统的研制建设，微小卫星创新研究院、国家天文台、紫金山天文台、长春光学精密机械与物理研究所负责卫星平台及有效载荷研制，科学应用系统由紫金山天文台负责，测控系统由中国西安卫星测控中心负责，运载火箭由中国航天科技集团公司第八研究院研制生产。

该卫星于2022年10月9日在酒泉卫星发射中心成功发射。卫星的科学目标为“一磁两暴”，即同时观测太阳磁场及太阳上两类最剧烈的爆发现象——太阳耀斑和日冕物质抛射，并研究它们的形成、演化、相互作用、关联等，同时为空间天气预报提供支持。

2. 北斗系统全球组网首星发射成功

2015年3月30日，北斗系统全球组网首颗卫星在西昌卫星发射中心发射成功，标志着我国北斗卫星导航系统由区域运行向全球拓展的启动实施。这颗卫星由中国科学院和上海市政府共建的上海微小卫星工程中心研制，是我国首颗新一代北斗导航卫星，入轨后将开展新型导航信号体制、星间链路等试验验证工作。该卫星实现了多个首创：首次使用中国科学院导航卫星专用平台，首次采用“远征一号”上面级直接入轨发射方式，首次验证相控阵星间链路与自主导航体制，首次大量使用国产化器部件以实现自主可控。由于采用一体化设计方法，按照功能链设计理念，整星分为有效载荷、结构和热控、电子学和姿态轨控等功能链，极大地提高了系统的可靠性和功能密度。

3. 自主研发国产芯片

中国科学院在国产芯片研发方面取得了许多突出的成果。2002年，中国科学院计算技术研究所成功研制出我国首款自主研发的通用处理器芯片“龙芯1号”，标志着我国初步掌握了当代通用处理器芯片的关键设计技术。2003年，研究团队成功研制出我国首款64位通用处理器芯片“龙芯2B”；2009年，又成功研制出我国首款多核通用处理器芯片“龙芯3A”。经过10余年的研发，“龙芯”已经形成了嵌入式应用、桌面应用、服务器3个产品系列，应用于北斗导航卫星、党政办公、数字电视、教育、工业控制、网络安全和国防等重要领域。“龙芯”研究团队因此获得2003年度中国科学院杰出科技成就奖。

近年来，中国科学院计算技术研究所陈云霁、陈天石课题组研制出国际上首个深度学习处理器芯片——“寒武纪”，这是世界上第一款模仿人类神经元和突触进行深度学习的处理器。相对于通用处理器等传统芯片，“寒武纪”可提升智能处理能效 100 倍以上，目前已应用于华为 Mate10 和 P20 以及荣耀 V10 等数千万部手机上。2016 年 11 月，“寒武纪”入选第三届世界互联网大会领先科技成果。寒武纪科技成为世界首个人工智能芯片独角兽公司。

在大芯片领域，中国科学院计算技术研究所于 2024 年 1 月推出了名为“Zhejiang”（浙江）的大芯片，这是一种采用芯粒（chiplet）设计的多芯片设计。该芯片包含 16 个芯粒，每个芯粒内又有 16 个 RISC-V 处理器核，总共拥有 256 个核心。这款芯片将基于 22 nm 工艺制造，由超过 1 万亿个晶体管组成，总面积数千平方毫米。该芯片的设计允许最多拓展到 100 个小芯片，从而实现最多 1600 个核心。

此外，2023 年，中国科学院计算技术研究所的处理器芯片全国重点实验室及其合作单位，利用人工智能技术设计出了全球首个无人工干预、全自动生成的处理器芯片——“启蒙 1 号”。该芯片采用了 65 nm 工艺，频率达到 300 MHz，能够运行 Linux 操作系统。研究团队表示，“启蒙 1 号”在性能上与英特尔（Intel）公司发布的 Intel 80486SX 相当。该芯片的设计过程仅用了 5 h，将传统的设计周期缩短到了 1/1000。

在高性能处理器方面，中国科学院计算技术研究所发布了“香山”开源高性能 RISC-V 处理器核的最新成果。该处理器核是全球性能最高的开源处理器核，并在全球最大的开源项目托管平台 GitHub 上获得了超过 3580 个星，形成了超过 449 个分支。基于“联合企业研发 + 分级开源共享”的创新组织模式，2023 年，第二代“香山”（南湖）开源高性能 RISC-V 处理器核已完成产品化改造并交付首批用户。2024 年，发布的第三代“香山”RISC-V 开源高性能处理器核，是国际上首次基于开源模式使用敏捷开发方法联合开发的处理器核，性能水平进入全球第一梯队，成为国际开源社区性能最强、最活跃的 RISC-V 处理器核之一，为先进计算生态提供开源共享的共性底座技术支撑。

4. 新原理开关器件为高性能海量存储提供新方案

中国科学院上海微系统与信息技术研究所宋志棠、朱敏研究团队在集成电路存储器研究领域获得重大进展，成功研制出一种单质新原理开关器件，为海量三维存储芯片的研发提供了新方案。这项成果于 2021 年 12 月 10 日发表在《科学》杂志上。

集成电路是我国战略性、基础性和先导性产业，其中存储芯片是集成电路的三大芯片之一，直接关系国家的信息安全。然而，现有主流存储器——内存和闪存，不能兼具高速与高密度特性，难以满足指数型增长的数据存储需要，急需开发下一代海量高速存储技术。三维相变存储器是目前较为成熟的新型存储技术，其核心是两端开关单元和存储单元，然而商用的开关单元组分复杂，通常含有毒性元素，严重制约了三维相变存储器在纳米尺度的微缩以及存储密度的进一步提升。

针对以上问题，宋志棠、朱敏与合作者提出了一种单质新原理开关器件，该器件通过单质 Te 与电极产生的高肖特基势垒（Schottky barrier）降低器件在关态的漏电流（亚微安量级）；利用单质 Te 晶态（半导体）到液态（类金属）纳秒级高速转变，产生类金属导通的大开态电流（亚毫安量级），驱动相变存储单元。单质 Te 开关器件基于晶态 - 液态新型开关原理，与传统晶体管等完全不同，是集成电路全新开关器件。单质 Te 具有原子级组分均一性，能与 TiN 形成完美界面，使二端器件具有一致性与稳定性，并可极度微缩，为海量三维存储芯片的研发提供了新方案。

该单质新原理器件的发明，打破了外国公司的专利壁垒，为我国自主高密度三维存储器的研发奠定了坚实的基础。意大利国家研究委员会微电子和微系统研究所教授 Raffaella Calarco 同期在《科学》杂志上发表评论文章，认为该研究“取得的成果是前所未有的，为实现晶态单质开关器件提供了稳健的方法，此单质开关为 3D 磁存储器架构提供了新视角”。

5. 全超导托卡马克核聚变实验装置

中国科学院在核聚变研究方面的最突出应用成果是中国科学院合肥物质科学研究院等离子体物理研究所研发的全超导托卡马克核聚变实验（EAST）装置。这个装置被称为“人造太阳”，因为它模拟了太阳内部的核聚变过程，设计和运行原理类似于太阳的核聚变反应机制，旨在探索核聚变能源的应用，目标是以极高的效率产生源源不断的清洁能源。该装置高约 11 m，直径约 8 m，质量超过 400 t，外观像一个巨大的“罐子”。该装置使用液氦冷却超导磁铁，将等离子体禁锢在装置内，从而实现可控核聚变。

建成于 2006 年的 EAST 装置，于 2010 年运行了 1 MA 等离子体电流，并于 2018 年首次获得 1 亿℃高温等离子体。2020 年 4 月 13 日，EAST 装置实现了高功率稳定的 403 s 稳态长脉冲高约束模等离子体运行，这一成就创造了托卡马克装置稳态高约束模运行新的世界纪录。2021 年 5 月，EAST 装置又创造了新的世界纪录，成功实现可重复的 1.2 亿℃条件下 101 s 和 1.6 亿℃条件下 20 s 等离子体运行，将 1 亿℃条件下 20 s 的原纪录延长了 5 倍。2021 年 12 月 30 日，EAST 装置实现了 1056 s 的稳态长脉冲高约束模等离子体运行，这是目前世界上托卡马克装置实现的最长时间高温等离子体运行。这些重要突破标志着，我国磁约束聚变研究将继续引领国际前沿。

目前，EAST 装置是国际上唯一具备与国际热核聚变实验堆（ITER）类似加热方式和偏滤器结构的磁约束核聚变实验装置，也是唯一能在百秒量级条件上全面演示和验证 ITER 未来 400 s 科学研究的实验装置，其系列创新成果和技术积累将为未来 ITER 长脉冲高约束运行提供重要的科学和实验支持，同时为我国下一代聚变装置——中国聚变工程实验堆的预研、建设、运行和人才培养奠定坚实的科学技术基础。此外，EAST 装置也为未来清洁能源的研发和应用提供了关键的技术支持和经验借鉴。

6. 古基因组揭示近万年来中国人群的演化与迁徙历史

中国科学院古脊椎动物与古人类研究所付巧妹研究团队首次针对中国南北方史前人群展开时间跨度大、规模性、系统性的古基因组研究，通过前沿实验方法成功获取我国南北方 11 个遗址 25 个 9500 ～ 4200 年前的个体和 1 个 300 年前个体的基因组，揭示出中国人群 9500 年以来的南北分化格局、主体连续性与迁徙融合史。

研究发现中国南北方主体人群 9500 年前已分化，但南北方同期人群的演化基本是连续的，没有受到明显的外来人群的影响，迁徙互动主要发生在东亚区域内各人群间。此外，该研究明确以台湾岛高山族为代表、广泛分布在太平洋岛屿的南岛语系人群，起源于中国南方沿海地区且可追溯至 8400 年前。这项成果填补了东方尤其是中国地区史前人类遗传、演化、适应的重要信息空缺，为阐明中华民族的形成过程及修正东亚南方人群演化模式作出了重要科学贡献。

7. 无人潜水器和载人潜水器均取得新突破

2020 年 6 月 8 日，由中国科学院沈阳自动化研究所主持研制的“海斗一号”全海深自主遥控潜水器搭乘“探索一号”科考船海试归来。在本航次中，“海斗一号”在马里亚纳海沟实现近海底自主航行探测和坐底作业，最大下潜深度 10 907 m，填补了我国万米级作业型无人潜水器的空白。随后在同年 11 月 28 日，由中国船舶重工集团公司第七〇二研究所牵头总体设计和集成建造、中国科学院深海科学与工程研究所等多家科研机构联合研发的“奋斗者”号全海深载人潜水器随“探索一号”科考船返航。此次航行中，“奋斗者”号在马里亚纳海沟成功坐底，创造了 10 909 m 的中国载人深潜新纪录，标志着我国在大深度载人深潜领域达到世界领先水平。深海潜水器的发展有助于科学家了解海底生物、矿藏、海山火山岩的物质组成和成因，以及深海海沟在调节气候方面的作用。

8. 固体运载火箭“力箭一号”首飞成功

2022 年 7 月 27 日 12 时 12 分，由中国科学院力学研究所抓总研制、中国迄今运载能力最大的固体运载火箭“力箭一号”（ZK-1A）在酒泉卫星发射中心成功发射，以“一箭六星”方式将 6 颗卫星送入预定轨道。

“力箭一号”运载火箭首次飞行任务取得圆满成功，该款火箭作为中小型卫星发射的优先选择，丰富了中国固体运载火箭发射能力谱系。该款火箭是四级固体运载火箭，起飞重量 135 t，起飞推力 200 t，总长 30 m，芯级直径 2.65 m，首飞状态整流罩直径 2.65 m，500 km 太阳同步轨道运载能力 1500 kg。

“力箭一号”运载火箭由中国科学院“十四五”重大项目支持，是面向空间科学和空间技术发展需求，以工程科学思想为指导，以创新、先进、高效为设计思路，发展而来的创新性、先进性、经济性运载火箭，对于推动中国运载技术和研制模式的变革和创新、推动空间科学发展具有重要意义。

9. 揭示人类基因组“暗物质”驱动衰老的机制

随着人口老龄化程度的日益加剧，深入研究衰老、科学应对人口老龄化成为新时代国家的重大需求。人类基因组是生命活动的“密码本”，它控制着器官再生和机体稳态，也影响着器官退行及衰老相关疾病的发生。在人类基因组中，素有“暗物质”之称的非编码序列约占 98%，其中约 8% 为内源性逆转录病毒元件，为数百万年前古病毒整合到人类基因组中的遗迹。古病毒序列在衰老过程中的作用及其机制是尚未开拓的科学疆域。中国科学院动物研究所刘光慧、曲静研究员和中国科学院北京基因组研究所张维绮研究员等利用多学科交叉手段，揭示出人类基因组中沉睡的古病毒“化石”在细胞衰老过程中，可因表观遗传失稳等因素被再度唤醒，进而包装形成病毒样颗粒并驱动细胞和器官衰老的重要现象。研究人员据此提出古病毒复活介导衰老程序性及传染性的理论，以及阻断古病毒复活或扩散以实现延缓衰老的多维干预策略。通过对人类基因组中蛋白质编码区的“逆老”基因进行系统排查，发现可重启人类干细胞、运动神经元和心肌细胞活力，逆转关节软骨、脊髓及心脏衰老的新型分子靶标，并构建出一系列针对器官退行的创新干预体系。这些发现为衰老生物学和老年医学研究建立了新的理论框架，为衰老和老年慢性病的科学干预以及积极应对人口老龄化奠定了有益基础。

10. 我国首个生物安全四级（P4）实验室正式运行

中国科学院武汉 P4 实验室于 2018 年 1 月通过原国家卫生和计划生育委员会高致病性病原微生物实验现场评估，成为中国首个正式投入运行的 P4 实验室，标志着我国具有开展高级别高致病性病原微生物实验活动的能力和条件。P4 实验室是人类迄今为止能建造的生物安全防护等级最高的实验室。埃博拉病毒等危险病毒只有在 P4 实验室里才能进行研究。该实验室对增强我国应对重大新发、突发传染病预防控制能力，提升抗病毒药物及疫苗研发等科研能力起到基础性、技术性的支撑作用。

（三）面向经济主战场

1. 开创煤制烯烃新捷径

烯烃是与人们日常生活息息相关的重要化学品，我国是烯烃消费大国。烯烃的传统生产原料主要是石油，这不仅使烯烃的生产成本居高不下，而且也严重危及我国能源安全。20 世纪初，德国科学家费歇尔（Fischer）和托普斯（Tropsch）提出了一条由煤经水煤气变换生产烯烃的费–托（F-T）路线，但是，该过程理论上会产生大量的副产物，同时还需要消耗大量的水，这些缺陷严重阻碍了该项技术的发展和实际应用。

中国科学院院士、中国科学院大连化学物理研究所研究员包信和与潘秀莲研究团队从纳米催化的基本原理入手，开发出了一种过渡金属氧化物和有序孔道分子筛复合催化剂，成功地实现了煤基合成气一步法高效生产烯烃，C_2 到 C_4 低碳烯烃单程选择性突破了费 - 托过程的极限，一跃超过 80%。同时，该反应过程完全避免了水分子的参与，坚定地回答了前总理李克强提出的“能不能不用水或者少用水进行煤化工”的疑问。该成果在纳米尺度上实现了对分别控制反应活性和产物选择性的两类催化活性中心的有效分离，使在氧化物催化剂表面生成的碳氢中间体在分子筛的纳米孔道中发生受限偶联反应，成功实现了目标产物随分子筛结构的可控调变。

相关研究成果于 2016 年发表在《科学》杂志上。这一突破性成果得到同行的高度评价和认可，被誉为“里程碑式新进展”和“开创煤制烯烃新捷径”，入选 2016 年度中国科学十大进展，且列为重要内容之一，并获 2020 年度国家自然科学奖一等奖。

煤制烯烃是我国高效利用煤炭的突破性进展。用煤炭制成合成气，再将合成气制成甲醇，最后用甲醇制成烯烃这条技术路线经过几代科研人员的攻关，已经实现工业化应用。截至 2022 年，甲醇制烯烃系列技术已经签订了 31 套装置的技术实施许可合同，已投产的 16 套工业装置，烯烃（乙烯 + 丙烯）每年产能超过 900 万 t，新增产值超过 900 亿元。这些项目的实施开辟了以非石油资源生产低碳烯烃的新路线，开创并引领了我国煤制烯烃新兴战略产业，对促进煤炭清洁高效利用、缓解石油供应紧张局面、促进煤化工与石油化工协调发展、保障我国能源安全、实现“双碳”目标具有重大意义。

2. 揭示水稻产量性状杂种优势的分子遗传机制

不断提高谷物产量以保障全球粮食安全是作物遗传育种的长期目标。杂种优势是指通过杂交使后代展现出比父本和母本更具优势性状的现象，是一种重要的作物育种策略。为了揭示水稻产量性状杂种优势的遗传基础，中国科学院院士、中国科学院上海生命科学研究院植物生理生态研究所研究员韩斌和黄学辉研究团队与中国水稻研究所研究员杨仕华合作，对来自 17 套代表性杂交水稻品系的 10 074 份 F_2 代材料进行了基因型和表型性状分析。他们因此系统鉴定了与水稻产量杂种优势相关的遗传位点，并将现代杂交水稻品系鉴定为 3 个群系，代表了不同的杂交育种体系。他们发现，虽然在所有杂交稻中并没有完全相同的与杂种优势相关的遗传位点，但在同一群系内，都有少量来自母本的基因位点通过不完全显性的机制对大部分杂种的产量优势有重要贡献。这一发现将有利于进行高效的杂交优化配组，以快速获得高产、优质和抗逆的杂交品种。

“水稻高产优质性状形成的分子机理及品种设计”是依托中国科学院遗传与发育生物学研究所、中国科学院上海生命科学研究院，由李家洋、韩斌、钱前、王永红、黄学辉主要完成的科研项目。该项目围绕“水稻理想株型与品质形成的分子机理”这一核心科学问题，鉴定、创制和利用水稻资源，创建了直接利用自然品种材料进行复杂性状遗传解析的新方法，揭示了水稻理想株型形成的分子基础，发现了理想株型形成的关键基因，阐明了稻米食用品质精细调控网络。该项目强调基础理论研究与生产实际应用的结合，将取得的基础研究成果应用于水稻高产优质分子育种，率先提出并建立了高效精准的设计育种体系，并示范了以高产优质为基础的设计育种，培育了一系列高产优质新品种。相关研究成果在《自然》等国际学术期刊上发表，多次入选中国科学十大进展和中国十大科技进展新闻，获2017年度国家自然科学奖一等奖。

《科学》杂志以“新绿色革命”为关键词对李家洋团队的项目进行了点评，认为该研究发现了推进水稻产量提高的遗传学基础，研究成果是“绿色革命”的新突破，为“新绿色革命”奠定了重要的理论基础。这项成果还将进一步扩展到其他作物的育种中，引发继袁隆平院士杂交水稻的“新绿色革命”。随后，由中国科学院亚热带农业生态研究所夏新界研究员领衔的水稻育种团队于2017年10月16日宣布，历经十余年研究，培育出超高产优质“巨型稻”：株高可达2.2 m，亩产可达800 kg以上，具有高产、抗倒伏、抗病虫害、耐淹涝等特点。2018年，中国科学院遗传与发育生物学研究所李家洋院士团队成功利用“水稻高产优质性状形成的分子机理及品种设计”理论基础与品种设计理念育成标志性品种“中科804”和“中科发”系列水稻新品种，实现了高产优质多抗水稻的高效培育。

3. 纳米限域催化

随着世界范围内富含甲烷的页岩气和天然气水合物，以及生物沼气等的发现与开采，以储量相对丰富和价格低廉的天然气替代石油生产基础化学品成了学术界和产业界研究和发展的重点。但甲烷分子的选择活化和定向转化是一个世界性难题，被誉为化学领域的“圣杯”。作为核心技术，催化在能源转化、材料合成、环境保护及生命健康等领域发挥着决定性作用，但是由于催化过程的复杂性，人们难以清晰地认识催化过程的作用机理，因此这一问题一直被视为“黑匣子”，揭开这个“黑匣子”背后的科学规律是科学家一直以来追求和奋斗的目标。纳米限域催化项目，借助微至毫末的纳米尺度空间以及界面限域效应对催化体系电子能态进行调变，实现催化性能的精准调控。

中国科学院大连化学物理研究所包信和院士团队基于纳米限域催化的新概念，为揭秘“黑匣子”提供了创新的理论支撑，创造性地构建了硅化物晶格限域的单中心铁催化剂，成功实现了甲烷在无氧条件下的选择活化，一步高效生产重要基础化工原料乙烯，并实现了芳烃和氢气等高值化学品的生产。在1090℃条件下，甲烷单程转化率达48%，乙烯和芳烃选择性大于99%，反应过程本身实现了二氧化碳的零排放。这一成果从理论上实现了甲烷分子碳氢键的高效选择活化，在应用上彻底摒弃了二氧化碳高排放和高耗水的合成气制备过程，实现了天然气无氧直接转化制备高值化学品。该成果荣获2020年度国家自然科学奖一等奖。

4. 低温制冷技术

2021 年 4 月，由中国科学院理化技术研究所承担的国家重大科研装备研制项目“液氦到超流氦温区大型低温制冷系统研制”通过验收及成果鉴定，标志着我国具备了研制液氦温度（−269℃）千瓦级和超流氦温度（−271℃）百瓦级大型低温制冷装备的能力，可满足大科学工程、航天工程、氦资源开发等国家战略高技术发展的迫切需要。这一设备全面突破了大型氦低温制冷装备核心技术，使我国大型液氦到超流氦温区低温制冷技术进入国际先进行列，其中高稳定性离心式冷压缩机技术和兆瓦级氦气喷油式螺杆压缩机技术达到国际领先水平。

该项科技制高点不仅突破了“卡脖子”关键技术，而且顺利实现了产业化，带动了上下游产业的发展，初步形成了功能齐全、分工明确的低温产业群，为产学研深度融合的技术创新体系的建立提供了一个模板。该项目的成功实施，还带动了我国高端氦气喷油式螺杆压缩机、低温换热器和低温阀门等行业的快速发展，提高了一批高科技制造企业的核心竞争力，使相关技术实现了从无到有、从低端到高端的提升，初步形成了功能齐全、分工明确的低温产业群。

5. 碳离子治癌装置

中国科学院近代物理研究所及其控股公司兰州科近泰基新技术有限责任公司研制出了我国首台具有自主知识产权的碳离子治疗系统。这一系统于 2019 年 9 月 29 日获得国家药品监督管理局批准上市，标志着我国有了自主知识产权的碳离子治疗设备，打破了国外产品的专利壁垒。国产碳离子治疗系统凝聚了几代中国科研人员的心血，走出了一条“基础研究→技术研发→产品示范→产业化应用”的全产业链自主创新之路，打破了我国高端放疗市场被国外产品垄断的局面。该设备已安装于甘肃省武威肿瘤医院，并成功应用于临床治疗，取得了显著的治疗效果。碳离子治疗系统具有对正常组织损伤小、副作用小等优势，为肿瘤治疗提供了新的、有效的手段。

碳离子治疗系统是技术先进的大型医疗系统，融合了加速器、核探测、医学诊疗等相关技术。重离子是指原子序数大于 2 的原子失去电子后形成的离子。重离子放疗精度高、疗程短、疗效好、副作用小。因此，由于自身独特的物理和生物学特性，重离子束被认为是 21 世纪最理想的放疗射线，在实践中，通常选择碳离子束作为重离子放疗射线。

多年前，中国科学院近代物理研究所就致力于核物理基础研究及相关应用研究，聚集了一大批科研人才，而且实验条件先进，建成了多代大型重离子加速器装置。在这些装置基础上，中国科学院近代物理研究所的基础研究工作非常扎实，多个团队开展了大量的细胞试验、动物试验以及临床前期研究，摸清了重离子束流杀伤肿瘤细胞的基本原理，掌握了建设医用重离子加速器的关键核心技术，为我国重离子治癌事业的发展奠定了坚实的基础。

在基础研究上，中国科学院近代物理研究所又进一步推进了应用研究。他们开始探索加速器制造业，创立了新技术公司，凭借多年的积累，成为重离子治癌从实验室走向市场的重要桥梁，研制并建成了我国首个具有自主知识产权的医用重离子加速器——中国碳离子治疗系统。

中国碳离子治疗系统由电子回旋共振（ECR）离子源、回旋加速器、同步加速器、治疗终端以及束流传输线组成，拥有60余项专利，其中2项获中国专利优秀奖。该系统采用回旋注入与同步主加速相结合的技术路线，以及电荷剥离注入、紧凑型同步加速器、多治疗模式和个性化治疗室布局的独特设计，不仅突破了国外同类产品的技术壁垒，而且提高了性价比、降低了运行维护成本，实现了国产重离子放疗设备零的突破，对社会经济发展产生了积极影响。

6. 基于材料基因工程研制出高温块体金属玻璃

金属玻璃具有独特的无序原子结构，这种结构使其拥有优异的机械和物理化学特性，在能源、通信、航天、国防等高技术领域有广泛应用，是现代合金材料的重要组成部分。

金属玻璃在接近玻璃转变温度时会发生塑性流动，导致机械强度显著下低，这严重限制了金属玻璃的高温应用。虽然目前已开发出玻璃转变温度大于1000 K的金属玻璃，但由于其过冷液相区（介于玻璃转变温度和结晶温度之间的温度区间）很窄，因此玻璃形成能力不足，难以形成大尺寸材料；且其热塑成形性能很差，难以进行零部件加工。上述挑战的解决关键在于金属玻璃形成成分的合理设计，之前发现的具有特定性能的金属玻璃主要是反复试验的结果。

中国科学院物理研究所柳延辉研究组与合作者基于材料基因工程理念开发了具有高效性、无损性、易推广等特点的高通量实验方法，设计了一种Ir-Ni-Ta-（B）合金体系，获得了高温块体金属玻璃，该金属玻璃的玻璃转变温度高达1162 K。新研制的金属玻璃在高温下具有极高强度，1000 K时的强度高达3700 MPa，远远超出此前报道的块体金属玻璃和传统高温合金。该金属玻璃的过冷液相区达136 K，宽于此前报道的大多数金属玻璃，其成形性能优良，厚度可达3 mm，因而可通过热塑成形获得在高温或恶劣环境中应用的小尺度部件。

这项研究开发的高通量实验方法具有很强的实用性，颠覆了金属玻璃领域60年来“炒菜式”的材料研发模式，证实了材料基因工程在新材料研发中的有效性和高效率，为解决金属玻璃新材料高效探索的难题开辟了新的途径，也为新型高温、高性能合金材料的设计提供了新的思路。

7. 二氧化碳人工合成淀粉

淀粉是粮食最主要的组分，也是重要的工业原料。淀粉主要由玉米等农作物通过自然光合作用固定二氧化碳产生，淀粉合成与积累涉及60余步代谢反应以及复杂的生理调控，理论能量转化率仅为2%左右。农作物的种植通常需要较长周期，并使用大量土地、淡水等资源以及肥料、农药等农业生产资料。粮食危机、气候变化是人类面临的重大挑战，粮食淀粉可持续供给、二氧化碳转化利用是当今世界科技创新的战略方向。

通过多年研究攻关，中国科学院天津工业生物技术研究所马延和团队，采用一种类似搭积木的方式，通过耦合化学催化和生物催化模块体系，实现了光能—电能—化学能的能量转变方式，成功构建出一条从二氧化碳到淀粉合成只有11步反应的人工淀粉合成途径（ASAP），在实验室实现了从二氧化碳和氢气到淀粉的人工全合成。马延和团队通过从头设计二氧化碳到淀粉合成的非自然途径，采用模块化反应适配与蛋白质工程手段，解决了计算机途径热力学匹配、代谢流平衡以及副产物抑制等问题，克服了人工途径组装与级联反应进化等难题。在氢气驱动下ASAP将二氧化碳转化为淀粉的速率比玉米淀粉合成速率高8.5倍；ASAP淀粉合成的理论能量转化率为7%，是玉米等农作物的3.5倍，并可实现直链和支链淀粉的可控合成。该成果不依赖植物光合作用，以二氧化碳、电解产生的氢气为原料，成功生产出淀粉，在国际上首次实现了二氧化碳到淀粉的从头合成，使淀粉生产从传统农业种植模式向工业车间生产模式转变成为可能，取得原创性突破。相关研究成果2021年9月24日在线发表于《科学》杂志上。

8.破解藻类水下光合作用的蛋白质结构和功能

光合作用利用太阳光把二氧化碳和水转换成有机物和氧气，为地球上几乎所有生物的生存提供了能源和氧气。为了适应不同的光环境，光合生物演化出了各种不同的色素分子和色素结合蛋白，因而可以最大限度地利用不同环境下的光能。硅藻是一种丰富和重要的水生光合真核生物，占水生生物初级生产力的40%，地球总初级生产力的20%，在全球碳循环中发挥着重要作用。硅藻在水生环境下成功繁殖的重要因素之一是它含有岩藻黄素-叶绿素a/c结合膜蛋白（FCP），这种蛋白质使硅藻具有独特的光捕获和光保护及快速适应光强度变化的能力。

中国科学院植物研究所沈建仁、匡廷云研究团队报道了海洋硅藻——三角褐指藻（*Phaeodactylum tricornutum*）FCP的高分辨率晶体结构，展示出蛋白支架内的7个叶绿素a、2个叶绿素c、7个岩藻黄素以及可能的1个硅甲藻黄素的详细结合位点，从而揭示出叶绿素a和叶绿素c之间的高效能量传递途径。该结构还显示出岩藻黄素与叶绿素之间的紧密相互作用，这种作用可以使能量通过岩藻黄素高效地传递和淬灭。

该研究团队进一步与清华大学生命科学学院隋森芳研究组合作，解析了硅藻的光系统Ⅱ（PSⅡ）与FCPⅡ超级复合体PSⅡ-FCPⅡ的分辨率为3.0Å的冷冻电镜结构。该超级复合体由两个PSⅡ-FCPⅡ单体组成，每个单体包含1个具有24个亚基的PSⅡ核心复合体和11个外周FCPⅡ天线亚基，其中FCPⅡ天线亚基以2个FCPⅡ四聚体和3个FCPⅡ单体存在。整个 PS Ⅱ-FCP Ⅱ二聚体包含 230 个叶绿素 a 分子、58 个叶绿素 c 分子、146 个类胡萝卜素分子以及锰簇复合物、电子传递体和大量脂分子等。该结构揭示了硅藻 PS Ⅱ核心中特有亚基的特点及其与高等植物 PS Ⅱ-LHC Ⅱ复合体明显不同的天线亚基排列方式，以及硅藻巨大的色素分布网络，为阐明硅藻高效的蓝绿光捕获、能量转移和耗散机制提供了坚实的结构基础。

为了更进一步理解水下光合作用，研究人员还基于冷冻电镜技术解析了广泛存在的与高等植物具有相似光合作用的水生生物——绿藻（假根羽藻，*Bryopsis corticulans*）光系统 I（PSI）捕光复合体 I（LHCI）超级复合体的结构，分辨率达到 3.49Å。该结构揭示了包含有原核生物和真核生物亚基特性的 13 个 PSI 核心亚基，以及 10 个 LHCI 天线亚基结构（其中 8 个形成一个双半环结构，其余 2 个形成一个额外的 LHCI 二聚体）。此外，研究团队还与浙江大学医学院张兴研究组合作，解析了另一种绿藻——莱茵衣藻（*Chlamydomonas reinhardtii*）完整的 $C_2S_2M_2N_2$ 型 PS Ⅱ-LHC Ⅱ超级复合体的冷冻电镜结构，分辨率为 3.37Å。结构显示，绿藻 $C_2S_2M_2N_2$ 型超级复合体是一个二聚体，每个单体由位于中央的 PS Ⅱ核心复合体和环绕该核心的 3 个 LHC Ⅱ三聚体、1 个 CP26 和 1 个 CP29 外围天线亚基构成。该工作还揭示了多个与高等植物不同的绿藻 PS Ⅱ核心和捕光天线 LHC Ⅱ的结构特征。

以上研究为揭示绿藻中光能的高效吸收、传递和猝灭机制提供了坚实的结构基础，并为揭示 PSI-LHCI 和 PS Ⅱ-LHC Ⅱ超级复合体在演化过程中发生的变化提供了重要线索。这些研究进展率先破解了硅藻、绿藻光合膜蛋白超分子结构和功能之谜，不仅对揭示自然界光合作用的光能高效转化机理具有重要意义，而且为人工模拟光合作用、指导设计新型作物、打造智能化植物工厂提供了新思路和新策略。

9. 新方法实现单碱基到超大片段 DNA 的精准操纵

基因组编辑在生物学和医学领域具有广阔的应用前景。然而，基因组编辑在编辑精度、DNA 操控尺度和灵活性等方面仍有较大的限制。中国科学院遗传与发育生物学研究所高彩霞团队联合北京齐禾生科生物科技有限公司赵天萌团队利用人工智能辅助的大规模蛋白质结构预测方法对基因组编辑新酶进行发掘。他们建立了基于三级结构的全新蛋白质聚类分析方法，鉴定出多个全新脱氨酶家族成员，并开发了一系列适用于多样化应用场景的新型碱基编辑工具，解决了利用单个腺相关病毒（AAV）进行递送和大豆高效碱基编辑的难题。为突破植物大尺度 DNA 精准操纵的瓶颈，他们整合优化引导编辑系统与位点特异性重组酶，开发了植物大片段 DNA 精准定点插入技术 PrimeRoot，该技术可实现对 10 kb 以上大片段 DNA 的高效定点整合。此外，他们通过对基因上游开放阅读框的从头设计与理性改造，开发了精细下调靶蛋白表达的全新技术体系，并创制了产量相关性状呈梯度变化的系列水稻新种质，为作物性状精细改良提供了新方法。

这些研究通过开展基因组编辑元件挖掘方法和技术体系创新，实现了对基因组的精准操纵，为作物改良和基因治疗提供了重要支撑。

10. 农作物耐盐碱机制解析及应用

土壤盐碱化又称土壤盐渍化，是指土壤中积聚盐分形成盐碱土的过程。我国有近 15 亿亩盐碱地，其中高 pH 的苏打盐碱地约占 60%。据估计，约 5 亿亩盐碱地具有开发利用潜能。

长期以来，我们对植物耐盐碱性的机制认识不足，阻碍了耐盐碱作物的培育和盐碱地的开发利用。中国科学院遗传与发育生物学研究所谢旗、中国农业大学于菲菲、华中农业大学欧阳亦聃等研究团队合作利用起源于非洲萨赫勒高盐碱地的高粱自然群体材料定位克隆到一个与耐盐碱性显著相关的主效基因 *AT1*，并揭示出 *AT1* 在盐碱胁迫条件下调控水通道蛋白磷酸化水平来促进植物细胞中过氧化氢的外排从而赋予植物高耐盐碱性的机制。研究团队进一步在盐碱地进行大田实验时发现，基于耐盐碱等位基因 *AT1* 改良的作物耐盐碱能力显著提高，其中水稻、高粱和谷子等粮食作物均有效增产 20%～30%。该研究为综合利用盐碱地和保障粮食安全提供了新思路。

（四）面向人民生命健康

1. 小麦 A 基因组和 D 基因组草图绘制完成

小麦是全球最重要的粮食作物之一，养活了世界上 40% 的人口。广泛种植的普通小麦（*Triticum aestivum*）是一种异源六倍体，包含 A、B 和 D 共 3 个基因组。由于其基因组大（17 000 Mb，是水稻基因组的约 40 倍）且复杂，85% 以上的序列为重复序列，因此小麦基因组测序研究困难重重，进展缓慢，成为限制其基础研究和应用研究进一步发展的瓶颈。

小麦 A 基因组是普通小麦及其他多倍体小麦的基本基因组，是小麦演化、驯化以及遗传改良研究的关键，尤其在穗和种子的形态和发育研究上。而小麦 D 基因组在抗病、抗逆、适应性以及品质方面体现出独特的特点。中国科学院遗传与发育生物学研究所、中国农业科学院作物科学研究所与深圳华大生命科学研究院合作，在世界上率先完成对小麦 A 基因组前体种乌拉尔图小麦（*T. urartu*）及 D 基因组供体种粗山羊草（*Aegilops tauschii*）的全基因组测序、组装与分析。研究人员在 A 基因组与 D 基因组中分别鉴定出 34 879 和 43 150 个编码蛋白质的基因，并发现了一批 A、D 基因组特有基因和新的小分子 RNA，鉴定出一批控制重要农艺性状的基因。他们的研究还发现，小麦的抗病基因、抗非生物应激反应基因以及品质基因等农艺性状相关基因家族都发生显著扩张，大大增强了普通小麦的抗病性、抗逆性、适应性及品质。上述研究结果为理解普通小麦对环境的适应性提供了新的认识，并为小麦功能基因组研究及正在发展的小麦全基因组选择育种提供了重要的信息。相关研究成果于2013年3月24日发表在《自然》杂志上。

2. 攻克细胞信号传导重大科学难题

中国科学院上海药物研究所研究员徐华强带领的国际团队利用世界领先的X射线激光，成功解析了视紫红质–阻遏蛋白复合物的晶体结构，攻克了细胞信号传导领域的重大科学难题。这项突破性成果以长文形式于2015年7月23日在线发表于《自然》杂志上。美国科学家罗伯特·莱夫科维茨（Robert Lefkowitz）和布莱恩·科比尔卡（Brian Kobilka）因在G蛋白偶联受体（GPCR）信号转导领域作出的重要贡献获得了2012年诺贝尔化学奖。然而，GPCR信号转导领域还有一个重大问题悬而未决，即GPCR如何激活另一条信号通路——阻遏蛋白信号通路。研究团队创新性地利用比传统同步辐射光源强万亿倍的X射线自由电子激光（XFEL）技术，用较小的晶体得到了高分辨率的视紫红质–阻遏蛋白复合物晶体结构，为深入理解GPCR下游信号转导通路奠定了重要基础。此外，该研究为开发选择性更高的药物奠定了坚实的理论基础。

3. 揭示人类遗传物质传递的关键步骤

DNA复制是人类遗传物质在细胞之间得以精确传递的基础，但人们对高等生物中识别DNA复制起始位点的具体过程并不清楚，这在一定程度上阻碍了人们对癌症发生发展机制的理解。

中国科学院生物物理研究所李国红团队及其合作者揭示了一种精细的DNA复制起始位点的识别调控机制。该研究发现，组蛋白变体H2A.Z能够通过结合组蛋白甲基化转移酶SUV420H1，促进组蛋白H4的第二十位氨基酸发生二甲基化修饰（H4K20me2）。而带有二甲基化修饰的H2A.Z核小体能进一步招募复制起始位点识别蛋白，从而实现DNA复制起始位点的识别。该研究进一步发现，被H2A.Z—SUV420H1—H4K20me2通路调控的复制起始位点具有很强的复制活性，并偏向在复制期早期就被激活使用。在癌细胞中破坏该调控机制后，癌细胞的DNA复制和细胞生长都受到了抑制。在T细胞中破坏该调控机制后，T细胞的免疫激活也受到了抑制。该研究阐述了一个新颖的由H2A.Z介导的DNA复制表观遗传调控机制，对理解高等生物DNA复制起始位点的识别提供了新的视角，为解决长期存在的真核细胞DNA复制起始位点选择启动问题作出了重要贡献。该成果入选2020年度中国科学十大进展。

4. 基于体细胞核移植技术成功克隆猕猴

非人灵长类动物是与人类亲缘关系最近的动物。因可短期内批量生产遗传背景一致且无嵌合现象的动物模型，体细胞克隆技术被认为是构建非人灵长类基因修饰动物模型的最佳方法。自1997年克隆羊“多莉”被报道以来，虽有多家实验室尝试体细胞克隆猴研究，却都未成功。

中国科学院脑科学与智能技术卓越创新中心孙强和刘真研究团队经过5年攻关最终成功获得两只健康存活的体细胞克隆猴。他们的研究发现，联合使用组蛋白H3K9me3去甲基酶Kdm4d和TSA可以显著提升克隆胚胎的体外囊胚发育率及移植后受体的怀孕率。在此基础上，他们用胎猴成纤维细胞作为供体细胞进行核移植，并将克隆胚胎移植到代孕受体后，成功得到了两只健康存活的克隆猴；但在利用卵丘颗粒细胞为供体细胞核的核移植实验中，虽然也得到了两只足月出生的个体，但这两只猴很快夭折。遗传分析证实，上述两种情况产生的克隆猴的核DNA源自供体细胞，而线粒体DNA源自卵母细胞供体猴。体细胞克隆猴的成功是该领域从无到有的突破，该技术将为非人灵长类基因编辑操作提供更为便利和精准的技术手段，推动我国率先发展出基于非人灵长类疾病动物模型的全新医药研发产业链，促进针对阿尔茨海默病、孤独症等神经疾病，以及免疫缺陷、肿瘤、代谢性疾病的新药研发进程。

5. 揭示胚胎发育过程中关键信号通路的表观遗传调控机理

动植物从单细胞受精卵发育成为高度复杂的生物体是一个奇妙的过程。哺乳动物基因组DNA中的5-甲基胞嘧啶作为一种稳定存在的表观遗传修饰，由DNA甲基转移酶（DNMT）催化产生。近年来的研究发现，TET蛋白（TET1/2/3，一类双加氧酶）可以氧化5-甲基胞嘧啶，引发DNA去甲基化。虽然DNA甲基化在哺乳动物基因印记和X染色体失活等生命活动过程中参与基因表达的调控，但是DNA甲基化以及TET蛋白介导的去甲基化在小鼠胚胎发育过程中究竟起什么作用还不清楚。

中国科学院院士、中国科学院分子细胞科学卓越创新中心研究员徐国良与美国威斯康星大学教授孙欣、北京大学教授汤富酬等合作，利用生殖系特异性敲除小鼠得到*Tet*基因三敲除胚胎，通过一系列形态发育特征的检测，结合基因功能互补分析，解析了TET蛋白缺失造成胚胎死亡的机制，发现了TET蛋白3个成员之间功能上相互协作，介导的DNA去甲基化与DNMT介导的DNA甲基化相互拮抗，通过调控Lefty-Nodal信号通路控制胚胎原肠作用。该工作从长期困扰发育生物学领域的基本重大问题出发，着眼于人类新生儿出生缺陷的可能机理和防治，第一次系统地揭示了胚胎发育过程中关键信号通路的表观遗传调控机理，为发育生物学的基本原理提供了崭新的认识。相关研究成果于2016年10月27日发表在《自然》杂志上。

6. 人体组织器官再生修复

中国科学院在干细胞研究及其应用方面取得了显著突破。胚胎干细胞可以保持无限的自我更新特性，还能在一定条件下分化为体内的各种组织细胞类型，被认为是最具临床应用价值的“万能细胞”。利用干细胞技术，科研人员已经能够在实验室中培养出多种组织细胞，如心肌细胞、神经细胞、胰岛细胞等，这些细胞可以用于替代病变或损伤的组织细胞，实现组织和器官的再生修复。此外，干细胞技术还被用于治疗多种疾病，如糖尿病、帕金森病、心脏病等，已经取得显著的疗效。

在干细胞与再生医学的临床应用中，人体组织器官再生修复的应用已初有成效。中国科学院遗传与发育生物学研究所再生医学中心的戴建武研究团队在干细胞研究领域屡有斩获。戴建武团队研制出基于胶原蛋白的神经再生支架，结合间充质干细胞植入病人脊髓后，能够引导脊髓再生。戴建武团队还与王东进团队合作，开展了国际首个可注射胶原支架材料结合干细胞移植治疗缺血性心脏病的临床研究。此外，他们还成功地组织了包括子宫内膜再生、卵巢再生、脊髓损伤再生等多个产品在内的临床研究。戴建武团队利用胶原蛋白生物材料结合自体骨髓干细胞，修复了不孕患者瘢痕化的子宫壁，成功地引导了子宫内膜再生。该项研究共计入组 200 余例，截至 2019 年 8 月，已诞生 56 位健康婴儿。在声带修复领域，戴建武团队设计的胶原蛋白支架获得了显著的治疗效果，达到了真正的永久性修复。在心血管领域，戴建武团队的心肌再生研究成果获得了国家科技进步奖二等奖。

干细胞移植治疗以及基于干细胞的药物筛选和疾病发病机制的进一步探讨和研究，将推动再生医学的发展，在临床上形成全新的治疗手段，并且为许多原本难以治疗的疾病提供新的解决方案，具有重大的社会意义和经济效益。戴建武团队的研究和实践为再生医学领域的发展树立了标杆，对治疗依靠现有手段无法根治的疾病，提高人类生活质量和延长寿命具有重大意义，为医疗健康领域带来了新的希望和可能性。

7. 绘制全新人类脑图谱

中国科学院自动化研究所脑网络组研究中心蒋田仔团队联合国内外团队成功绘制出全新的人类脑图谱，即脑网络组图谱，该研究成果在国际学术期刊《大脑皮层》（*Cerebral Cortex*）上在线发表。研究团队突破了 100 多年来传统脑图谱绘制的瓶颈，提出“利用脑结构和功能连接信息”绘制脑网络组图谱的全新思路和方法。该图谱包括 246 个精细脑区亚区，比传统的布罗德曼（Brodmann）图谱精细 4 ～ 5 倍，具有客观精准的边界定位，第一次建立了宏观尺度上的活体全脑连接图谱。脑网络组图谱为理解人脑结构和功能开辟了新途径，并对未来类脑智能系统的设计提供了重要启示，也将为神经及精神疾病的新一代诊断、治疗技术的发展奠定基础，如为脑中风损伤区域及癫痫病灶的定位、神经外科手术中的脑胶质瘤精确切除等提供帮助，提高诊断质量与治疗效果。

8. 构建出世界上首个非人灵长类孤独症模型

孤独症（也称自闭症）是一类多发于青少年的发育性神经系统疾病，患者表现出社交障碍、重复性刻板动作等行为异常，目前尚无有效的药物治疗及干预方法。近年来，世界各国均发现孤独症的患病率逐年升高，因而引起社会各界广泛关注。中国作为人口大国，预计全国孤独症患者近千万。

中国科学院脑科学与智能技术卓越创新中心研究员仇子龙研究组与非人灵长类平台孙强团队合作，通过构建携带人类孤独症基因 *MECP2* 的转基因猴模型并对转基因猴进行分子遗传学与行为学分析，发现 *MECP2* 转基因猴表现出类似于人类孤独症的刻板动作与社交障碍等行为。同时，他们首次在灵长类中成功通过精巢异体移植的方法加快了猴类繁殖周期，历时三年半得到了携带人类 *MECP2* 基因的第二代转基因猴，且发现其在社交行为方面表现出与亲代相同的孤独症样表型。这是世界首例孤独症非人灵长类模型，为深入研究孤独症的病理与探索可能的治疗干预方法作出了重要贡献。相关研究成果于 2016 年 2 月 4 日发表在《自然》杂志上。

9. 研制出用于肿瘤治疗的智能型 DNA 纳米机器人

利用纳米医学机器人实现对人类重大疾病的精准诊断和治疗是科学家追求的一个伟大梦想。国家纳米科学中心聂广军、丁宝全和赵宇亮研究组与美国亚利桑那州立大学颜灏研究组等合作，在活体内可定点输运药物的纳米机器人研究方面取得突破，实现了纳米机器人在活体（小鼠和猪）血管内稳定工作并高效完成定点药物输运功能。研究人员基于 DNA 纳米技术构建了自动化 DNA 纳米机器人，并在机器人内装载了凝血酶。该纳米机器人通过特异性 DNA 适配体功能化，可以与特异表达在肿瘤相关内皮细胞上的核仁素结合，精确靶向定位肿瘤血管内皮细胞，然后作为响应性的分子开关，打开 DNA 纳米机器人，在肿瘤位点释放凝血酶，激活其凝血功能，诱导肿瘤血管栓塞和肿瘤组织坏死。这种创新方法的治疗效果在乳腺癌、黑色素瘤、卵巢癌及原发性肺癌等多种肿瘤中都得到了验证。

10. 提出基于胆固醇代谢调控的肿瘤免疫治疗新方法

T 细胞介导的肿瘤免疫治疗是治疗肿瘤最有效的 4 种方法之一，在临床上已取得巨大成功。但现有的基于信号转导调控的肿瘤免疫治疗方法只对部分病人有效，因此急需发展新的方法让更多病人受益。

中国科学院分子细胞科学卓越创新中心研究员许琛琦、李伯良与合作者从全新角度研究了 T 细胞的肿瘤免疫应答反应。他们认为通过调控 T 细胞的代谢检查点可改变其代谢状态，使其获得更强的抗肿瘤效应功能。他们鉴定出胆固醇酯化酶 ACAT1 是调控肿瘤免疫应答的代谢检查点，抑制其活性可以增强细胞毒性 T 细胞（$CD8^+$T 细胞）的肿瘤杀伤能力。该过程的主要机理是 $CD8^+$T 细胞质膜胆固醇水平明显增加，帮助 T 细胞抗原受体簇和免疫突触高效形成。研究人员还发现 ACAT1 抑制剂阿伐麦布（avasimibe，用于治疗动脉粥样硬化相关疾病的药物，已进行Ⅲ期临床试验）具有很好的抗肿瘤效应，并且能与现有的临床药物 PD-1 抗体联合治疗，获得更好的肿瘤免疫治疗效果。这项研究开辟了肿瘤免疫治疗的一个全新领域，证明了代谢调控的关键作用。同时，ACAT1 这一新治疗靶点的发现，拓展了 ACAT1 小分子抑制剂的应用前景，为肿瘤免疫治疗提供了新思路与新方法。

相关研究结果于2016年3月31日发表在《自然》杂志上。《自然》杂志发表的同行评论指出："这项研究成果可能用于开发抗肿瘤和抗病毒的新药物。"《细胞》杂志发表的同行评论指出："这项研究为对PD-1抗体没有治疗效应或产生抵抗的病人提供了新的希望。"